高等职业教育路桥类专业“新形态一体化”系列教材

# 工程力学

## （微课视频版）

主编　彭放枚　潘芳禄　成德贤
参编　林小雄　谢　琪　侯永姣　张春艳
　　　朱海鹏　曾庆建　靳丽莉　侯　攀
主审　岳建彬　陈春梅

机械工业出版社

本书立足高等职业院校工程力学课程教学的基本要求，结合高等职业院校教学改革的实践经验，为适应学生的实际需要，在充分调研和试用实践的基础上编写而成。

全书包含3个模块，共11个小节。模块1为理论力学基础，内容包括：力学基本概念、力学基本公理及定理、约束与约束反力、受力图、平面一般力系的平衡方程。模块2为材料力学基础，内容包括：材料力学概述、轴向拉伸与压缩，梁的弯曲，偏心拉压和压杆稳定。模块3为结构力学基础，内容包括：平面杆系的几何组成分析、影响线。每个模块都配有相应的学习目标、模块概述、微课视频、思考与练习题，并有机融入了课程思政内容；全书配有学习工作页。

本书可作为高职高专路桥类专业、土建类专业及相关专业的工程力学课程教材，也可作为相关工程技术人员学习和培训的参考书。

**图书在版编目（CIP）数据**

工程力学：微课视频版/彭放枚，潘芳禄，成德贤主编. —北京：机械工业出版社，2021.8（2024.7重印）
高等职业教育路桥类专业“新形态一体化”系列教材
ISBN 978-7-111-68489-3

Ⅰ.①工… Ⅱ.①彭… ②潘… ③成… Ⅲ.①工程力学-高等职业教育-教材 Ⅳ.①TB12

中国版本图书馆CIP数据核字（2021）第113378号

机械工业出版社（北京市百万庄大街22号 邮政编码100037）
策划编辑：沈百琦 覃密道 责任编辑：沈百琦 覃密道
责任校对：张 薇 封面设计：鞠 杨
责任印制：刘 媛
涿州市般润文化传播有限公司印刷
2024年7月第1版第4次印刷
184mm×260mm · 15印张 · 260千字
标准书号：ISBN 978-7-111-68489-3
定价：49.90元

电话服务 网络服务
客服电话：010-88361066 机 工 官 网：www.cmpbook.com
010-88379833 机 工 官 博：weibo.com/cmp1952
010-68326294 金 书 网：www.golden-book.com
 机工教育服务网：www.cmpedu.com

# 前　言

“工程力学”主要研究结构和构件在荷载作用下的强度、刚度和稳定性问题，其学习目的在于使得结构或构件在满足强度、刚度和稳定性的前提下，选择合适的材料，确定合理的截面形状和尺寸，从而达到既安全又经济的目的。该课程是桥梁结构、建筑结构、工程施工技术等课程的基础，无论是结构设计人员，还是施工技术人员及施工管理人员，掌握其中的力学知识，对于正确地进行结构受力分析和力学计算，保证结构和构件在相关荷载下不发生破坏，从而避免质量和安全事故的发生，都具有重要意义。

通过学习该课程，让学生理解静力学中的一些基本概念和定理，掌握物体在轴向拉压、弯曲和偏心拉压等情况下的受力分析方法，会进行强度、刚度和稳定性的验算。该课程既具有基础性，为后续专业课程的学习提供必要的力学知识；又有较强的工程应用性，为协调工程的安全性和经济性提供科学的解决方法，学生完成本课程的学习后能够在工程实践中解决一些简单的力学问题。

本书作为该课程的教学载体，以工程中的实际应用为导向，结合工程力学课程教学的基本要求和职业教育教学改革的实践经验编写而成。为贯彻党的二十大精神，落实“育人的根本在于立德”，加强教材建设和管理，推进教育数字化，在重印过程中，对全书内容进行了梳理，形成以下特色：

**1. 校企合作，“双元”育人**——本书编写围绕培养工程力学应用型人才为目标，特邀请企业专家对目前工作岗位的技能要求进行提炼、浓缩，结合一线院校教师多年的教学经验以及三教改革的实践经验，转化为相应的学习任务，进而组成本教材的3个模块。

**2. 理论联系实际，注重岗位技能的提升**——本书内容贴合工程实践，突出实用性、针对性和适用性，重视由浅入深和理论联系实际，内容讲述通俗易懂、简明扼要，图文配合紧密。在本书例题与习题选择上，注重结合工程实际，便于学生理解与掌握。

**3. 配套立体化数字资源，更适合“互联网+职业教育”教学需求**——本书配套有相应的微课视频、可撕活页式学习工作页以及完整的课件、教案等资源。学生可以通过扫描书中二维码观看微课视频，学习工作页可帮助学生进行提前预习以及课后巩固提升，适合当前职业院校学生的学习需求。本书对应在线开放课程https://mooc.icve.com.cn/cms/courseDetails/index.htm?classId=ac202440bce84c0ab7e6c4d0e55346e4。

**4. 有机融入育人元素，注重职业素养的培养**——本书3个模块均设置了与课程内容相对应的“颗粒素养”模块，旨在培养学生认真负责、勇于创新、爱岗敬业的职业素养。

本书建议讲授64学时（见下表），使用者可以酌情调整。

| 内　容 | | 学　时 |
|---|---|---|
| 模块1　理论力学基础 | 1.1　力学基本概念 | 6 |
| | 1.2　力学基本公理及定理 | 4 |
| | 1.3　约束与约束反力 | 4 |
| | 1.4　受力图 | 6 |
| | 1.5　平面一般力系的平衡方程 | 12 |
| 模块2　材料力学基础 | 2.1　材料力学概述 | 4 |
| | 2.2　轴向拉伸与压缩 | 6 |
| | 2.3　梁的弯曲 | 10 |
| | 2.4　偏心拉压和压杆稳定 | 2 |
| 模块3　结构力学基础 | 3.1　平面杆系的几何组成分析 | 6 |
| | 3.2　影响线 | 4 |
| 合　计 | | 64 |

本书由广西建设职业技术学院彭放枚、潘芳禄、成德贤任主编，参与编写的还有广西建设职业技术学院林小雄、侯永姣、张春艳、朱海鹏、曾庆建、靳丽莉，清华大学谢琪，广西壮族自治区建筑工程质量检测中心有限公司侯攀。全书由广西建设职业技术学院岳建彬、陈春梅进行主审。机械工业出版社对本书的出版给予了大力的支持，编者在此表示诚挚的感谢。

限于作者水平，书中难免存在欠妥之处，敬请读者批评指正。

编　者

# 微课视频列表

| 序号 | 名　称 | 二　维　码 | 所在页码 | 序号 | 名　称 | 二　维　码 | 所在页码 |
|---|---|---|---|---|---|---|---|
| 1 | 力系的分类 | | 3 | 8 | 画物体受力图的步骤 | | 13 |
| 2 | 力对点之矩 | | 3 | 9 | 合力投影及合力投影定理 | | 17 |
| 3 | 作用力与反作用公理 | | 5 | 10 | 解析法计算平面汇交力系的合力 | | 17 |
| 4 | 力的平行四边形法则及推论 | | 7 | 11 | 平面一般力系向作用面内任一点简化方法 | | 18 |
| 5 | 力的平移定理 | | 7 | 12 | 截面法和应力 | | 33 |
| 6 | 圆柱铰链约束和链杆约束 | | 10 | 13 | 轴向拉（压）杆横截面上的应力 | | 48 |
| 7 | 固定铰支座、可动铰支座和固定端支座 | | 12 | 14 | 应力集中的概念 | | 50 |

（续）

| 序号 | 名　称 | 二　维　码 | 所在页码 | 序号 | 名　称 | 二　维　码 | 所在页码 |
|---|---|---|---|---|---|---|---|
| 15 | 截面法计算梁的剪力和弯矩 | | 58 | 20 | 矩形截面简支梁拉弯组合变形时正应力计算 | | 89 |
| 16 | 叠加原理 | | 66 | 21 | 压杆稳定的概念 | | 94 |
| 17 | 梁横截面上的正应力分布规律及计算公式 | | 71 | 22 | 自由度和约束 | | 107 |
| 18 | 梁横截面上的剪应力分布规律及计算公式 | | 76 | 23 | 几何不变体系的基本组成规则 | | 107 |
| 19 | 提高梁刚度的措施 | | 87 | 24 | 静定结构与超静定结构 | | 112 |
| 本书对应在线开放课 | | | | | | | |

# 目　录

# 模块1
# 理论力学基础

## 知识目标

● 了解力、力系、平衡的概念，荷载的分类。

● 理解常见的几种约束的特点及其约束反力，平面力系简化的概念。

● 掌握力矩、力偶的概念与计算方法，静力学的公理及定理，单个物体及系统的受力分析，平面一般力系平衡方程中的一般式、二矩式和三矩式，支座反力的求法和步骤。

## 能力目标

● 能熟练应用力矩及力偶的性质解决实际问题。

● 能正确画出物体的受力图。

● 能对复杂的平面力系进行简化。

● 能用平衡方程解决工程中的基本力学问题，培养工程实践能力。

## 素养目标

● 增强学生的爱国主义情怀；增强其“四个自信”及爱岗敬业精神；教育其要讲规矩、守纪律；培养其发现问题、分析问题、解决问题的能力。

## 模块概述

本模块是整个力学系列课程的基础。首先介绍静力学的基本概念及基本公理，包含力和力系的概念、力偶和力矩的概念、平衡的概念、静力学的五个公理；然后分类介绍工程几种常见约束的特征、简图的表示方法以及约束反力的特点；在此基础上，讨论单个物体及物体系统的受力分析；最后学习平面一般力系向作用面任意一点简化及其平衡方程，并了解叠加原理求支座反力的知识点。

梁、板、柱是桥梁和房屋建筑等结构承重的主要构件，通过运用力学知识分析、计算各结构体系在荷载作用下的强度、刚度、稳定性和耐久性等问题，才能设计出合理的结构物。

## 1.1 力学基本概念

### 1.1.1 力、力系、平衡的概念

**1. 力的概念**

力是物体间的相互机械作用，这种作用使物体的运动状态发生变化，或者使物体产生变形。

在实际工程中，在研究外力作用下的平衡问题时，我们把在外力或外在因素影响下形状和尺寸都保持不变的物体称为刚体。

如图 1-1a 所示的甲、乙两物体，二者没有接触，且没有相互作用，所以它们之间没有力产生（忽略万有引力）；若变为图 1-1b 所示情况，二者就要产生力了，因为甲对乙产生“压迫”，乙对甲产生“反抗”，二者发生相互机械作用，所以也就有力产生了。由于力是物体间的相互作用，所以力一定是成对出现的，有作用力必有反作用力，它们大小相等、方向相反、作用在同一条直线上，且分别作用在相互接触的两个物体上。

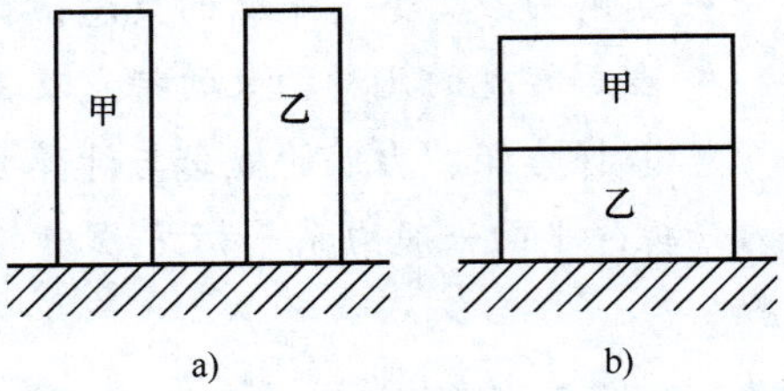


图 1-1 刚体

力对物体的作用效应，取决于力的大小、方向和作用点，这三项也称为力的三要素。在国际单位制中力的计量单位是牛顿，用英文字母 N 表示。在工程中，一般用千牛顿作为力的单位，用英文字母 kN 表示，即 1kN = 1000N。

在工程实际中，常将力称为荷载。根据作用的区域大小，将荷载分为两种：集中荷载、分布荷载。

**颗粒素养**

钱伟长被称为中国近代“力学之父”。1931 年，他以中文和历史满分但物理只有 5 分的成绩被清华大学历史系录取。同年的 9 月 18 日，日本发动了震惊中外的“九一八事变”，从收音机里听到了这个消息后，钱伟长拍案而起说：“我不读历史系了，我要转学物理系，学造飞机大炮，振兴中国的军力。”最终他经过不懈的努力，成为了中国近代“力学之父”，为中国的机械工业、土木建筑、航空航天和军工事业建立了不朽的功勋。他说：“我没有专业，国家的需要就是我的专业。”因此，学好一门课程，基础固然重要，但却不是决定因素，决定因素在于人的主观努力，在于崇高坚定理想信念下的坚持不懈！

**2. 平衡状态的概念**

平衡状态是指物体相对于地球处于静止或做匀速直线运动的状态。例如，房屋、桥梁相对于地球是保持静止的，是一种平衡状态。

**3. 力系、平衡力系的概念**

力系的分类

一般情况下，一个物体会同时受到若干个力的作用。将作用在同一物体上两个或两个以上的一群力，称为力系。对物体的作用效果相同的两个力系，称为等效力系。与力系等效的一个力，称为该力系的合力，力系中的各个力都称为合力的分力。使物体保持平衡的力系，称为平衡力系。物体处于平衡状态的充分必要条件是作用在物体上的力系的合力为零。

## 1.1.2　力矩与力偶的概念

**1. 力矩的概念**

力矩是很早以前人们在使用杠杆、滑车、绞盘等机械搬运或提升重物时所形成的一个概念。以图 1-2a 所示扳手拧螺母为例来说明，在扳手的 $A$ 点施加一力 $F$，将使扳手和螺母一起绕螺钉中心 $O$ 转动，即力使物体（扳手和螺母）产生了转动效应。实践经验表明，扳手和螺母的转动效果不仅与力 $F$ 的大小、方向有关，还与点 $O$ 到力作用线的垂直距离 $d$ 有关。当 $d$ 保持不变时，力 $F$ 越大，转动越快；当力 $F$ 不变时，$d$ 值越大，转动也会越快。若改变力的作用方向，则扳手和螺母的转动方向就会发生改变。因此，我们用 $F$ 与 $d$ 的乘积，再加以正负号来表示力使物体绕 $O$ 点转动的效应，称为力 $F$ 对 $O$ 点之矩，简称力矩，用符号 $M_O(F)$ 表示，即

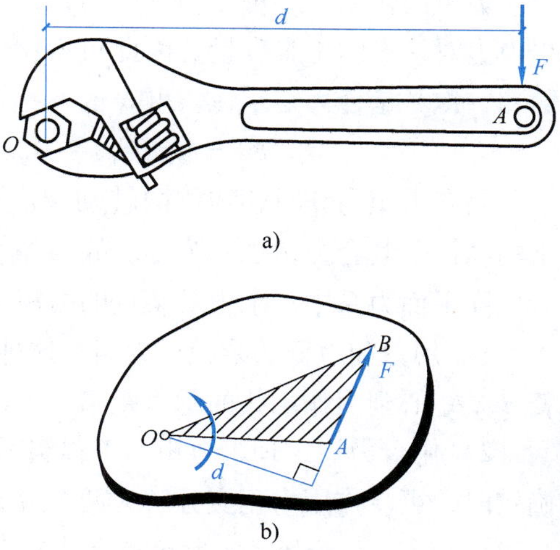


图 1-2　力矩示意图

a）扳手拧螺母　b）转动示意图

力对点之矩

$$M_O(F) = \pm Fd \tag{1-1}$$

上式中，$O$ 点称为转动中心，简称矩心。矩心 $O$ 到力作用线的垂直距离 $d$ 称为力臂。正负号表示力矩的转向，通常规定：力使物体绕矩心作逆时针方向转动时，力矩为正，反之为负。力矩单位为 N · m 或 kN · m。

【例 1-1】　如图 1-3 所示钉锤，在力 $F = 200\text{N}$ 作用下，手柄长度 $h = 300\text{mm}$，试求图示两种不同情况下，力 $F$ 对 $O$ 点之矩。

【解】　图示两种情况下，虽然力的大小、作用点和矩心均相同，但力的方向不同，致使力臂不同，因而两种情况下力对 $O$ 点之矩不同。

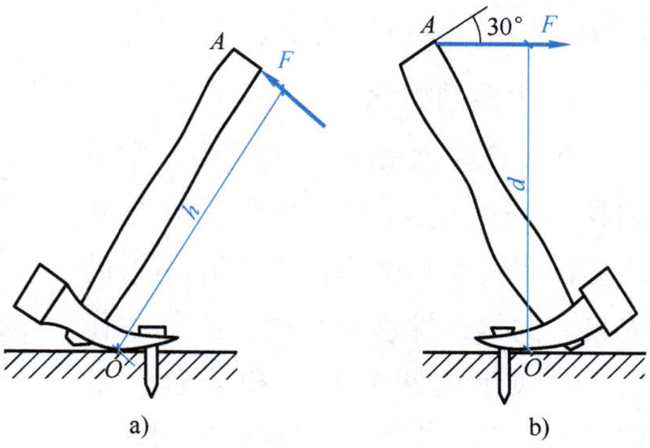


图 1-3　钉锤示意图

根据式（1-1），可求出力矩。

（1）$M_O(F) = Fh = 200 \times 300 \times 10^{-3}\text{N} \cdot \text{m} = 60\text{N} \cdot \text{m}$

（2）$M_O(F) = -Fd = -200 \times 300 \times 10^{-3} \cos 30° \text{N} \cdot \text{m} = -52.0\text{N} \cdot \text{m}$

力矩具有如下性质：

1）力对 $O$ 点的矩不仅仅取决于力 $F$ 的大小，同时取决于力臂 $d$ 的大小。

2）力 $F$ 对 $O$ 点的矩不会因为 $F$ 在其作用线上移动而改变。

3）如果力 $F$ 通过矩心 $O$，则 $M_O(F)=0$，此时力对物体的作用效果为移动。

4）互成平衡的二力对同一点之矩的代数和等于零。

**2. 合力矩定理**

力系的作用效果可以用它们的合力 $F$ 的作用效果代替，而力使物体绕某点转动效果由力对该点的矩来度量。因此可得：**合力对某点之矩等于各分力对同一点之矩的代数和，这就是合力矩定理，**可表示为：

$$M_O(F)=M_O(F_1)+M_O(F_2)+\cdots+M_O(F_n)=\sum M_O(F) \tag{1-2}$$

当合力矩为0时，物体的转动效应不会改变，物体处于转动平衡状态。平衡状态下的物体，其合力矩也必为零。故**物体转动平衡的充分必要条件是合力矩为零。**

在平面力系中，求力对某点的力矩一般采用以下两种方法：

1）用力和力臂的乘积求力矩　这种方法的关键是确定力臂 $d$。需要注意的是，力臂 $d$ 是矩心到力作用线的垂直距离。

2）用合力矩定理求力矩　工程实际中，有时求力臂 $d$ 的几何关系很复杂，当不易确定时，可将作用力正交分解为两个分力，然后应用合力矩定理求原力对矩心的力矩。

【例 1-2】　如图 1-4 所示挡土墙每 1m 长受土压力的合力为 $F$，它的大小为 $F=150\text{kN}$，方向如图所示，求土压力 $F$ 使墙倾覆的力矩。

【解】　土压力 $F$ 可使挡土墙绕墙趾 $A$ 点发生倾覆，故求 $F$ 使墙倾覆的力矩，就是求 $F$ 对 $A$ 点的力矩。由已知的尺寸求力臂 $d$ 不方便，而它的两个分力 $F_1$、$F_2$ 的力臂是已知的，故由式（1-2）可得：

$$\begin{aligned}M_A(F)&=M_A(F_1)+M_A(F_2)=F_1a-F_2b\\&=150\times\cos30°\times2-150\times\sin30°\times1.5\\&=147.3\text{kN}\cdot\text{m}\end{aligned}$$

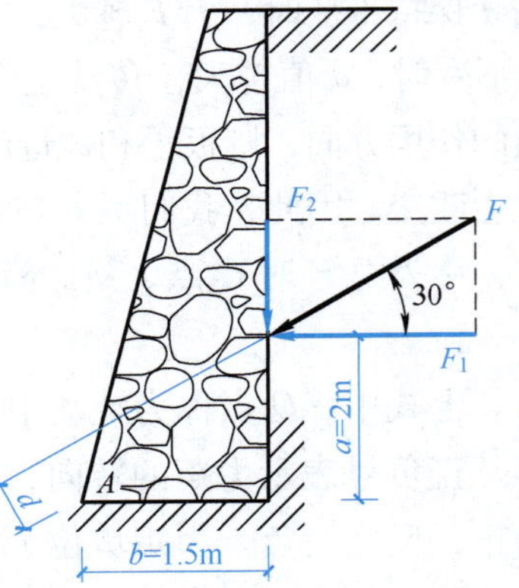


图 1-4　挡土墙示意图

**3. 力偶的概念**

在生产实践和日常生活中，常看到物体同时受到大小相等、方向相反、作用线互相平行的两个作用力的现象。例如，拧水龙头时，人的手作用在开关上的两个力 $F$ 和 $F'$ 就是这样，如图 1-5a 所示；又如汽车司机用两手转动方向盘时，作用在方向盘上的力 $F$ 和 $F'$ 也是这样，如图 1-5b 所示。在力学中，我们将**大小相等、方**

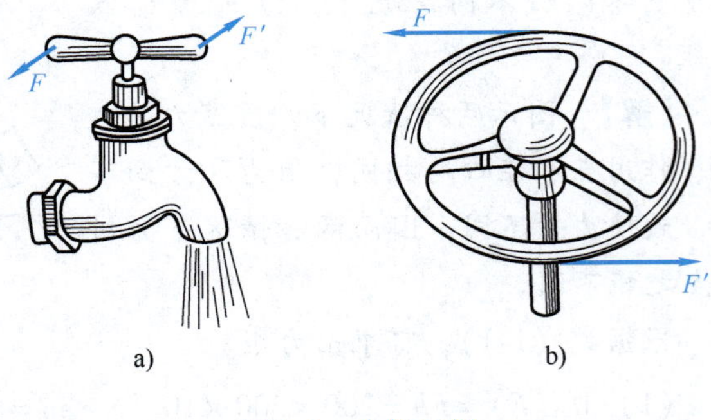


图 1-5　力偶示例

a）水龙头扭转　b）方向盘扭转

向相反、作用线互相平行且作用在同一物体上的两个力叫作力偶，记为（$F$,$F'$）。力偶中两个力的作用线之间的垂直距离叫力偶臂。

力偶对物体的作用效果使物体转动，它实际上是组成力偶的两个力作用效果的叠加，力偶使物体转动的效果用力偶矩来度量，表示为 $m(F,F')$，可简写为 $m$，力偶矩等于力偶中力的大小与力偶臂的乘积，再加上正负号，即：

$$m(F,F')=m=\pm Fd \tag{1-3}$$

式中，正负号表示物体的旋转方向，与力矩的规定相同，力偶使物体逆时针转动为正，力偶使物体顺时针转动为负。力偶矩单位与力矩单位也相同，即 N·m 或 kN·m。力偶在力学简图中可按图 1-6 所示来表示。

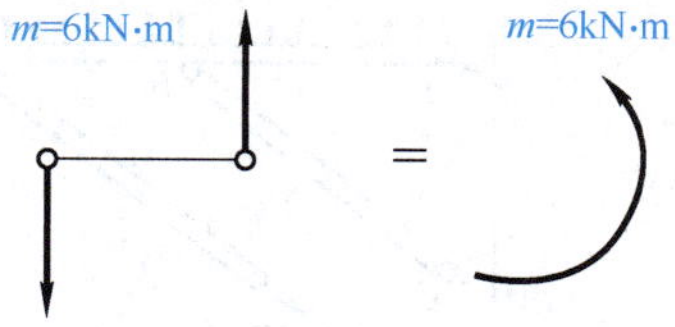

图 1-6　力偶力学简图

物体转动平衡的充分必要条件是合力矩为零。同理，合力偶矩为零也是物体处于转动平衡的充分必要条件。

**4. 力偶的基本性质**

1）力偶对其作用面内任意一点的力矩，恒等于其力偶矩，而与矩心的位置无关。

2）力偶无合力，力偶不能与一个力等效，也不能与一个力平衡。

**5. 力矩与力偶的区别**

1）力矩的大小随矩心位置变化而变化，力偶矩的大小与矩心无关。

2）力偶要用力偶来平衡，不能用一个力来平衡。

## 1.2　力学基本公理及定理

### 1.2.1　作用力与反作用力定理

作用力与反作用公理

作用力与反作用力定理：相互作用的两个物体之间的作用力和反作用力总是大小相等、方向相反、作用在同一条直线上。(牛顿第三运动定律)

**颗粒素养**

作用力和反作用力定理是牛顿发现的定理。牛顿是英国著名的科学家。在力学上，牛顿阐明了动量和角动量守恒的原理，提出牛顿运动定律；在物理学上，他系统地表述了冷却定律，并研究了音速；在光学上，他发明了反射望远镜……他被誉为百科全书式的“全才”。他常说的一句话是：“无论做什么事情，只要肯努力奋斗，是没有不成功的。”正是这种持之以恒的精神，带领牛顿登上科学群山那一个又一个的巅峰。作为当代大学生的我们，要想获得成功，就要通过不断地锻炼，提高自身坚持不懈的毅力。

### 1.2.2　二力平衡公理

二力平衡公理：作用在同一刚体上的两个力，大小相等、方向相反且作用在同一条直线上（这也是使刚体平衡的充分必要条件）。

以图 1-7a 中以直杆 $BC$ 为例：如果直杆 $BC$ 受到两个力 $F_B$ 和 $F_C$ 同时作用而处于平衡状态，则杆两端的约束力 $F_B$ 和 $F_C$ 必然大小相等、方向相反，并且沿着同一直线（对于直杆即为杆的轴线）作用。如果杆件受到两个力，且两个力的大小相等、方向相反，并且同时沿着同一直线作用，则杆件一定是平衡的，此时杆件受到的合力为零。只在两个点受力且不计自重而保持平衡的物体称为二力构件或二力杆。

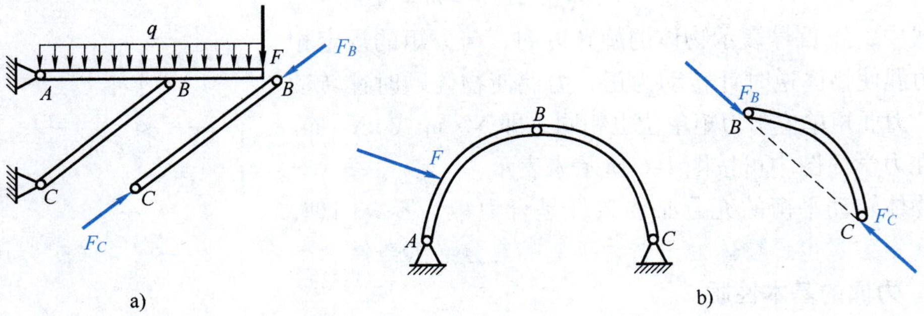


图 1-7　二力平衡公理实物图

a）直杆受力图　b）弧形刚体受力图

请思考：图 1-7 中的 $F_B$ 和 $F_C$ 是一对作用力与反作用力吗?

## 1.2.3　加减平衡力系公理

**加减平衡力系公理：作用于刚体的任意力系中，加上或减去任何一个平衡力系，都不改变原力系对刚体的作用效应。**

如图 1-8a 和 b 所示，在施加了一对平衡力 $F_B$ 和 $F'_B$（合力为 0）之后并没有改变原来的力 $F_A$ 对刚体的效应。也就是一个力 $F_A$ 与三个力 $F_A$、$F_B$ 和 $F'_B$ 对刚体的作用等效。

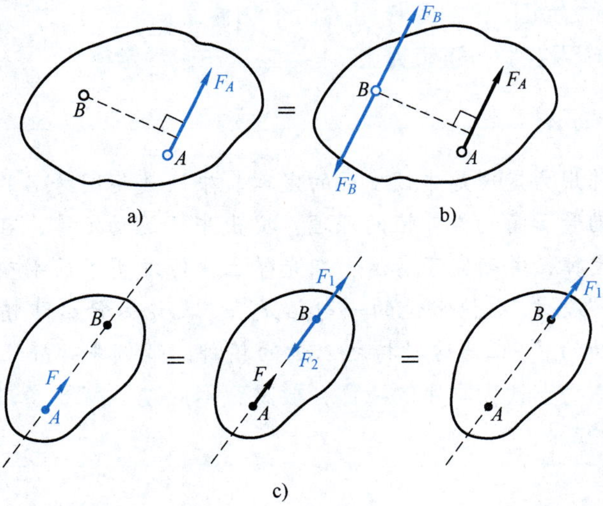


图 1-8　加减平衡力系公理及其推论

**推论：力的可传性原理。**

**力的可传性原理：作用在刚体上的力可沿其作用线移动到刚体内任意一点，而不**

会改变原力对刚体的作用效果。推导如图 1-8c 所示（图中 $F$、$F_1$、$F_2$ 大小相等）。

## 1.2.4　力的平行四边形公理

力的平行四边形法则及推论

力的平行四边形公理：作用于物体上同一点的两个力，可以合成为一个合力，合力也作用于该点，合力的大小和方向由这两个力为邻边所构成的平行四边形的对角线表示。如图 1-9a 所示。

如图 1-9b 所示，$F$ 为两个平行四边形共同的对角线。也就是说 $F_1$ 和 $F_2$ 的合力是 $F$，$F_3$ 和 $F_4$ 的合力也是 $F$，一个合力可以分别由多组分力合成。

如图 1-9c 所示，有时为了方便计算，一个斜向的力可以由平行四边形定理分解成一个水平方向的分力和一个竖直方向的分力。

如图 1-9d 所示，当刚体上的两个力不在同一个作用点上时，可以先按力的可传性原理等效移动到同一个点，再用平行四边形公理求其合力。

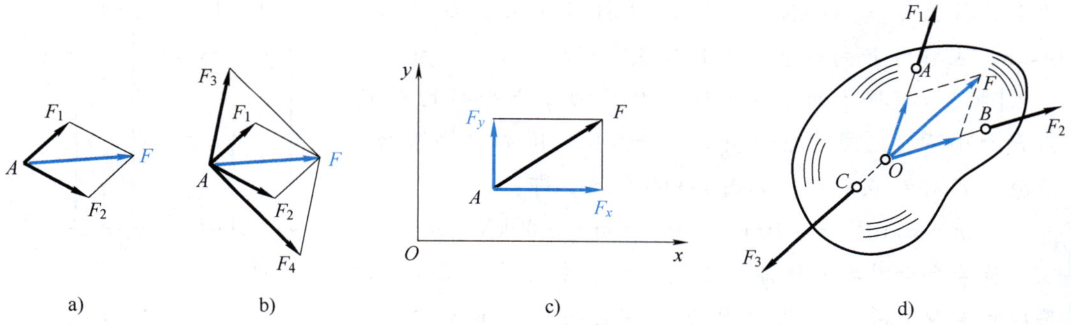


图 1-9　力的平行四边形公理

力的平移定理

## 1.2.5　三力平衡汇交定理

三力平衡汇交定理：刚体受共面而不平行的三个力作用而平衡时，这三个力的作用线必汇交于一点。如图 1-9d 所示，将三个力中的两个 $F_1$ 和 $F_2$ 沿作用线移至二者作用线交点 $O$，用平行四边形法则合成一合力 $F$，这时刚体可看作只受力 $F$ 和 $F_3$ 两个力作用。根据二力平衡条件，则力 $F$ 和 $F_3$ 共线，证明了共面不平行且平衡的三力必汇交于一点。

## 1.2.6　力的平移定理

为了更好地对力系进行分析，当力系中的各力不汇交于一点时，需要将力沿其作用线平移，使各力汇交于一点。如图 1-10a 所示，设在物体的 $A$ 点作用一个力 $F$，要将此力平移到物体的任一点 $O$。为此，在点 $O$ 加上一对平衡力 $F'$和 $F''$，且其作用线与力 $F$ 平行，大小与力 $F$ 的大小相等，如图 1-10b 所示。根据加减平衡力系公理，这样并不影响原力 $F$ 对物体的作用效果。力 $F$ 和 $F''$组成一个力偶，其力偶矩为 $m = Fd = m_O(F)$，而作用在点 $O$ 的力 $F'$，其大小和方向与原力 $F$ 相同，即相当于把原力 $F$ 从点 $A$ 平移到点 $O$，如图 1-10c 所示。于是，可得到力的平移定理。

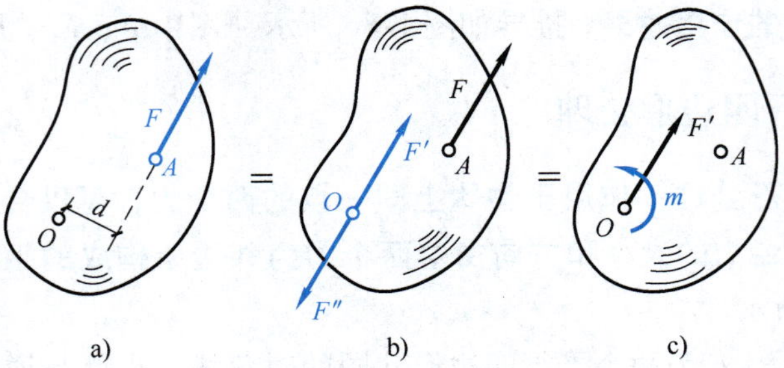


图 1-10　力的平移

**力的平移定理：作用于刚体上的力 *F* 可以平移到该刚体上的任一点 *O*，但要使得移动前后等效就必须同时附加一个力偶，其力偶矩等于原力 *F* 对于新作用点 *O* 的矩。**力的平移定理将一个力等效为一个力和一个力偶。

【例 1-3】　如图 1-11a 所示，在柱子的 $A$ 点受由吊车梁传来的荷载 $P=100\text{kN}$，荷载 $P$ 到杆件中心线的距离为 0.4m。求将力 $P$ 向柱子轴线上 $B$ 点平移后的等效力系。

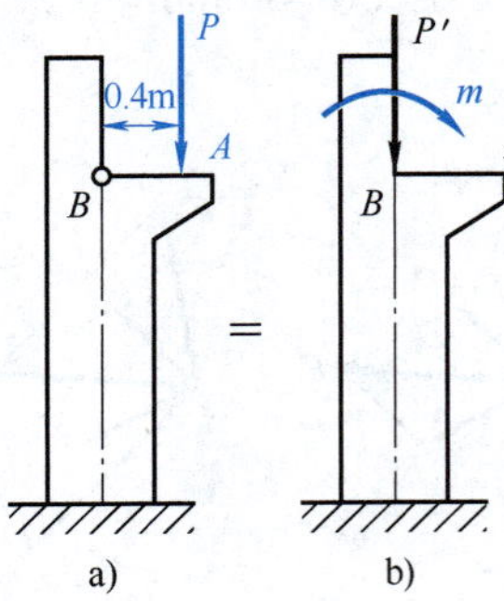


图 1-11　牛腿柱受力图

【解】　根据力的平移定理，力 $P$ 由 $A$ 点平移到 $B$ 点，力 $P$ 大小不变，同时还必须附加一力偶，附加力偶矩 $m$ 等于原力 $P$ 对 $B$ 点的矩，如图 1-11b 所示，即：

$$m=m_B(P)=-100\times0.4\text{kN}\cdot\text{m}=-40\text{kN}\cdot\text{m}$$

负号表示附加力偶矩的转向是顺时针方向。力 $P$ 经平移后的等效力系是作用于 $B$ 点与柱竖向轴线重合的力 $P$，它使柱子轴向受压，顺时针转动的力偶 $m$，它使柱子弯曲。

## 1.3　约束与约束反力

### 1.3.1　自由体与非自由体的概念

在介绍约束的概念之前，首先应了解自由体与非自由体的概念。

自由体是运动不受任何限制的物体，如在空中飞行的飞机、小鸟等。与之相反，某些方向的运动受到限制的物体称为非自由体，如放在桌子上的茶杯、用铁链悬挂在天花板的灯，工程构件的运动大多受到某些限制，因而都是非自由体。例如，横梁受到柱子的限制，柱子受到基础的限制，主梁受到桥墩的限制等。

**颗粒素养**

对于工程结构，受到一定的约束才是安全的。因此，唯有各方遵循法律，按照规范去操作，秉承职业操守与底线，这样，工程才能顺利竣工。**做人做事亦是如此，我们要自觉养成讲规矩、守纪律的意识和习惯，确保自己在人生道路上行得正、走得直，将自己的人生之路走得更宽、更远。**

### 1.3.2 约束和约束反力的概念

**约束是限制物体运动的周围物体，约束对物体的作用力称为约束反力。**存在约束的物体都是非自由体。例如，上面提到的柱子是横梁的约束，那么柱子对梁的支承力即为约束反力；基础是柱子的约束，那么基础对柱子的作用力就是基础对柱的约束反力；桥墩是主梁的约束，那么桥墩对主梁的作用力就是桥墩对主梁的约束反力。约束反力的方向总是与该约束所能阻碍物体运动的方向相反。

### 1.3.3 约束类型

**1. 柔体约束**

由绳索、链条、胶带、皮带等较柔软又不易伸长的柔性物体所构成的约束称为柔体约束。由于柔体约束只能限制物体沿着柔体约束的中心线离开柔体约束的运动，**所以柔体约束的约束反力通过接触点，其方向沿着柔体约束的中心线且背离物体，柔体约束的约束反力为拉力。**柔体约束的约束反力通常用 $T$ 表示，如图 1-12 所示。

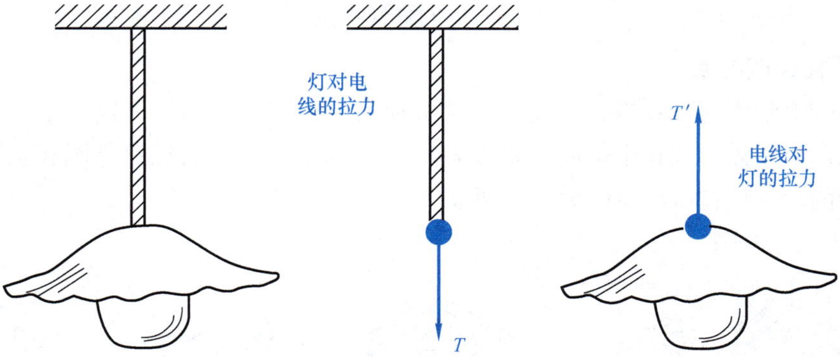


图 1-12 柔体约束例子（1）

斜拉桥的斜拉索所形成的约束是柔体约束，约束反力的方向如图 1-13a 所示。当链条或皮带绕过轮子时，链条或皮带的约束反力沿轮缘的切线方向，如图 1-13b 所示。

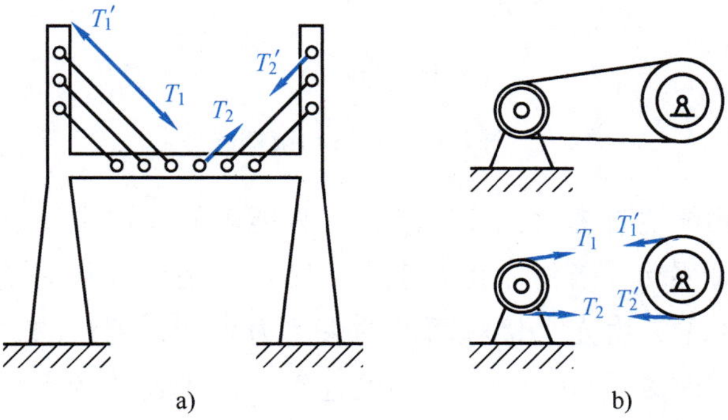


图 1-13 柔体约束例子（2）

**2. 光滑接触面约束**

物体与另一物体相互接触，当接触处的摩擦力很小，可以忽略不计时，两物体彼此的约束就是光滑接触面约束。光滑接触面约束的特点是不论接触表面的形状如何，只能限制被约束物体在接触点处沿公法线方向压入支承接触面的运动。所以**光滑接触面的约束反力是压力，作用在接触点处，其方向沿接触点处的公法线，指向被约束物体。**光滑接触面约束的约束反力通常用 $N$ 表示，如图 1-14 所示。

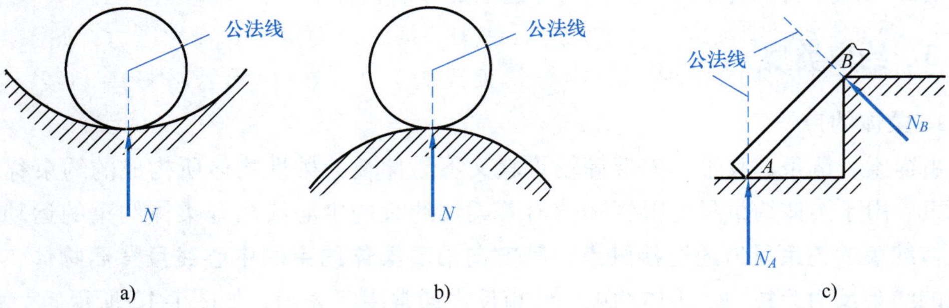


图 1-14　光滑接触面约束例子

圆柱铰链约束和链杆约束

**3. 圆柱铰链约束**

圆柱铰链约束简称铰链，门窗用的合页便是铰链实例。圆柱铰链是由一个圆柱形销钉插入两个物体的圆孔中构成，如图 1-15a、b 所示，且认为销钉与圆孔的表面都是完全光滑的。圆柱铰链约束的力学简图如图 1-15c ~ h 所示。

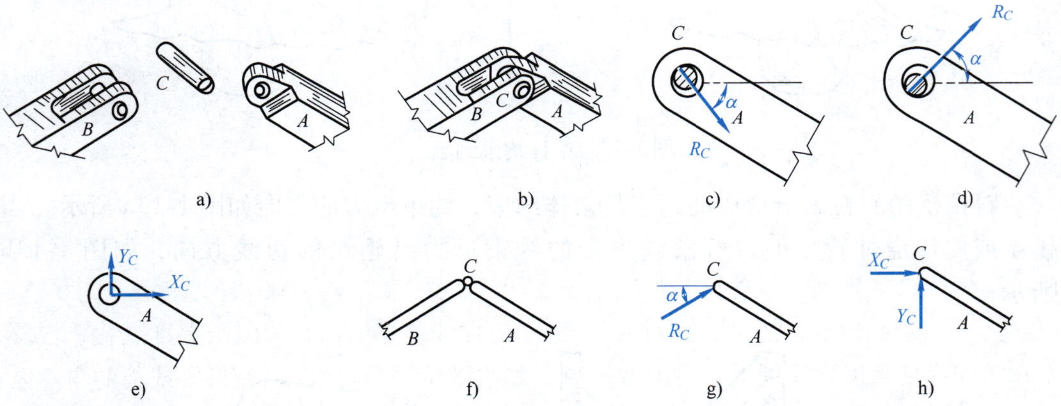


图 1-15　铰链约束例子

铰链不能限制物体绕着销钉相互转动，而只能限制物体在垂直于销钉轴线的平面内沿任意方向做相对移动。当物体相对于另一物体有运动趋势时，销钉与孔壁某处接触，且接触面是光滑的，由光滑接触面的约束反力可知，销钉的约束反力作用线沿接触点处的法线方向，即接触点与销钉中心的连线，由于物体的运动趋势方向未知，所以接触点的位置也是未知。但无论接触点在何处，它们的法线总是通过销钉的中心，所以，**圆柱铰链的约束反力在垂直于销钉轴线的平面内，通过销钉中心，但指向未定。**

这种约束反力有大小和方向两个未知量，大小和方向分别可用力 $R_C$ 和角度 $\alpha$ 来表示，如图 1-15c、d、g 所示；还可用两个互相垂直的分力 $X_C$ 和 $Y_C$ 来表示，如图 1-15e、h 所示。

**4. 链杆约束**

两端用铰链与不同物体连接，中间不再受力（包括不计自重）的刚性直杆称为链杆。链杆约束只能阻止物体沿着杆轴方向的运动，不能阻止其他方向的运动。所以**链杆的约束反力方向沿着链杆中心线，指向未定。**链杆约束的简图及其反力如图 1-16 所示。链杆所受的力必沿着链杆的中心线，或为拉力，或为压力，如图 1-16f 所示；而链杆对物体的作用力（链杆约束反力）的方位也沿着链杆中心线，指向未定。

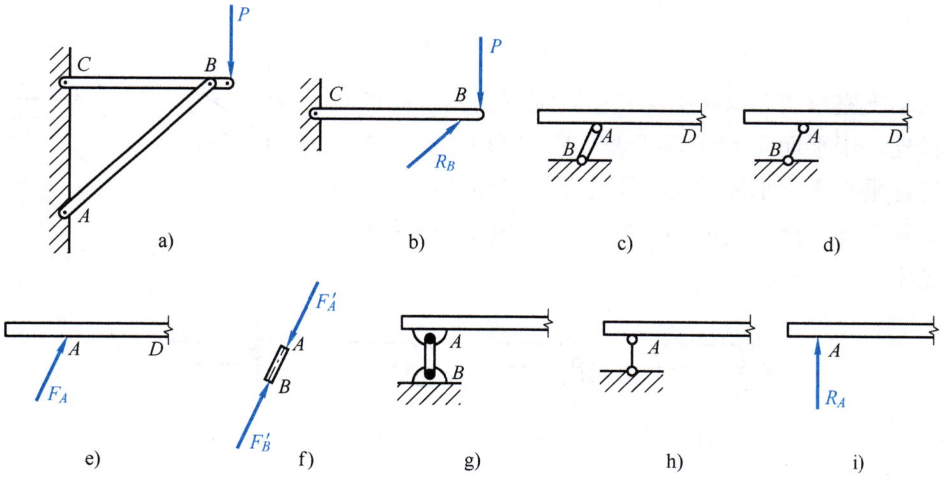


图 1-16 链杆约束例子

**5. 支座**

**将结构物或构件连接在墙、柱、基础、桥墩等支承物上的装置（约束）称为支座。**按照梁式桥受力的要求，在上部结构梁或板与墩台之间须设置支座，支座除了约束（支承）梁或板在墩台上不滑落及被拔离外，应保证桥跨结构在荷载与温度变化、混凝土收缩和徐变等因素作用下能自由地变形（如水平位移及转角），并将梁或板的自重及其所受的荷载传递到桥梁墩台。

（1）支座的分类

常见的桥梁支座按变位的可能性可分为：固定支座、活动支座。

固定支座限制上部结构竖向移动和水平移动，允许上部结构在支座处自由转动。活动支座只限制上部结构竖向移动，允许上部结构在支座处自由转动和水平移动。

桥梁支座按材料可分为钢支座、钢筋混凝土支座、橡胶支座、特种支座（如减震支座、拉力支座）等，其中最常用的是橡胶支座。橡胶支座分为板式橡胶支座和盆式橡胶支座。

（2）支座的力学简图

固定铰支座、可动铰支座和固定端支座

固定支座与图1-17所示的用光滑圆柱形销钉把构件与支座连接而形成的固定铰支座（铰链支座）原理相同。通常限制构件移动，而允许构件产生微小转动的支座，力学中都视为固定铰支座。**固定铰支座约束性能与圆柱铰链相同，所以它的支座反力与圆柱铰链的反力也相同，可用两个垂直的分力表示，作用点通过支座中心但指向未定，**如图1-18所示。固定铰支座的计算简图如图1-19所示。

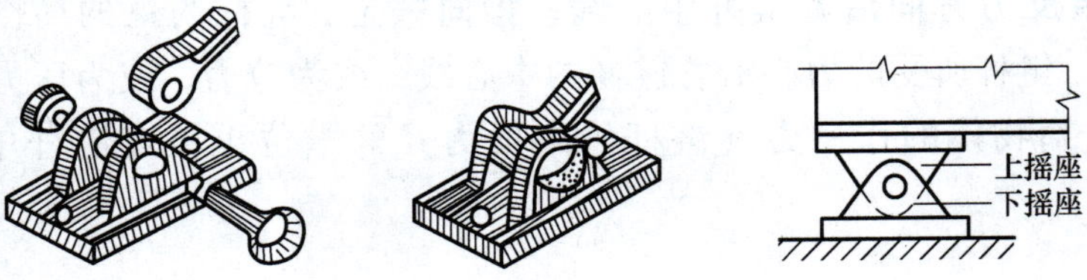

图1-17　固定铰支座

活动支座与图1-20a所示的在固定铰支座下面加几个辊轴支承于平面而形成的可动铰支座原理相同。通常限制构件垂直于支承面移动，不能限制物体绕销钉轴线的转动和沿支承面方向的移动的支座，力学中都视为可动铰支座。

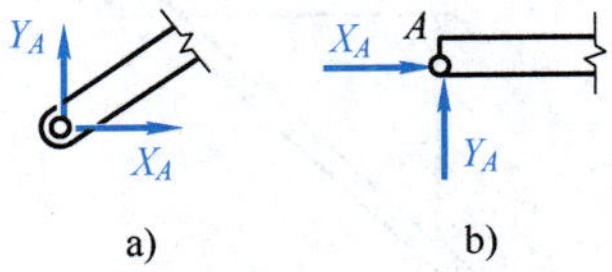

图1-18　固定铰支座反力

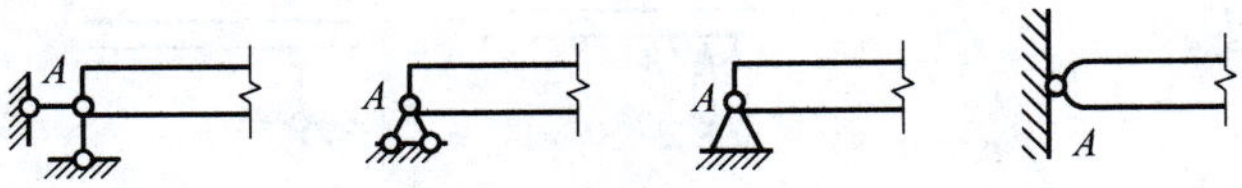

图1-19　固定铰支座计算简图

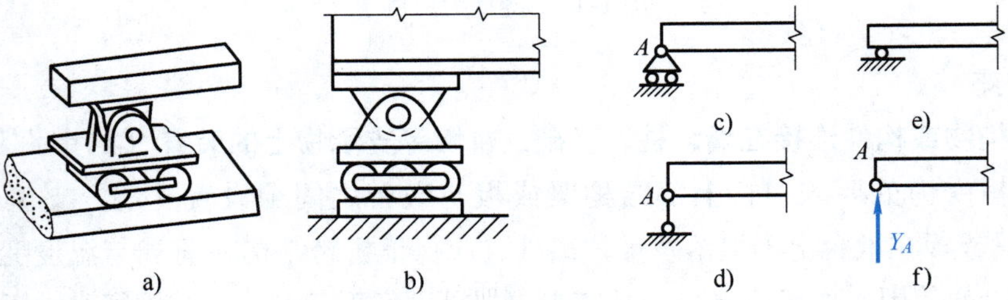

图1-20　可动铰支座

**可动铰支座的支座反力通过支座中心，垂直于支承面，指向未定，**如图1-20f所示。可动铰支座计算简图如图1-20c、d、e所示。

力学中除了上述的固定支座和活动支座外，还有一种固定端支座。例如，连续刚构桥的墩台与上部结构固结在一起，上部结构与墩台连接处可视为固定端支座；悬挑的雨篷与墙体固结在一起，二者的连接处也可视为固定端支座。**固定端支座限制了构件的水平移动、竖向移动和转动，也就是有水平和竖向的约束反力，还有阻止转动的约束反力偶。**固定端支座的力学简图如图1-21所示。

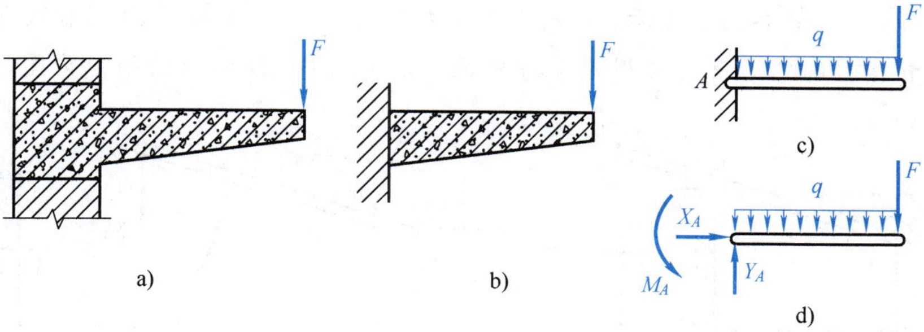


图 1-21 固定端支座

## 1.4 受力图

在工程实际中，为了求出未知的约束反力，首先要对物体的受力情况进行分析，分析物体受到哪些力作用、哪些是已知的、哪些是未知的。

为了清晰地表示物体的受力情况，我们把需要研究的物体（称为受力体）从周围物体（称为施力体）中分离出来单独画出它的受力简图，这个步骤叫作取研究对象或取分离体。**在分离体上画出周围物体对它的全部作用力（包括主动力和约束反力），这样的图形称为物体的受力图。**画受力图是解决力学问题的关键，是进行力学计算的依据。

画物体受力图的步骤

### 1.4.1 受力图的画法

1）确定研究对象并取分离体。根据题意要求，确定研究对象，单独画出分离体的简图。研究对象可以是一个物体、几个物体的组合或物体的整个系统。

2）真实地画出作用于研究对象上的全部主动力（荷载）。

3）根据约束类型画约束反力。对于柔体约束、光滑接触面、链杆、可动铰支座等，可直接根据约束类型画出约束反力的方位（未定的指向先假设）。但对于固定铰支座，其反力常用两个相互垂直的分力表示，指向任意假设，固定端支座则需在此基础上，再附加一个反力偶。

4）受力图上要清楚地表示每个力的作用位置、方位及指向、名称。同一个力在不同的受力图上的表示要完全一致。

5）注意受力图上只画研究对象的简图和所受的全部外力，不画已被解除的约束。每画一个力要有来源，不能只根据主动力的方向做简单推断。力既不能多画也不能漏画。

**颗粒素养**

对结构进行受力分析并准确画出受力图是工程建设的第一步，几乎所有的力学计算，都需要准确画出受力图，受力图的绘制一旦有误，不仅计算会出现错误，还可能导致后续的设计出现重大失误，甚至要付出生命的代价。工程建设类的“鲁班奖”和“市政金杯”获奖的前提：工程必须是安全的、受力合理的工程；工程中的鲁班大师、大国工匠，必须是懂力学会用力学的大师。因此，会画受力图是工程力学的基本功之一。

【例 1-4】 如图 1-22a 所示，$AD$ 杆的重力忽略不计，各接触面可看成是光滑的，$AD$ 在重物和槽壁的约束反力作用下保持静止。试画出杆 $AD$ 和重物的受力图。

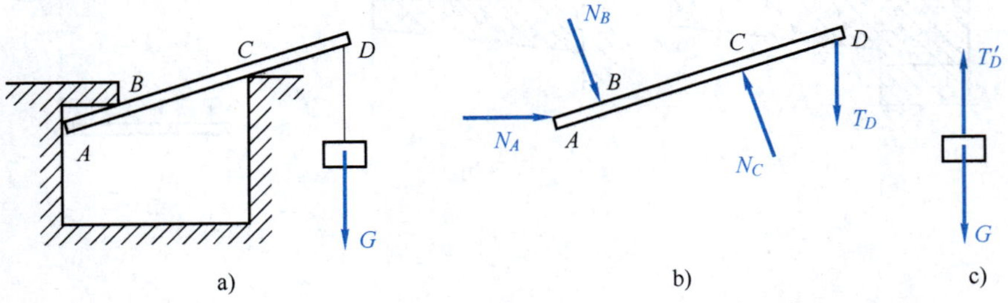


图 1-22 $AD$ 杆受力分析图

【解】 (1) 取 $AD$ 杆为研究对象，解除周围的约束，单独画出 $AD$ 杆的简图，杆与槽壁在 $A$、$B$、$C$ 三点接触，都属于光滑接触面约束。$N_A$ 为通过 $A$ 点沿墙壁法线的压力，$N_B$ 为通过 $B$ 点沿杆的法线的压力，$N_C$ 为通过 $C$ 点沿杆的法线的压力；杆在 $D$ 与绳接触，属于柔体约束，$T_D$ 为通过 $D$ 点沿绳的轴线的拉力，如图 1-22b 所示。

(2) 取重物为研究对象，解除约束画出简图，受到重力 $G$ 和绳的约束反力 $T_D'$，这两个力是一对平衡力，而 $T_D$ 和 $T_D'$ 则是一对作用力和反作用力，如图 1-22c 所示。

【例 1-5】 如图 1-23a 所示，某简支梁桥中的一跨简支梁 $AB$，跨中 $C$ 点受集中力 $F$ 的作用，$A$ 端为固定铰支座，$B$ 端为可动铰支座，试画出梁的受力图。(简支梁 $AB$ 的重力忽略不计)

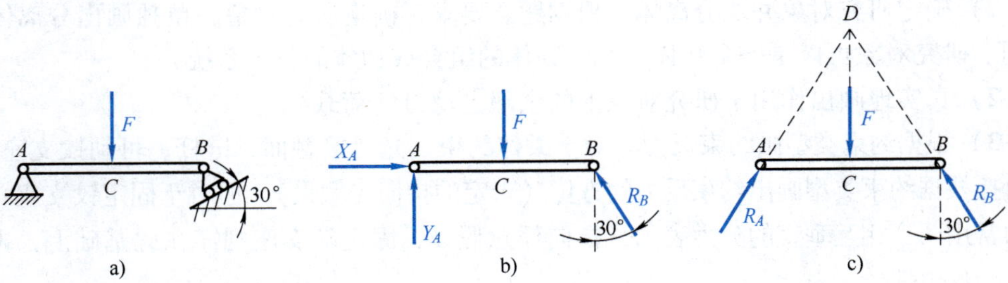


图 1-23 简支梁桥示意图

【解】 (1) 取 $AB$ 梁为研究对象，解除 $A$、$B$ 两处的约束，并画出其简图。

(2) 画主动力。在梁上点 $C$ 画集中力 $F$。

(3) 画约束反力。$A$ 处为固定铰支座，其约束反力通过铰链中心 $A$，但方向不能确定，可用两个正交分力 $X_A$ 和 $Y_A$ 表示，指向可以假设。$B$ 处为可动铰支座，约束反力垂直于支持面，用 $R_B$ 表示。梁的受力如图 1-23b 所示。

此外，本题可以用三力平衡汇交定理画出图 1-23b 中 $X_A$ 和 $Y_A$ 的合力，如图 1-23c 所示。

【例 1-6】 如图 1-24 所示的人字扒杆，杆 $AC$ 与杆 $BC$ 用铰 $C$ 相连，铰 $C$ 受集中力 $F$ 作用，$A$、$B$ 端为固定铰支座。试画出杆 $AC$、杆 $BC$ 和铰 $C$ 的受力图。(杆的重力忽略不计)

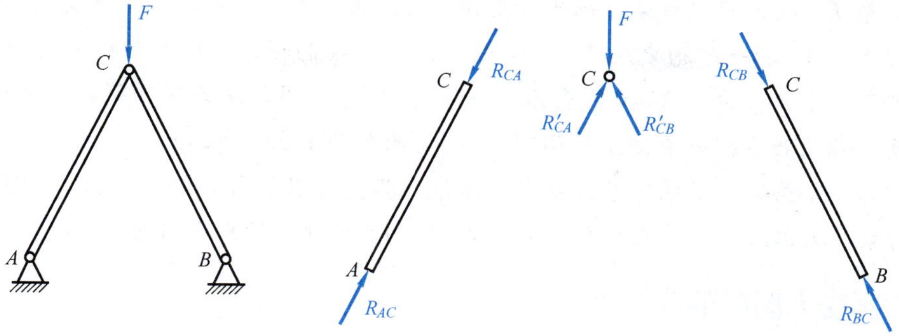


图 1-24　人字扒杆受力图

【解】（1）分别取杆 AC、杆 BC 和铰 C 为研究对象。

（2）画杆 AC、杆 BC 约束反力。杆 AC 仅在两端受力，为二力杆。其约束反力沿杆轴线方向，指向假设受压。杆 BC 与 AC 类似。

（3）画铰 C 受力。主动力 F 作用于铰 C 中心，同时铰 C 还受到杆 AC 和杆 BC 的反作用力。反作用力与杆 AC 和杆 BC 在 C 端的作用力大小相等、方向相反，如图 1-24 所示。

在工程实际中，除单跨梁外，更常见的是多跨梁。多跨静定梁是多跨梁中最简单的结构形式，它是由若干单跨梁用铰连结而成的静定结构，用来跨越几个相连的跨度。

在多跨静定梁结构中凡本身能独立维持静止平衡的部分称为基本部分；需要依靠其他部分的支承才能保持静止平衡的部分称为附属部分。从几何组成上看，多跨静定梁的特点是组成整个结构的各单跨梁可以分为基本部分和附属部分。从传力关系来看，多跨静定梁的特点是作用在附属部分的荷载，能使附属部分及其相关的基本部分产生支座反力和内力；而作用于基本部分的荷载，只能使基本部分产生支座反力和内力，附属部分不受力。

当计算多跨静定梁时，应先计算附属部分，再计算基本部分。在计算的过程中，注意分析附属部分及基本部分在连接处的作用力与反作用力。

【例 1-7】梁 AB 和 BC 用铰链 B 连接，A 处为可动铰支座，C 处为固定端支座。梁受集中力 P 和均布荷载 q 作用，如图 1-25a 所示，试画出梁 AB、BC 及整体的受力图。（梁的重力忽略不计）

【解】（1）取 AB 为研究对象，画出分离体。AB 上受均布荷载 q 作用，A 处为可动支座，其约束反力垂直于支承面，指向假设向上，用 $R_A$ 表示；B 处为铰链约束，其约束反力用两个正交分力 $X_B$ 和 $Y_B$ 表示，指向假设，如图 1-25b 所示。

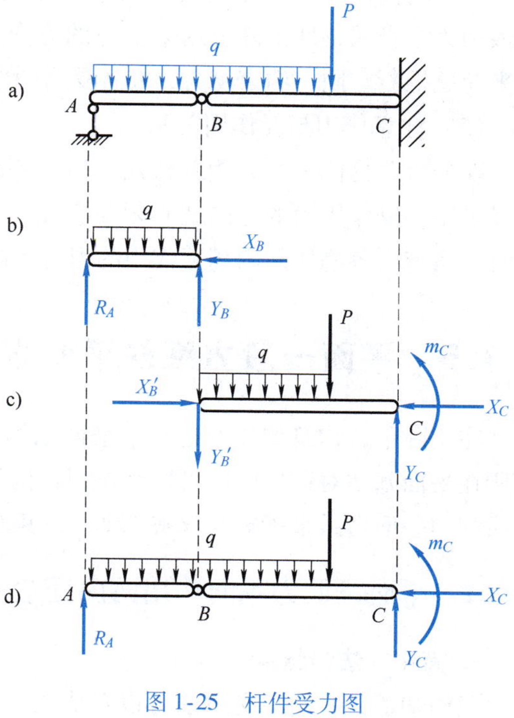


图 1-25　杆件受力图

（2）取 $BC$ 梁为研究对象，画出分离体；$C$ 处为固定端支座，其约束反力可用两个正交分力 $X_C$、$Y_C$ 和一个约束反力偶 $m_C$ 表示，箭头指向假设；$B$ 处为铰链约束，其约束反力可用两个正交分力 $X'_B$ 和 $Y'_B$ 表示，与 $X_B$、$Y_B$ 是作用与反作用的关系，大小相等、方向相反、作用线在同一直线上，$BC$ 梁的受力图如图 1-25c 所示。

（3）取 $AC$ 整梁为研究对象，画出分离体。其受力图如图 1-25d 所示，此时不必将 $B$ 处的约束反力画上，因为对于整体它属内力。$A$、$C$ 处的约束反力同前。

### 1.4.2 画受力图时的注意事项

（1）明确研究对象

根据解题的需要，可以取单个物体为研究对象，也可以取由几个物体组成的系统为研究对象，不同的研究对象的受力图不同。先把它所受的全部约束去掉，再单独画出该研究物体的简图。

（2）注意识别二力构件

二力构件在工程实际中经常遇到，它所受的两个力必定沿两力作用点的连线，且等值、反向。这样二力构件两点约束反力的方向确定，使受力图大大简化，并且减少了未知力的个数。

（3）不要漏画力和多画力

在研究对象上要画出它所受到的全部主动力和约束反力。凡去掉一个约束就必须用相应的反力来代替。重力是主动力之一，除特别说明外，不要漏画。

（4）正确画出约束反力

一个物体往往同时受到几个约束的作用，这时应分别根据每个约束单独作用时，由该约束本身的特性来确定约束反力的方向，而不能凭主观判断或者根据主动力的方向来简单推断。同一约束反力，在各受力图中假设的指向必须一致。

（5）注意作用与反作用关系

在分析两物体之间的相互作用力时，要符合作用与反作用的关系，作用力的方向一经确定，反作用力的方向就必须与它相反。如果取若干个物体组成的系统为研究对象时，系统内各物体间的相互作用的内力不画。

## 1.5 平面一般力系的平衡方程

在实际中，构筑物并不是一个平面结构，但大部分构筑物所承受的荷载都与其轴线所在平面基本对称，因此可以将作用在构筑物的荷载简化为在对称面内的平面力系，进而利用平面力系平衡规律求解未知的约束反力。

### 1.5.1 平面一般力系向作用面内任意一点简化

**1. 简化方法和结果**

我们知道，平面汇交力系可以合成为一个合力，平面力偶系可以合成为一个合力偶。为了讨论平面一般力系的合成，利用力的平移定理，将平面一般力系的各力向其作用面内任一点平移。

如图1-26a所示，在物体上作用有一平面一般力系 $F_1,F_2,\cdots,F_n$，在其作用面内任选一点 $O$，将力系中各力都平移到 $O$ 点，根据平移定理，可得到一个作用于 $O$ 点的平面汇交力系 $F_1',F_2',\cdots,F_n'$和一个力偶矩为 $m_1,m_2,\cdots,m_n$ 的附加平面力偶系，如图1-26b所示，且有：

合力投影及合力投影定理

$$F_1'=F_1,F_2'=F_2,\cdots,F_n'=F_n$$
$$m_1=M_O(F_1),m_2=M_O(F_2),\cdots,m_n=M_O(F_n)$$

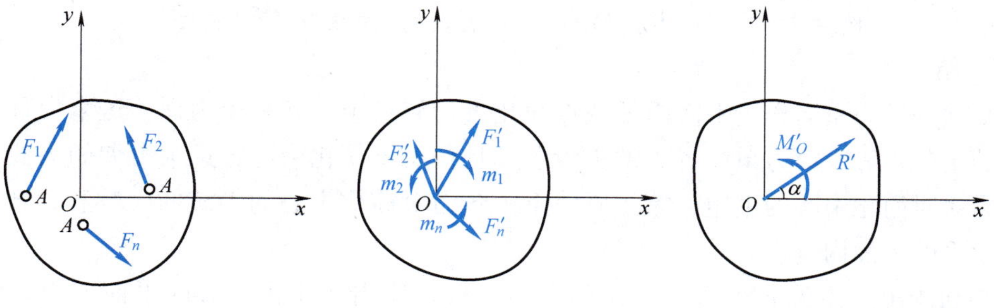


图1-26 力的简化示意图

平面汇交力系可合成为作用在 $O$ 点的一个力，附加的平面力偶系可合成为一个力偶，如图1-26c所示。任选的 $O$ 点称为简化中心。将平面一般力系中各力向简化中心平移，同时附加上一个力偶系，这称为力系向作用平面内任一点简化。

解析法计算平面汇交力系的合力

平面汇交力系合成为一个合力时，当力系中各个力都指向同一个方向时合力最大。

**颗粒素养**

习总书记曾说过：“统一战线追求的团结，是广泛的团结，也是坚强的团结，是沿着正确政治方向、向着共同目标前进的团结”。在现实生活中，**一个人的力量往往是有限的，要完成一项任务往往需要大家团结一致，齐心协力朝着一个正确的方向，共同努力，那么，所有的困难终将被战胜！**

**2. 主矢和主矩**

平面一般力系向简化中心简化得到一个力和一个力偶。这个力的矢量 $R'$称为原力系的主矢，这个力偶的力偶矩 $M_O'$称为原力系对简化中心的主矩。

主矢 $R'$等于平面汇交力系 $F_1,F_2,\cdots,F_n$ 的矢量和，即：

$$R'=F_1'+F_2'+\cdots+F_n'=F_1+F_2+\cdots+F_n=\sum F \qquad (1\text{-}4)$$

若以 $O$ 点为坐标原点，在力系平面内建立直角坐标系 $xOy$，则矢量在两个坐标轴上的投影分别为：

$$R_x'=X_1'+X_2'+\cdots+X_n'=X_1+X_2+\cdots+X_n=\sum X$$
$$R_y'=Y_1'+Y_2'+\cdots+Y_n'=Y_1+Y_2+\cdots+Y_n=\sum Y$$

由平面汇交力系的合力公式可得主矢 $R'$的大小和方向为：

$$\left.\begin{aligned} R' &= \sqrt{R_x'^2 + R_y'^2} = \sqrt{(\sum X)^2 + (\sum Y)^2} \\ \tan\alpha &= \frac{|R_y'|}{|R_x'|} = \frac{|\sum Y|}{|\sum X|} \end{aligned}\right\} \tag{1-5}$$

$\alpha$ 为主矢 $R'$与 $x$ 轴所夹的锐角，$R'$指向哪个象限由$\sum X$ 和$\sum Y$ 的正负号确定。

主矩 $M_O'$等于附加的平面力偶系的合力偶，其力偶矩为：

$$M_O' = m_1 + m_2 + \cdots + m_n$$

也就是

$$M_O' = M_O(F_1) + M_O(F_2) + \cdots + M_O(F_n) = \sum M_O(F) = \sum M_O \tag{1-6}$$

**3. 结论**

平面一般力系向作用平面内任一点简化可得到一个力和一个力偶。这个力称为原力系的主矢，等于原力系中各力的矢量和，且作用于简化中心；这个力偶的力偶矩称为原力系对简化中心的主矩，等于原力系中各力对简化中心的力矩的代数和，且作用于原力系的平面内。

平面一般力系向作用面内任一点简化方法

必须指出，主矢 $R'$并非原力系的合力，只是作用在简化中心的平面汇交力系的合力，它仅描述了原力系对物体的移动效果。主矩 $M_O'$也不是原力系的合力偶，它只描述了原力系对物体绕简化中心的转动效果。因此，单独的主矢 $R'$或主矩 $M_O'$都不能与原力系等效，只有 $R'$与 $M_O'$两者的共同作用才与原力系等效，$R'$与 $M_O'$合在一起才是原力系的合力。另外，主矢 $R'$的大小和方向与简化中心的位置无关，而主矩 $M_O'$的大小和转向则一般与简化中心的位置有关，因为改变简化中心的位置，可以引起每个附加力偶臂的改变。因此，对于主矩，在进行平面力系的简化时，必须说明简化中心的位置。

**4. 简化结果的讨论**

1）$R'=0$，$M_O'\neq0$，说明原力系与一个力偶等效，即原力系可以等效合成为一个合力偶，合力偶的力偶矩就等于原力系对简化中心的主矩，即

$$M = M_O' = \sum M_O(F)$$

由于力偶对其作用面内任一点的矩恒等于力偶矩，因此当力系合成为一个力偶时，其力偶矩与简化中心的位置无关。

2）$R'\neq0$，$M_O'=0$，说明原力系与一个力等效，即原力系可以等效合成为一个合力，合力的大小和方向与原力系的主矢 $R'$相同，作用线通过简化中心。

3）$R'\neq0$，$M_O'\neq0$，则力系可进一步简化，将图 1-27a 中力偶矩为 $M_O'$的力偶用两个反向平行力 $R$、$R''$表示，且使力的大小 $R = R' = R''$，如图 2-27b 所示，$R'$与 $R''$互相平衡，所以原力系合成为一个合力 $R$（图 1-27c），合力 $R$ 的大小、方向与原力系的主矢 $R'$相同，合力的作用线到简化中心的距离 $d$ 为：

$$d = \frac{|M_O'|}{R'} = \frac{|M_O'|}{R}$$

合力 $R$ 在 $O$ 点的哪一侧，由 $R$ 对 $O$ 点的矩 $M_O'$的转向来确定。

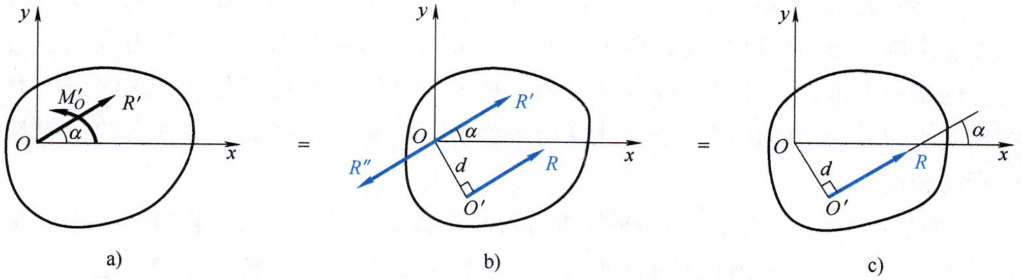


图 1-27　力简化结果讨论示意图

4）$R'=0$，$M_O'=0$，即合力为零，则力系平衡。

## 1.5.2　平面一般力系的平衡方程

由平面一般力系简化的结果可知，力系平衡的充分必要条件是：主矢 $R'=0$ 且主矩 $M_O'=0$。则平衡时应满足两坐标轴上的合力投影 $\sum X=0$ 和 $\sum Y=0$，附加的力偶矩 $\sum M_O=0$。

**1. 平衡方程的基本形式**

平面一般力系的平衡条件为：

$$\left.\begin{aligned}\sum X&=0\\\sum Y&=0\\\sum M_O&=0\end{aligned}\right\}\qquad(1\text{-}7)$$

式（1-7）说明**平面一般力系平衡的充分必要条件是：力系中所有力在两个坐标轴中每一个坐标轴上的投影的代数和都等于零；力系中所有力对于任一点的力矩的代数和等于零。**式（1-7）称为平面一般力系平衡方程的基本形式。其中前两式称为投影方程，后一式称为力矩方程。三个方程彼此独立，可解三个未知力。

**2. 平衡方程的二矩式**

平衡方程的二矩式为：

$$\left.\begin{aligned}\sum X=0(\text{或}\sum Y&=0)\\\sum M_A&=0\\\sum M_B&=0\end{aligned}\right\}\qquad(1\text{-}8)$$

式（1-8）中 $A$、$B$ 两点的连线不与投影轴垂直。

**3. 平衡方程的三矩式**

平衡方程的三矩式为：

$$\left.\begin{aligned}\sum M_A&=0\\\sum M_B&=0\\\sum M_C&=0\end{aligned}\right\}\qquad(1\text{-}9)$$

式（1-9）中 $A$、$B$、$C$ 三点不在同一直线上。

**4. 应用平面一般力系平衡方程解题的步骤**

1）确定研究对象。根据题意分析已知力和未知力，选取适当的研究对象。

2）画受力图。在研究对象上画出它受到的所有主动力和约束反力。约束反力根据约束类型来画。当约束反力的方向未定时，一般可用两个互相垂直的分力表示；当约束反力的指向未定时，可以先假设其指向。如果计算结果为正，则表示该约束反力真实的指向与假设的指向相同；如果计算结果为负，则表示该约束反力真实的指向与假设的指向相反。

3）列平衡方程。选取适当的平衡方程形式、投影轴和矩心列平衡方程。选取哪种形式的平衡方程，取决于计算的方便与否。通常力求在一个平衡方程中只包含一个未知量，以免求解联立方程。在应用投影方程时，投影轴尽可能选在与较多的未知力的作用线垂直的方向上；应用力矩方程时，矩心往往取在多个未知力的交点。计算力矩时，要善于运用合力矩定理，以简化计算。

4）解平衡方程，求得未知量。

5）校核。列出非独立的平衡方程，以检查解题的正确与否。

**【例 1-8】** 简支梁受力如图 1-28a 所示，已知 $F=20\text{kN}$，$q=10\text{kN/m}$，不计梁自重，求 $A$、$B$ 两处的支座反力。

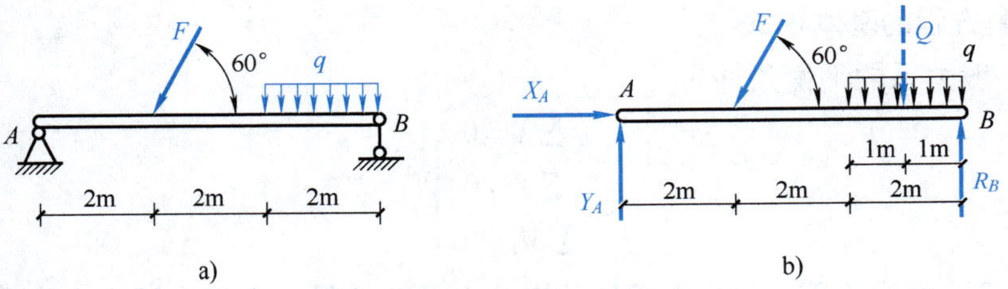


图 1-28　简支梁受力图

**【解】** 取 $AB$ 梁为研究对象，其受力如图 1-28b 所示，分布荷载 $q$ 可用作用在分布荷载中心的集中力 $Q$（图中虚线箭头所示）代替，其大小为均布荷载集度与分布长度的乘积，即 $Q=2q=20\text{kN}$。列平衡方程并求解：

由：$$\sum X=0,X_A-F\cos60°=0$$

得：$$X_A=F\cos60°=20\times0.5\text{kN}=10\text{kN}\ (\rightarrow)$$

由：$$\sum M_A=0,R_B\times6-q\times2\times5-F\sin60°\times2=0$$

得：$$R_B=\frac{1}{6}\times(10\times2\times5+20\times0.866\times2)\text{kN}=22.4\text{kN}\ (\uparrow)$$

由：$$\sum M_B=0,-Y_A\times6+F\sin60°\times4+q\times2\times1=0$$

得：$$Y_A=\frac{1}{6}\times(20\times0.866\times4+10\times2\times1)\text{kN}=14.9\text{kN}\ (\uparrow)$$

校核：$\sum Y=Y_A+Y_A-F\sin60°-q\times2=(14.9+22.4-20\times0.866-10\times2)\text{kN}=0$

可见 $Y_A$ 和 $R_B$ 计算无误。

**【例 1-9】** 梁 $AB$ 受荷载如图 1-29a 所示。不计梁自重，求 $A$、$B$ 端的约束反力。

**【解】** 取梁 $AB$ 为研究对象，画出其计算简图、受力图如图 1-29b 所示。梁所受的荷载和支座反力组成平面一般力系，建立坐标系。

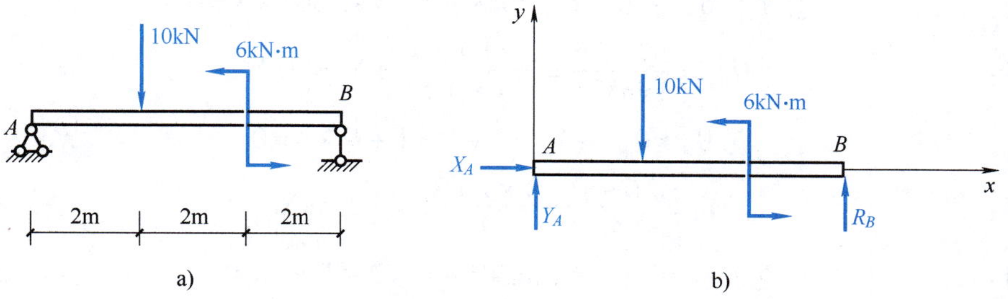


图1-29 梁AB示意图

由：
$$\sum X=0$$
得：
$$X_A=0$$
由：
$$\sum M_A=0,\quad -10\times2+6+6R_B=0$$
得：
$$R_B=\frac{20-6}{6}=2.33\text{kN}\ (\uparrow)$$
由：
$$\sum M_B=0,\quad 10\times4+6-6Y_A=0$$
得：
$$Y_A=\frac{40+6}{6}\text{kN}=7.67\text{kN}\ (\uparrow)$$

**【例1-10】** 如图1-30a所示一悬臂式起重机，A、B、C处都是铰链连接。梁AB自重$G=1\text{kN}$，作用在梁的中点，起重机提升的重物，其重力为$P=8\text{kN}$，杆BC自重不计，求支座A的反力和杆BC所受的力。

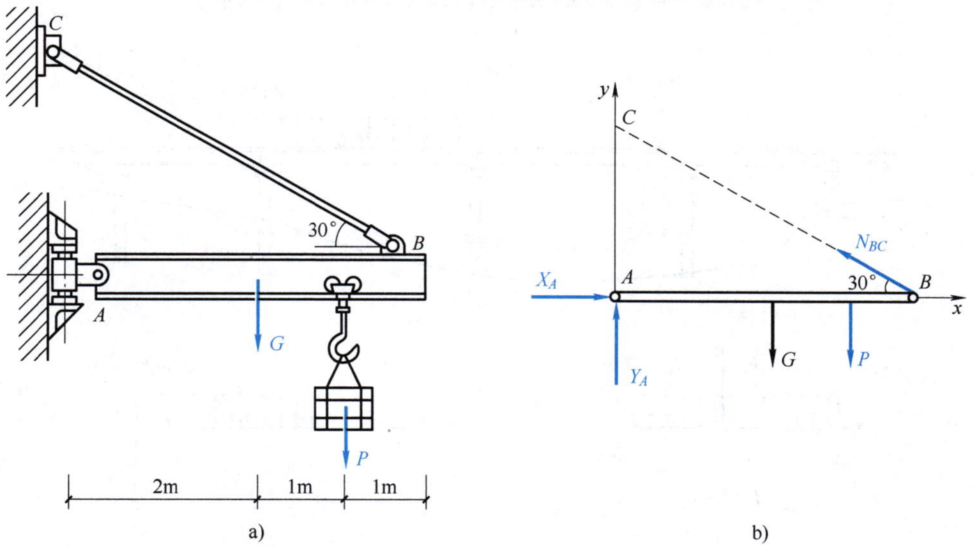


图1-30 悬臂式起重机

**【解】** 取梁AB为研究对象，画出其受力图如图1-30b所示。A处为固定铰支座，其反力用两分力$X_A$、$Y_A$表示；杆BC为二力杆，假设其约束反力沿BC线受拉，用$N_{BC}$表示。梁AB所受各力组成一平面一般力系，三个未知力两两相交于A、B、C三点，用三力矩形式的平衡方程可以求解这三个未知力。

由：
$$\sum M_A=0,\quad -G\times2-P\times3+N_{BC}\times\sin30^\circ\times4=0$$
得：
$$N_{BC}=\frac{2G+3P}{4\sin30^\circ}=\frac{2\times1+3\times8}{4\times0.5}\text{kN}=13\text{kN}$$
由：
$$\sum M_B=0,\quad -Y_A\times4+P\times1+G\times2=0$$
得：
$$Y_A=\frac{2G+P}{4}=\frac{2\times1+8}{4}\text{kN}=2.5\text{kN}$$
由：
$$\sum M_C=0,\quad X_A\times4\tan30^\circ-G\times2-P\times3=0$$
得：
$$X_A=\frac{2G+3P}{4\tan30^\circ}=\frac{2\times1+3\times8}{4\times0.577}\text{kN}=11.27\text{kN}$$

**【例 1-11】** 某装配式钢筋混凝土简支 T 梁桥如图 1-31a 所示，其边主梁结构重力集度 $q_1=16.05\text{kN/m}$，设计汽车荷载为公路Ⅰ级，考虑荷载横向分布系数 $m$ 后承担的车道荷载为：$m_qP_K=0.54\times238\text{kN}$，$m_qq_k=0.54\times10.5\text{kN/m}$；人群荷载 $m_rq_r=0.68\times3.5\text{kN/m}$。取某跨的边主梁按最不利效应布置荷载如图 1-31b 所示。计算该边主梁两支座处的支座反力。

a)

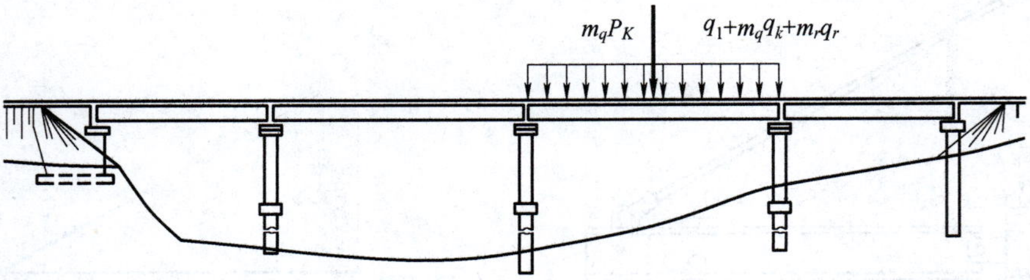


b)

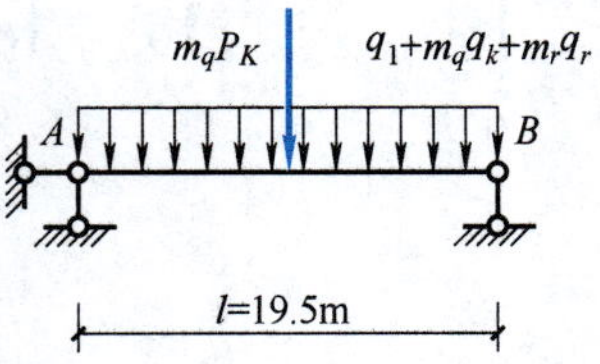


c)

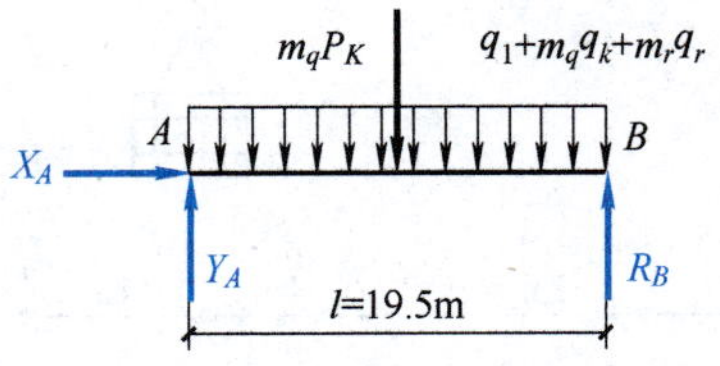


d)

图 1-31　简支梁和简化图

**【解】**（1）主梁简化为力学计算模型。梁为直杆件，可以用其轴线表示，梁的支座简化要先分析梁受力后的情况：①梁搁置在墩顶的橡胶支座上，其两端不可能有竖直上下的移动，但梁弯曲时两端可发生转动；②整片梁不允许在水平方向发生整体移动；③当梁受到温度变化等引起热胀冷缩时，在水平方向有伸缩。

考虑到梁的这些特点，对梁的支座情况作如下处理：用刚性的链杆支座代替实际的支座，如图 1-31c 所示。两端竖向的刚性链杆阻止了梁的上下移动，但梁端可自由转动，符合上述第一个特点；左端有一水平链杆限制了梁在水平方向整体移动，符合第二个特点；右端无水平链杆，允许梁在受到温度影响后能在水平方向自由伸缩，基本上就满足了第三个特点。

（2）取边主梁 $AB$ 为研究对象，画受力图如图 1-31d 所示，分布荷载 $q$ 可以作用点在分布荷载中点的集中力 $Q$ 代替，其大小为：

$$Q = (q_1 + m_q q_k + m_r q_r) \times l$$

$$= (16.05 + 0.54 \times 10.5 + 0.68 \times 3.5) \times 19.50\text{kN} = 469.95\text{kN}$$

（3）列平衡方程并求解支座反力：

$$\sum X = 0,\ X_A = 0$$

$$\sum M_A = 0,\ -m_q P_K \times l/2 - Q \times l/2 + R_B \times l = 0$$

$$-0.54 \times 238 \times 19.5/2 - 469.95 \times 19.5/2 + R_B \times 19.5 = 0$$

$$R_B = 299.235\text{kN}\ (\uparrow)$$

$$\sum Y = 0,\ Y_A - m_q P_K - Q + R_B = 0$$

$$Y_A - 0.54 \times 238 - 469.95 + 299.235 = 0$$

$$Y_A = 299.235\text{kN}\ (\uparrow)$$

### 1.5.3 叠加原理求支座反力

悬臂梁受集中力及均布荷载作用，如图 1-32 所示。现分别计算该梁在集中力及均布荷载共同作用、集中力和均布荷载单独作用时的支座反力。

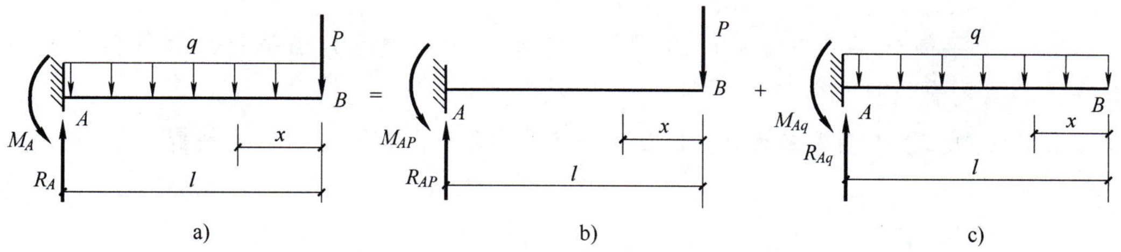


图 1-32 叠加原理分析图

在 $P$、$q$ 共同作用下（图 1-32a）：

$$R_A = P + ql$$

$$M_A = Pl + \frac{ql^2}{2}$$

$$M(x) = -Px - \frac{qx^2}{2}$$

（1）在 $P$ 单独作用下（图 1-32b）：

$$R_{AP} = P$$

$$M_{AP} = Pl$$

$$M_P(x) = -Px$$

（2）在 $q$ 单独作用下（图 1-32c）：

$$R_{Aq} = ql$$

$$M_A = \frac{ql^2}{2}$$

$$M_q(x) = -\frac{qx^2}{2}$$

由上述各式可见，支座反力与荷载均呈线性关系，因此可得

$$R_A = R_{AP} + R_{Aq}$$

$$M_A = M_{AP} + M_{Aq}$$

$$M(x) = M_P(x) + M_q(x)$$

即在 $P$、$q$ 共同作用下引起的支座反力等于 $P$ 与 $q$ 单独作用下引起的支座反力的代数和。

这种关系不仅在计算支座反力时存在，在计算内力、应力和变形时也同样存在。即**由 $n$ 个荷载共同作用时所引起的某一参数（支座反力、内力、应力、变形）总的变化值等于各个荷载单独作用时所引起的同一参数各个变化值的代数和。这种关系称为叠加原理。**

叠加原理的适用条件是：该参数与荷载呈线性关系。对于静定梁，只要满足小变形条件，上述支座反力、内力、应力、变形等参数均与荷载呈线性关系，因此，都可以应用叠加原理进行计算。一般如不作特别说明，均可应用。

## 思考与练习题

1. 二力平衡公理中相互平衡的两个力与作用和反作用力都是指二力等值、反向、共线，二者有什么区别？

2. 什么叫二力构件？二力构件的受力特点是什么？图 1-33 中哪些杆件是二力构件？

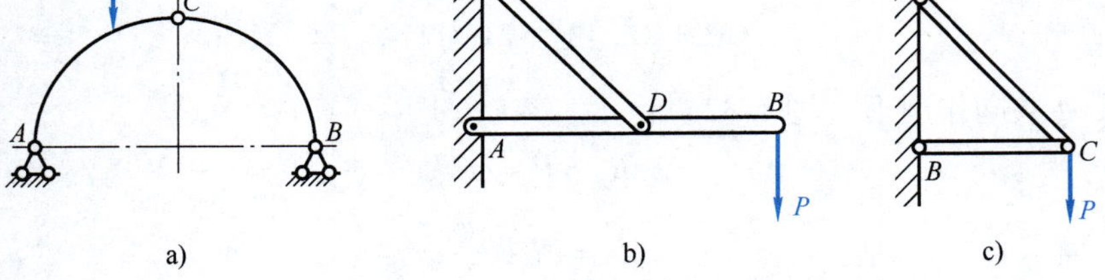


图 1-33　思考题 2 图

3. 如图 1-34 所示，请应用三力平衡汇交定理确定图中 $A$、$B$ 两点力的作用线方向（杆的自重均忽略不计）。

4. 在求约束反力时，图 1-35 中哪些情况可将力 $F$ 沿其作用线移动而不影响结果？

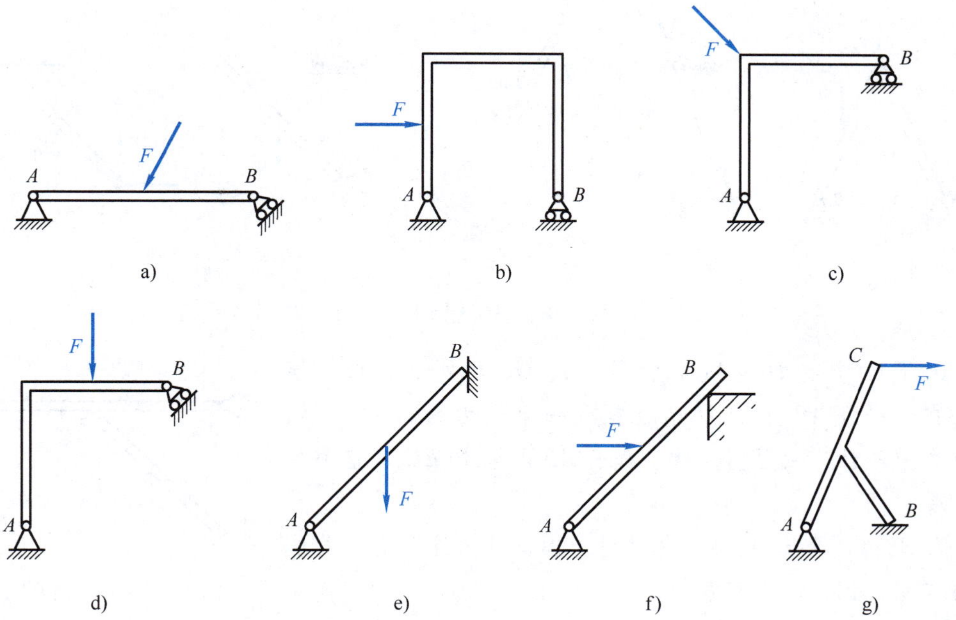


图 1-34　思考题 3 图

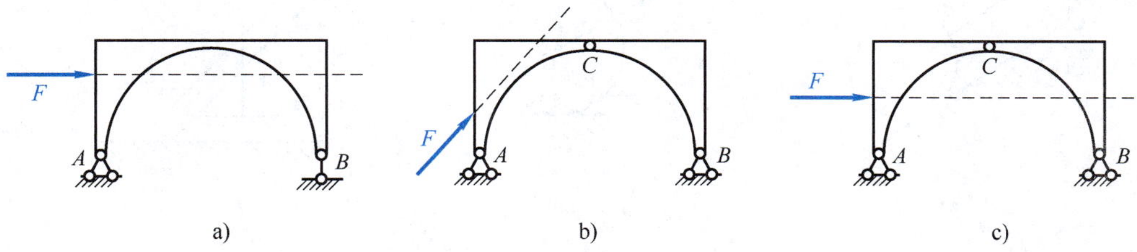


图 1-35　思考题 4 图

5. 试分析图 1-36 中各受力图是否正确。若不正确，请改正。

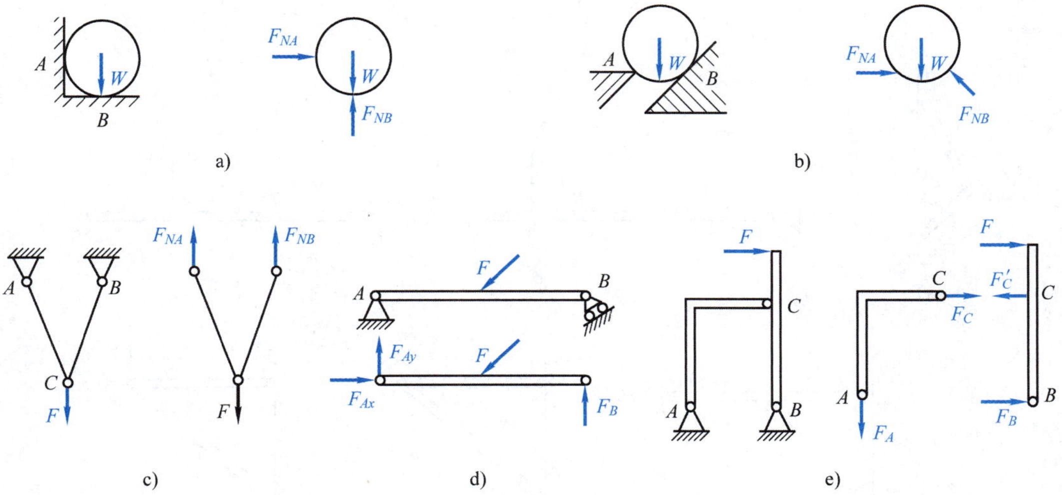


图 1-36　思考题 5 图

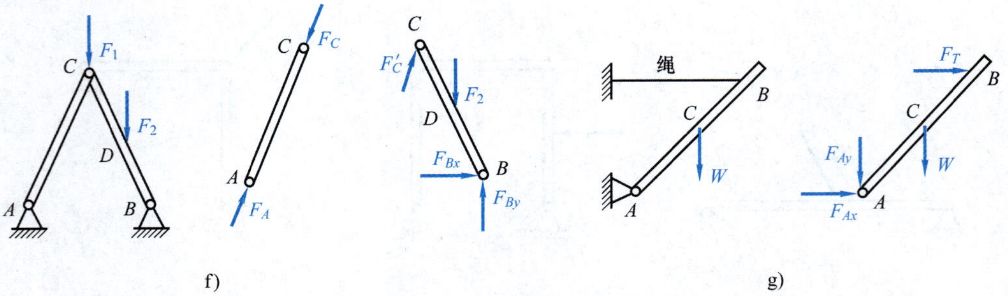


图 1-36　思考题 5 图（续）

6. 已知支架如图 1-37 所示，*A*、*C*、*E* 处都是铰链连接。在水平杆 *AB* 上的 *D* 点放置了一个重力为 *G* 的重物，各杆自重不计，试画出重物、横杆 *AB* 和斜杆 *EC* 及整个支架的受力图。

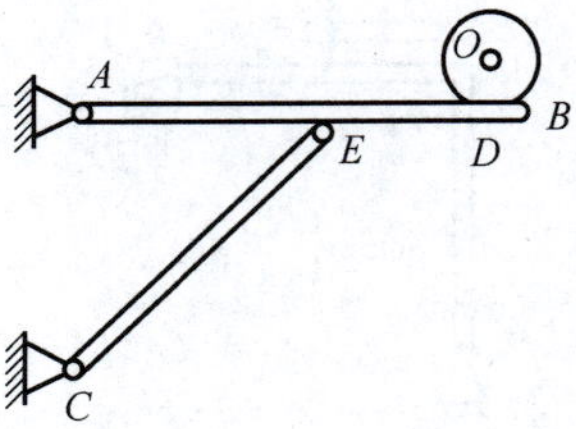


图 1-37　思考题 6 题

7. 画出图 1-38 中各物体的受力图，凡未注明者，物体的自重均不计，所有接触面都是光滑的。

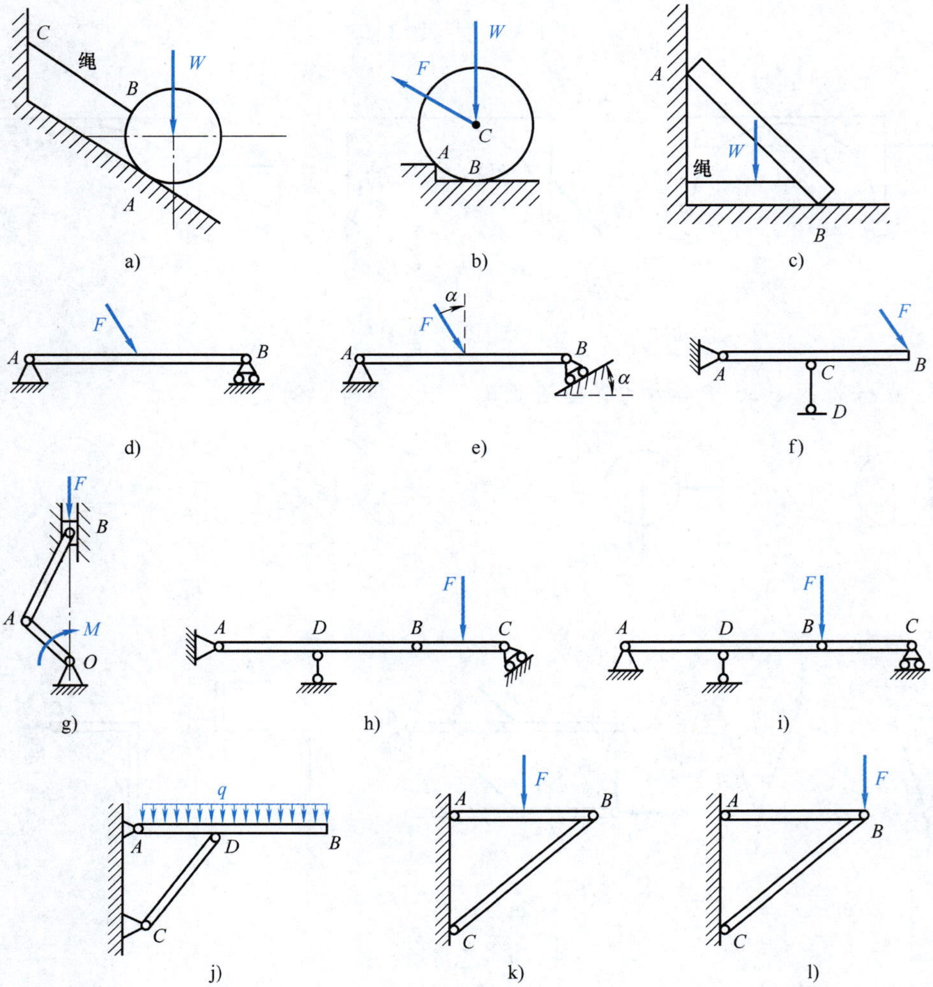


图 1-38　思考题 7 图

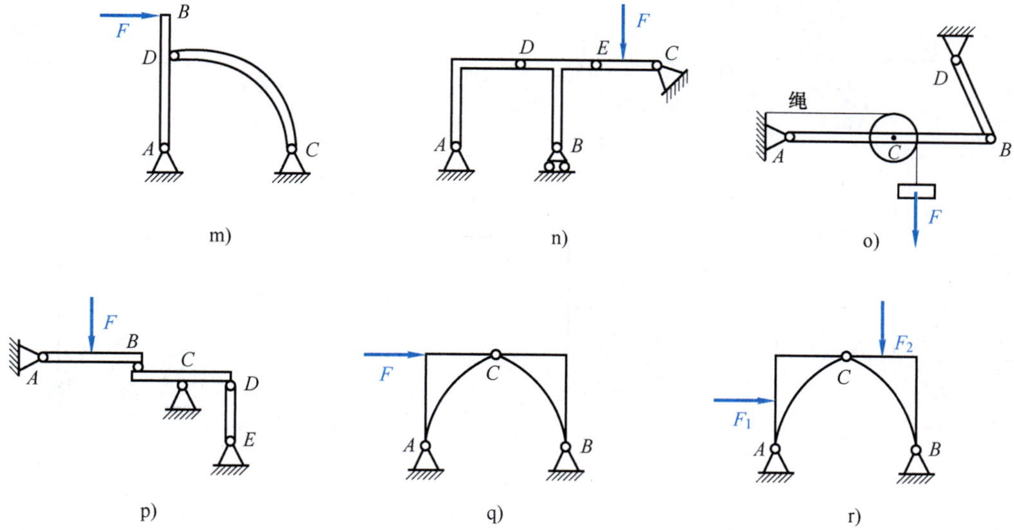


图 1-38　思考题 7 图（续）

8. 如图 1-39 所示，一绞盘有三根长度为 $l$ 的绞杠，杆端各作用一垂直于杆的力 $P$。求该力系向绞盘中心 $O$ 点的简化结果。如果向 $A$ 点简化，结果会怎样？为什么？

9. 如图 1-40 所示悬臂梁，在梁端作用一集中力和一力偶。试将此集中力和力偶向 $B$ 点简化，并求简化的最后结果。

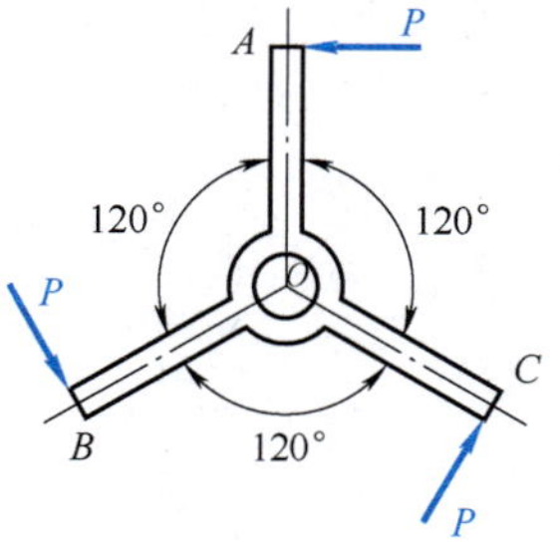


图 1-39　思考题 8 图

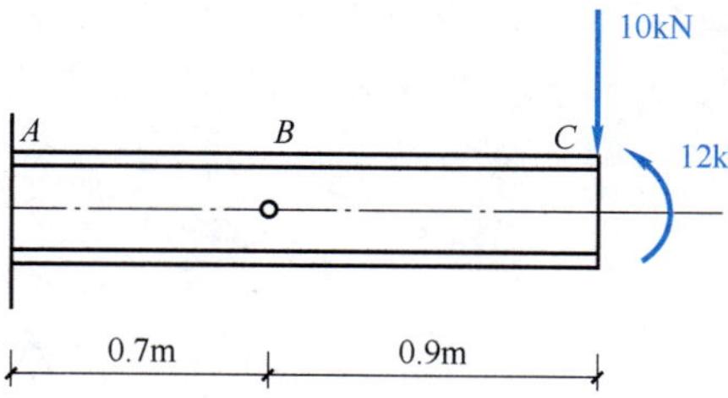


图 1-40　思考题 9 图

10. 用简捷的方法求出图 1-41 中各梁的支座反力。

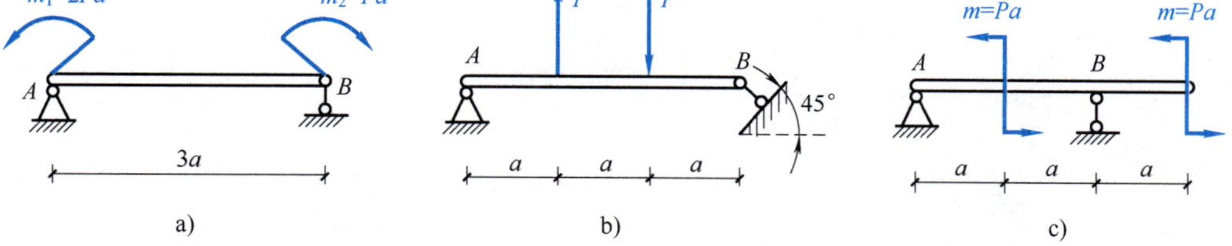


图 1-41　思考题 10 图

11. 求图 1-42 中梁及刚架的支座反力。

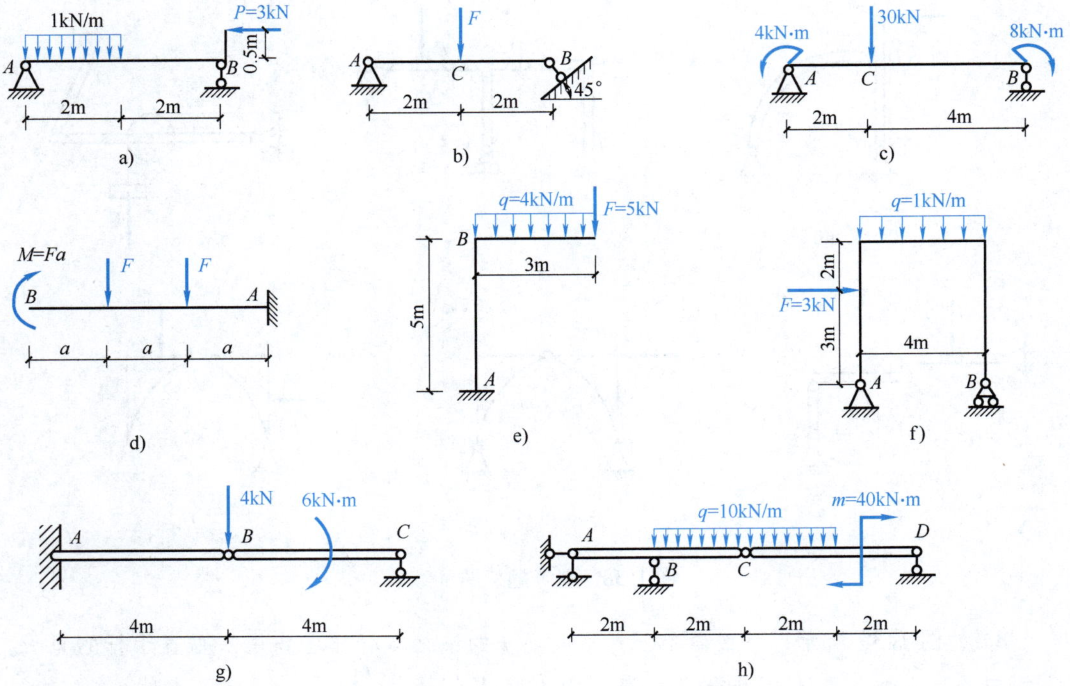


图 1-42　思考题 11 图

12. 如图 1-43 所示起重机重 $G=50\text{kN}$，搁置在水平梁上，其重力作用线为沿 $CD$ 的连线，起吊重物的重量 $P=10\text{kN}$，$AB$ 梁重 30kN，作用在梁的中点。试求：

（1）当起重机的 $CD$ 连线通过梁的中点时，支座 $A$、$B$ 的反力。

（2）$CD$ 连线离开支座 $A$ 多远时，支座 $A$、$B$ 的反力大小相等？

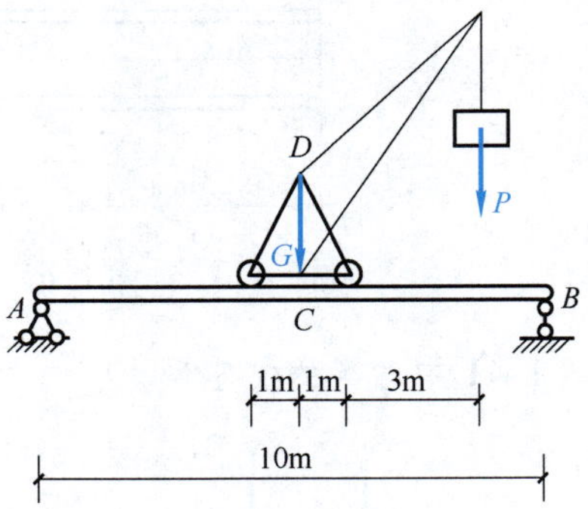


图 1-43　思考题 12 图

# 模块2
# 材料力学基础

## 知识目标

● 了解杆件变形的基本形式，应力集中的概念，惯性半径、极惯性矩的概念，梁的类型、叠加原理。

● 理解内力、应力、应变的概念，强度、刚度、稳定性的概念，截面形心、静矩、惯性矩的概念，轴向拉压杆的受力及变形特点，梁平面弯曲的概念、梁的内力特点、剪力图和弯矩图的规律、梁的正应力和剪应力计算公式，稳定的概念、欧拉公式的适用范围。

● 掌握截面法求内力，截面形心、静矩、惯性矩的计算，轴力图的绘制及轴向拉伸（压缩）杆件的强度计算，剪力和弯矩的计算、剪力图和弯矩图的绘制、叠加法作弯矩图、梁的强度计算，压杆稳定的计算。

## 能力目标

● 能正确分析杆件的变形形式。

● 能准确确定图形的形心位置。

● 能熟练应用截面法求内力并绘制内力图。

● 能综合应用平面弯曲知识提高梁的承载能力。

● 能运用压杆稳定的知识提高压杆的稳定性，培养其工程实践能力。

## 素养目标

● 增强学生“四个自信”；提高其艰苦奋斗、勇于创新的职业精神；增强其安全、责任意识；培养其团队精神、工匠精神。

## 模块概述

本模块为材料力学部分内容。首先介绍材料力学基础，学习基本任务、变形固体的性质及基本假设，了解内力及杆件变形的基本形式并详细介绍截面法的概念及应用；其次详细介绍轴向拉伸和压缩的概念及其内力、应力、强度和变形计算；然后对梁的平面弯曲变形产生的内力概念进行介绍，并进一步讲解平面弯曲变形内力及变形的计算及内力图的绘制方法；最后讲述偏心拉压的概念及内力计算，以及压杆稳定的概念及稳定性计算。

## 2.1 材料力学概述

### 2.1.1 材料力学的基本任务

**1. 材料力学的基本要求**

建筑物和机械通常都受到各种外力作用，这些外力通常也称为荷载。例如，厂房外墙受到的风压力、建筑物承受的地震力、水坝所承受的水压力等都称为荷载。在建筑物中起骨架作用承受荷载的部分称为结构。一个结构常由若干构件组成。结构在使用时各构件将受到荷载作用，在荷载作用下，构件会发生形状和尺寸的改变，即产生变形，同时在构件的内部产生一种抵抗变形的内力。随着外力的增大，构件的变形和内力也增大，为确保结构能正常使用，各构件都必须满足下列要求。

（1）强度要求

**构件抵抗破坏的能力称为强度。**为保证结构的安全，构件在外力作用下不应发生破坏，即应具有足够的强度。如房屋中的梁、板、柱在使用时都不允许发生断裂。

（2）刚度要求

**构件抵抗变形的能力称为刚度。**构件在外力作用下发生的变形应在允许的范围内，即应具有足够的刚度。一部分构件虽然满足强度要求，但如果发生过大的变形仍会影响正常使用。如桥梁变形或振动过大使得桥面无法正常行车，楼面梁弯曲变形过大将使下面的抹灰层开裂、脱落等。因此构件在使用时的变形必须限制在一定的范围内。

（3）稳定性要求

**构件维持原有平衡状态的能力称为稳定性。**构件在外力作用下，其原有的平衡状态应保持稳定，不应发生突然的改变而丧失稳定。一些细长的受压直杆，在压力不太大的时候，它可以保持其原有的直线形状的平衡，当压力增加到一定的数值时，压杆不能保持其原有的直线形状，会突然弯曲甚至折断，失去工作能力，这种现象称为丧失稳定，简称失稳。桥梁结构中的桥墩、桁架结构主梁的受压杆件有可能由于丧失稳定而使整个结构倒塌。因此对构件的这一要求称为稳定性要求。

不同的构件对强度、刚度、稳定性三方面的要求程度有所不同，但首先必须满足强度要求。**构件满足强度、刚度、稳定性要求的能力，统称为构件的承载能力。**

一个合理的构件设计，不但应满足强度、刚度、稳定性三方面要求以保证构件安全可靠，还应尽可能选用合适的材料并减少材料用量，以降低成本和减轻构件自重。即构件除了满足安全性要求外，还应力求实现经济性的目的。安全与经济的矛盾，促进了本学科的发展。因此，材料力学的任务就是在满足强度、刚度、稳定性要求的条件下，为设计既安全又经济的构件，提供必要的理论基础和计算方法。

为完成上述任务，材料力学需要研究构件在荷载作用下的变形和破坏规律，即研究材料的力学性质，分析构件的强度、刚度和稳定性与构件截面形状和尺寸之间的关系。这些都需要通过实验来测定，此外，工程中一些尚无理论分析结果的问题也需通过实验来解决。

**颗粒素养**

2007 年 8 月 13 日 16 时 40 分左右，湖南湘西自治州凤凰县堤溪沱江大桥在建成拆架时全部垮塌，造成 64 人死亡，22 人受伤，其中 2 人危重、1 人重伤。经调查得知事故原因为：拱桥上部构造施工工序不合理，主拱圈砌筑质量差，砌体的强度降低，致使大桥主拱圈砌筑材料强度未满足规范和设计要求。随着拱上施工荷载的不断增加，砌体强度达到破坏极限而坍塌，受连拱效应影响，整个大桥迅速垮塌。

工程材料的强度与结构的安全使用息息相关，不满足设计强度的结构往往会造成灾难性的后果，因此从业人员应具备一定的职业素养，心系国计民生，以保障人民生命和财产的安全为己任。

**2. 材料力学的研究对象及几何特征**

不同构件具有不同的几何形状，材料力学研究的主要构件从几何上大都抽象为杆件。杆件的几何特征是横向尺寸远小于其长度尺寸，例如桥梁结构中的主梁、墩柱以及房屋结构中的梁、柱等都可视为杆件。

杆件的几何形状和尺寸通常由杆件的横截面和轴线这两个主要因素来描述。横截面是指垂直于杆件长度方向的截面，轴线是杆件各横截面形心的连线，如图 2-1 所示。轴线为直线且沿杆长各横截面形状和尺寸都相同的杆称为等直杆。材料力学的主要研究对象就是等直杆。

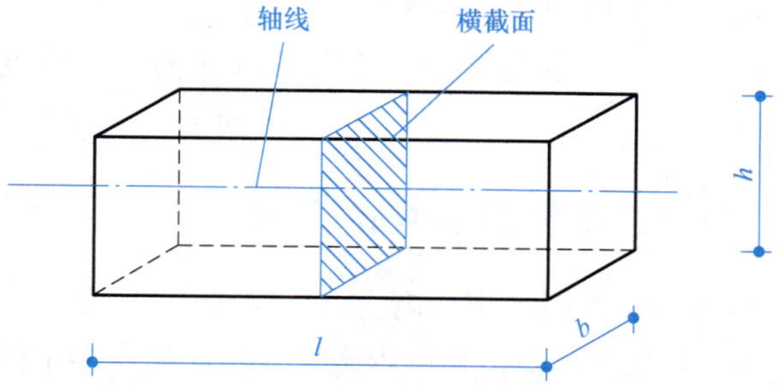


图 2-1　杆件截面特征

## 2.1.2　变形固体的性质及其基本假设

**1. 变形固体的概念**

土木工程中的构件都是由固体材料形成的，如钢材、木材、混凝土、砖、石等，这些材料在外力作用下会发生变形——包括其尺寸和形状的改变，因此，都称为变形固体。

**2. 变形固体的基本假设**

从微观结构来看，变形固体的组成和性质比较复杂，例如，金属材料由无数个不规则排列的晶粒组成，各晶粒及其在各个不同方向上的性能并不相同，晶粒间存在空隙。但从宏观的角度来研究构件的强度、刚度、稳定性问题，晶粒间的空隙相对于构件尺寸来说极其微小，可以忽略不计；同时，一个构件中包含了无数个晶粒，晶粒间的排列不规则，而材料的力学性能是所有晶粒性能统计的平均值，因此，晶粒性能的不均匀及每个晶粒在不同方向的不同性能表现得并不突出。在材料力学中，为简化研究工作，根据材料的主要性质，忽略其次要性质，将它们抽象为一种理想模型然后进行理论分析，对所研究的变形固体材料作出下列假设。

（1）连续性假设

认为物体在其整个体积内毫无空隙地充满了物质，其结构是密实的。

（2）均匀性假设

认为从物体内取出的任一部分，不论其体积大小如何，其力学性能都完全相同。

（3）各向同性假设

认为材料在各方向上的力学性能是相同的。

实验结果表明，工程中使用的大多数材料根据这些假设得出的结论基本上是正确的，说明上述假设符合实际情况。

变形固体在外力作用下几何形状和尺寸发生的改变称为变形。外力卸除时能消失的变形称为弹性变形。外力卸除后不能消失的变形称为塑性变形或残余变形。工程中应用的材料，作用的外力数值不超过一定的范围时，塑性变形很小，通常把这种材料视为理想弹性体，即只产生弹性变形而无塑性变形。外力的这一范围称为弹性范围。材料力学主要研究材料在弹性范围内的内力和变形。

材料力学所研究的变形限于“变形与构件尺寸相比很小”的范围，称为“小变形”。在研究构件的平衡和运动时可忽略其变形，而按变形前的原始尺寸和形状进行计算，计算工作大为简化，计算的精度符合要求。

概括起来讲，材料力学研究的是均匀、连续、各向同性的可变形固体在小变形范围内的变形。

### 2.1.3 内力的概念及杆件变形的基本形式

杆件中两部分之间的相互作用力称为内力。

杆件中的各点之间原来就存在着相互作用力，使杆件保持一定的形状。外力作用时，各点之间的位置发生变化，杆件产生变形，而各点为了维持原来的位置，相互作用力也要发生相应的变化，这种因外力作用而引起的杆件各点之间作用力的改变量称为“附加内力”，简称为内力。显然随着外力的增大，杆件的变形增大，内力亦随之增大，当内力超过某一限度时，杆件就要发生破坏。故研究杆件的承载能力就需要研究和计算杆件中的内力。

杆件在不同的外力作用下，将发生不同形式的变形，杆件的变形不外乎下列 4 种基本变形形式之一，或者是几种基本变形形式的组合，杆件在下列 4 种不同变形形式下，其内力也不同。

**1. 轴向拉伸或轴向压缩**

在一对方向相反、作用线与杆件轴线重合的外力作用下，杆件的长度将发生改变。这种变形形式称为轴向拉伸或轴向压缩（图 2-2a、b）。此时杆件的内力称为轴力，用 $N$ 表示。轴力有拉力和压力之分。

**2. 剪切**

在一对相距很近，大小相等、方向相反且垂直于杆轴的横向外力作用下，杆件的横截面将沿外力作用方向发生错动。这种变形形式称为剪切（图 2-2c）。此时杆件的内力称为剪力，用 $Q$ 表示。

**3. 扭转**

在一对方向相反、作用面与杆件轴线垂直的外力偶作用下，杆件的相邻横截面将绕轴线发生相对转动，而轴线仍维持直线。这种变形形式称为扭转（图 2-2d）。此时杆件的内力称为扭矩，用 $M_T$ 表示。

**4. 弯曲**

在一对方向相反、作用在杆件的纵向平面内的外力偶或垂直于杆轴线的外力作用下，直杆的相邻横截面将绕垂直于杆轴线的轴发生相对转动，杆件的轴线由直线变为曲线。这种变形形式称为弯曲（图 2-2e）。此时杆件的内力称为弯矩，用 $M$ 表示。以弯曲变形为主要变形的杆件称为梁，此时梁的内力有轴力 $N$、剪力 $Q$ 和弯矩 $M$。

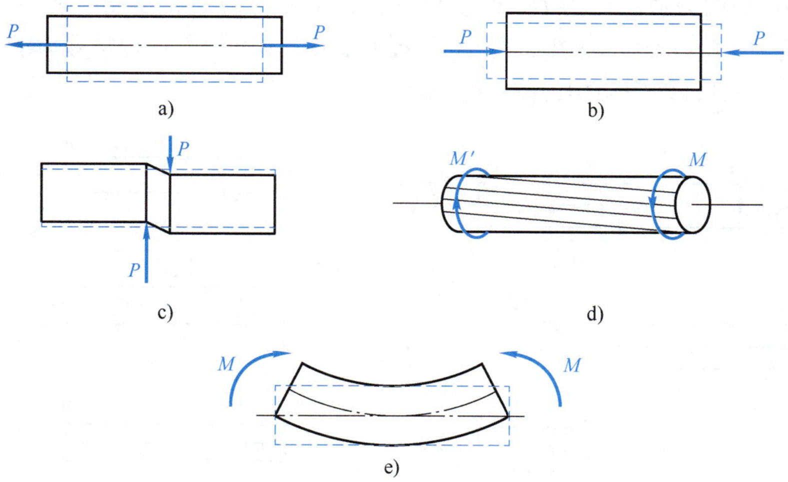


图 2-2　杆件的基本变形形式

截面法和应力

## 2.1.4　截面法及应力的概念

**1. 截面法**

要研究和计算构件中的内力，必须将其显示出来，显示杆件的内力并确定其大小和方向的方法称为截面法。

由于内力是物体内部的相互作用力，其大小和指向只有将物体假想地截开后，依据平衡物体各部分应保持平衡这一条件才能确定。例如，图 2-3a 所示的杆件在力系作用下平衡，若要计算 $m$-$m$ 截面上的内力，可假想地用一个平面沿 $m$-$m$ 截面截开，将杆件分为Ⅰ、Ⅱ两部分。截开后，$m$-$m$ 截面上存在两部分之间的相互作用力——内力，Ⅰ段上有Ⅱ段对它的作用力 $N$，Ⅱ段上有Ⅰ段对它的作用力 $N'$，由于 $N$ 与 $N'$是作用力与反作用力的关系，大小相等方向相反，计算时只求取其中一个即可。

现选取Ⅰ段为研究对象，如图 2-3b 所示，这时 $N$ 就是其外力。由于整个杆件处于平衡状态，因而Ⅰ段亦应保持平衡，应用静力平衡方程：

$$\sum X = 0$$

$$N - P = 0$$

得：

$$N = P$$

若选取Ⅱ段为研究对象，如图 2-3c 所示，同样可通过静力平衡方程求出 $N'$ 的大小。上述求内力的方法可归纳为两个步骤：

1）显示内力——假想将杆件沿所需计算内力的截面截开，用内力代替两部分之间的相互作用。

2）确定内力——取任一部分为研究对象，利用平衡条件求出内力。

截面法是计算内力的基本方法，但应特别指出，在计算杆件内力的过程中，截开杆件之前不允许使用力或力偶的可传性原理，这是因为将外力移动后改变了杆件的变形性质，并使内力也随之改变。如图 2-4 所示的拉杆，在自由端 $B$ 处受集中力 $P$ 作用，可求得任一截面内力数值均为 $P$，即全杆受拉；若将外力沿其作用线移至 $C$ 截面，则 $AC$ 段内力为 $P$，$CB$ 段内力为零，即 $AC$ 段受拉，$CB$ 段不受力；若将外力沿其作用线移至固定端 $A$，则全杆的内力均为零，显然变形性质发生了改变。

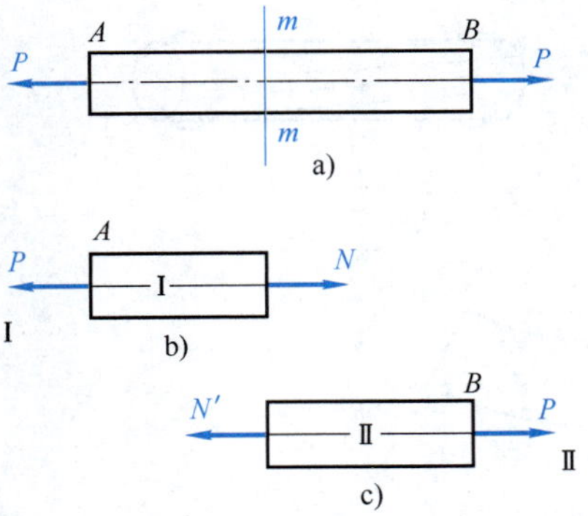


图 2-3　截面法

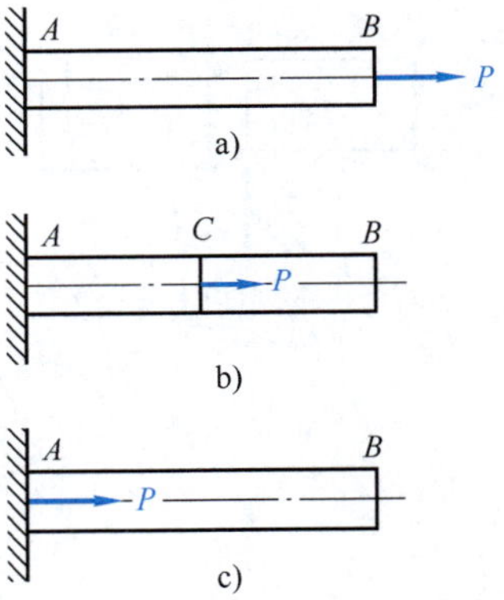


图 2-4　内力计算实例

**2. 应力**

用截面法求得的是整个截面上分布内力的合力，由于杆件材料是连续的，故内力必然是连续地分布在整个截面上。在研究构件强度问题时，不仅需要知道整个截面上总的内力，还需要进一步明确截面上各点处内力的密集程度（即内力集度）。例如，两根用同种材料制成的粗细不同的杆件，在相同的轴向拉力作用下，两杆横截面上的轴力相等，但细杆可能被拉断。由于轴力只是杆的横截面上分布内力的合力，要判断杆是否会因强度不足而破坏，须度量分布内力大小的分布内力集度。

内力在一点处的集度称为应力。为说明截面上任一点 $M$ 处内力的集度，可在点 $M$ 处取一微小面积 $\Delta A$，作用在微面积 $\Delta A$ 上的内力合力记为 $\Delta P$（图 2-5a），则比值：

$$p_m = \frac{\Delta P}{\Delta A}$$

称为微面积 $\Delta A$ 上的平均应力。

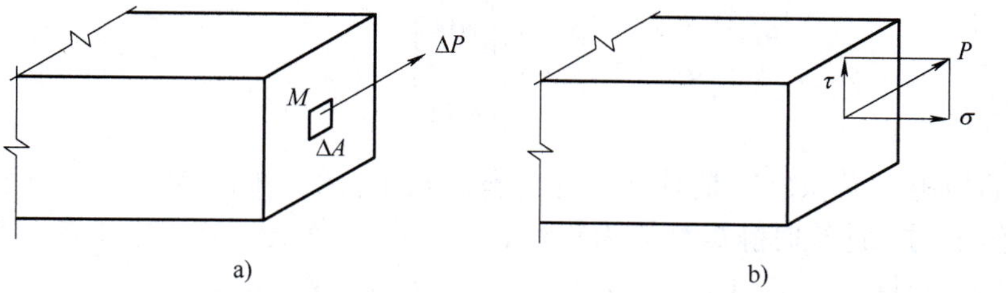


图 2-5　应力分布图

一般情况下，截面上各点处的内力虽然连续分布，但不一定均匀。为了消除 $\Delta A$ 带来的影响，可将所取的 $\Delta A$ 无限缩小，当 $\Delta A$ 趋近于零时，平均应力 $p_m$ 的极限值即为 $M$ 点处的内力集度：

$$p=\lim_{\Delta A\to 0}\frac{\Delta P}{\Delta A}=\frac{\mathrm{d}P}{\mathrm{d}A}$$

应力 $p$ 是一个矢量，通常将它分解为垂直于截面和相切于截面的两个分量（如图 2-5b），垂直于截面的应力分量称为正应力（或法向应力），用 $\sigma$ 表示；相切于截面的应力分量称为剪应力（或切向应力），用 $\tau$ 表示。

应力的量纲为［力］/［长度］$^2$，在国际单位制中，应力的单位是帕斯卡，简称帕，符号为 Pa。$1\mathrm{Pa}=1\mathrm{N/m^2}$。

工程实际中的应力数值一般都较大，常采用千帕（kPa）、兆帕（MPa）及吉帕（GPa）作为单位，它们之间的换算关系为：

$$1\mathrm{kPa}=10^3\mathrm{Pa}\quad 1\mathrm{MPa}=10^6\mathrm{Pa}\quad 1\mathrm{GPa}=10^9\mathrm{Pa}$$

一般计算中大多使用兆帕（MPa），$1\mathrm{MPa}=1\mathrm{N/mm^2}$。

## 2.1.5　截面的几何性质

### 1. 静矩和形心

计算杆件在外力作用下的应力和变形时，需用到杆横截面的几何性质。例如，在计算拉（压）杆受力时所用的横截面面积 $A$，计算杆的扭转应力时所用的极惯性矩，以及在弯曲等问题的计算中所用到的静矩、惯性矩和惯性积等，下面介绍静矩的定义及计算方法。

从任意物体（设面积为 $A$）中取微面积 $\mathrm{d}A$，如图 2-6 所示，其在图中所示的坐标系 $yoz$ 中对应的坐标为 $(y,z)$，把乘积 $z\mathrm{d}A$ 及 $y\mathrm{d}A$ 分别称为微面积 $\mathrm{d}A$ 对于 $y$ 轴和 $z$ 轴的静矩。对整个图形而言，应计算其总和，即微面积 $\mathrm{d}A$ 与其到某一坐标轴距离的乘积在整个面积上的总和，称为图形对该轴的静矩（或面积矩），用 $S_y$ 和 $S_z$ 表示。故有：

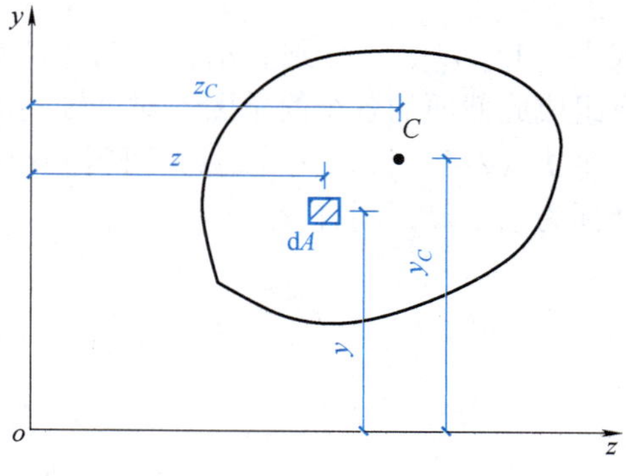


图 2-6　静矩与形心关系图式

$$\left.\begin{aligned} S_y &= \int_A z\mathrm{d}A \\ S_z &= \int_A y\mathrm{d}A \end{aligned}\right\} \tag{2-1}$$

截面的静矩（面积矩）是对于一定的坐标轴而言的，同一截面对于不同的坐标轴其静矩数值不同。计算时静矩可能为正值，也可能为负值，或者等于零。静矩的量纲为［面积］×［长度］=［长度］$^3$，其常用的单位为 $\mathrm{cm}^3$ 或 $\mathrm{mm}^3$。

工程实际中的构件，其几何形状一般都是一些形状简单的几何图形，其形心位置是已知的；对于其他形状的截面图形，由于截面形心就是截面图形的几何中心，在静力学中，已求出均质等厚度薄板的重心，而薄板的重心与平面图形的形心是重合的，形心坐标为：

$$y_C = \frac{\sum A_i y_{Ci}}{A}, \quad z_C = \frac{\sum A_i z_{Ci}}{A}$$

对于任一形状的截面图形，可通过积分关系建立静矩与形心坐标之间的关系：

$$\left.\begin{aligned} y_C &= \frac{\int_A y\mathrm{d}A}{A} = \frac{S_z}{A} \\ z_C &= \frac{\int_A z\mathrm{d}A}{A} = \frac{S_y}{A} \end{aligned}\right\} \tag{2-2}$$

故公式（2-1）可改写为：

$$\left.\begin{aligned} S_y &= Az_C \\ S_z &= Ay_C \end{aligned}\right\} \tag{2-3}$$

由此可见：

1）截面对于某一轴的静矩若等于零，则该轴必通过截面的形心。

2）截面对于通过其形心的轴的静矩恒等于零。

当截面由若干个简单图形（如矩形、圆形、三角形等）组成时，这种截面称为组合截面。由于简单图形的面积及其形心位置均为已知，由面积矩的定义可知，截面各组成部分对于某一轴的静矩，可用下式表述：

$$\left.\begin{aligned} S_y &= \sum S_{yi} = \sum_{i=1}^{n} A_i z_{Ci} \\ S_z &= \sum S_{zi} = \sum_{i=1}^{n} A_i y_{Ci} \end{aligned}\right\} \tag{2-4}$$

上式中，$A_i$、$y_{Ci}$、$z_{Ci}$分别表示任一简单图形的面积及其形心在坐标系中的坐标；$\Sigma$表示将组成此截面的各个简单图形对该轴的静矩代数和相加。

将式（2-4）代入式（2-2）可得到组合截面的形心位置计算式，设组合截面的形心坐标为 $y_C$、$z_C$，则有：

$$\left.\begin{aligned} y_C &= \frac{S_z}{A} = \frac{\sum_{i=1}^{n} A_i y_{Ci}}{A} \\ z_C &= \frac{S_y}{A} = \frac{\sum_{i=1}^{n} A_i z_{Ci}}{A} \end{aligned}\right\} \tag{2-5}$$

【例 2-1】 计算图 2-7 所示对称 T 形截面对 $z$ 轴的静矩 $S_z$ 及形心位置。

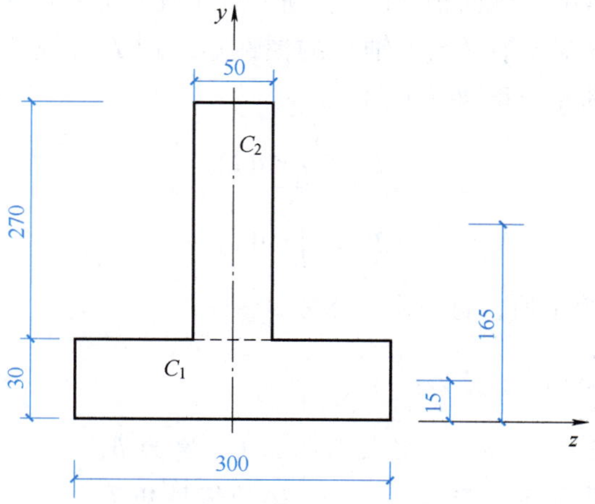


图 2-7　对称 T 形截面

【解】 把图形分为 $A_1$ 及 $A_2$ 两个矩形，面积分别为：

$$A_1 = 300\text{mm} \times 30\text{mm} = 9 \times 10^3\text{mm}^2 \quad A_2 = 50\text{mm} \times 270\text{mm} = 13.5 \times 10^3\text{mm}^2$$

矩形截面形心到 $z$ 轴的距离为：$y_{C1} = 15\text{mm}$，$y_{C2} = 165\text{mm}$

应用公式（2-4）计算：

$$\begin{aligned} S_z &= \sum A_i y_{Ci} = A_1 y_{C1} + A_2 y_{C2} \\ &= (9 \times 10^3 \times 15 + 13.5 \times 10^3 \times 165)\text{mm}^3 \\ &= 2.36 \times 10^6\text{mm}^3 \end{aligned}$$

截面形心坐标为：

$$y_C = \frac{S_z}{A} = \frac{2.36 \times 10^6}{9 \times 10^3 + 13.5 \times 10^3}\text{mm} = 105\text{mm}$$

因截面对称，故 $z_C = 0$。

【例 2-2】 某矩形截面如图 2-8 所示，高为 $h$，宽为 $b$，试分别计算截面对 $z$ 轴和形心轴 $z_C$ 轴的静矩。

【解】 （1）计算对 $z$ 轴的静矩：

取平行于 $z$ 轴的长条微面积 $\mathrm{d}A = b\mathrm{d}y$，$\mathrm{d}A$ 到 $z$ 轴的距离为 $y$，则有：

$$S_z = \int_A y\mathrm{d}A = \int_o^h y(b\mathrm{d}y) = \frac{1}{2}bh^2$$

或：

$$S_z = Ay_C = bh\frac{h}{2} = \frac{1}{2}bh^2$$

（2）计算对形心轴 $z_C$ 轴的静矩：

$$S_{z_C} = Ay_{z_C} = 0$$

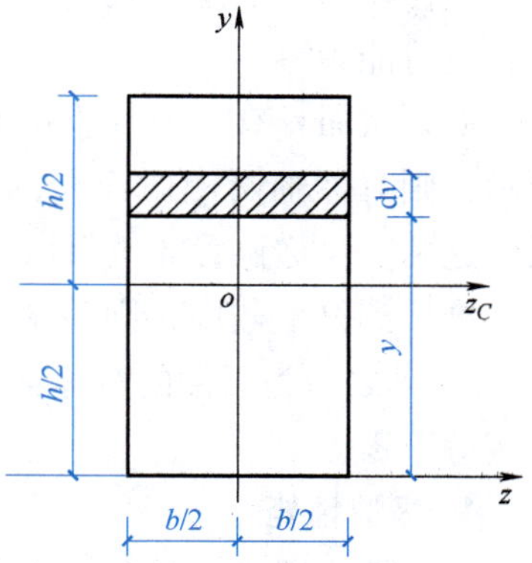


图 2-8　矩形截面

**2. 惯性矩**

图 2-6 所示的图形中，微面积 d$A$ 与它到 $z$ 轴（或 $y$ 轴）距离平方的乘积在整个截面上的总和，称为截面对 $z$ 轴（或 $y$ 轴）的惯性矩，用 $I_z$（或 $I_y$）表示。惯性矩是衡量构件截面抗弯能力的一个重要几何量。

$$\left.\begin{aligned} I_z &= \int_A y^2 \mathrm{d}A \\ I_y &= \int_A z^2 \mathrm{d}A \end{aligned}\right\} \tag{2-6}$$

惯性矩 $I_z$、$I_y$ 恒为正值，且不会等于零。

工程上对惯性半径 $i$ 的定义为：$i = \sqrt{\dfrac{I}{A}}$

【例 2-3】 如图 2-9 所示，矩形截面高为 $h$，宽为 $b$，尺寸如图所示，试计算截面对形心 $y$ 轴和 $z$ 轴的惯性矩 $I_z$ 和 $I_y$。

【解】 (1) 计算 $I_z$：取平行于 $z$ 轴的微面积 d$A$ = $b$d$y$，d$A$ 到 $z$ 轴的距离为 $y$，则有：

$$I_z = \int_A y^2 \mathrm{d}A = \int_{-\frac{h}{2}}^{\frac{h}{2}} y^2 (b\mathrm{d}y) = \frac{h}{3} y^3 \Big|_{-\frac{h}{2}}^{\frac{h}{2}} = \frac{bh^3}{12}$$

(2) 计算 $I_y$：取平行于 $y$ 轴的微面积 d$A$ = $h$d$z$，则有：

$$I_y = \int_A z^2 \mathrm{d}A = \int_{-\frac{b}{2}}^{\frac{b}{2}} z^2 (h\mathrm{d}z) = \frac{h}{3} z^3 \Big|_{-\frac{b}{2}}^{\frac{b}{2}} = \frac{hb^3}{12}$$

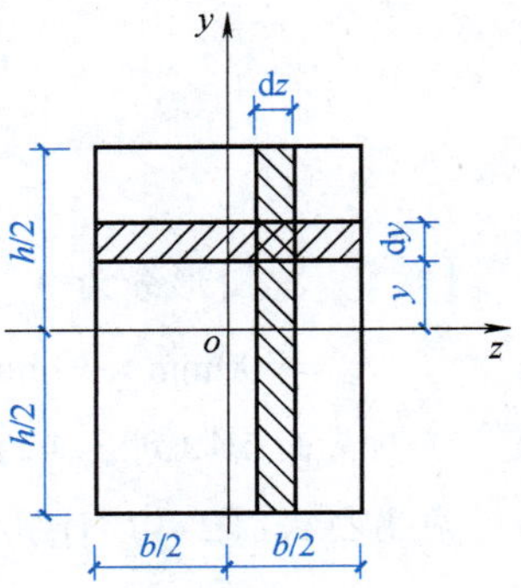

图 2-9 矩形截面

**3. 惯性积**

截面上的微面积 d$A$ 与它到 $y$、$z$ 轴距离的乘积的总和，称为截面对 $y$、$z$ 轴的**惯性积**，用 $I_{yz}$ 表示。

$$I_{yz} = \int_A yz \mathrm{d}A \tag{2-7}$$

惯性积的量纲是［长度］$^4$。它的值可能为正，可能为负，也可能为零。

如果截面具有一个（或一个以上）对称轴，如图 2-10 所示，则对称轴两侧微面积的 $yz$d$A$ 值大小相等，符号相反，这两个对称位置的微面积对 $y$、$z$ 轴的惯性积之和等于零。推广到整个截面，则整个截面的 $I_{yz}=0$。这说明，只要 $y$、$z$ 轴之一为截面的对称轴，该截面对两轴的惯性积就一定等于零。

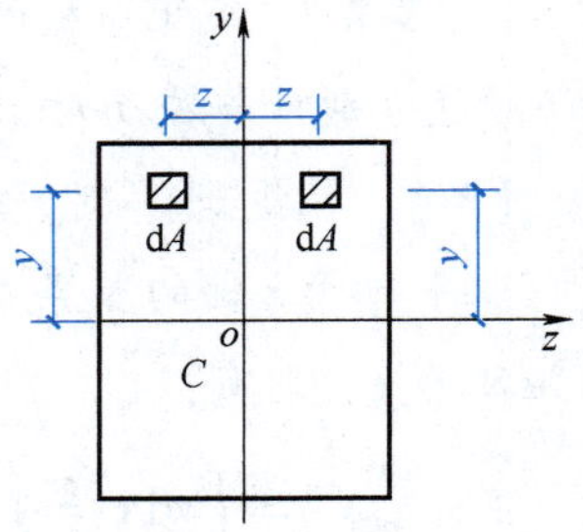

图 2-10 惯性积计算

**4. 极惯性矩**

在计算扭转应力时会遇到极惯性矩。截面上的微面积 d$A$ 与它到坐标原点（也称极点）距离 $\rho$ 的平方的乘积在整个面积上的总和，称为截面的极惯性矩，记为 $I_p$。极惯性矩是衡量构件截面抗扭能力的一个重要几何量。

$$I_p = \int_A \rho^2 \mathrm{d}A \tag{2-8}$$

极惯性矩的量纲是［长度］$^4$，它的值恒为正。从图 2-11 中可以看到：

$$\rho^2 = y^2 + z^2$$

代入式（2-8）后，可得

$$I_p = \int_A \rho^2 \mathrm{d}A = \int_A (y^2 + z^2) \mathrm{d}A = I_z + I_y$$

上式表明 $I_p$、$I_y$、$I_z$ 之间的关系为：截面对任意两个相互垂直的轴的交点的极惯性矩，等于截面对该两轴惯性矩之和。

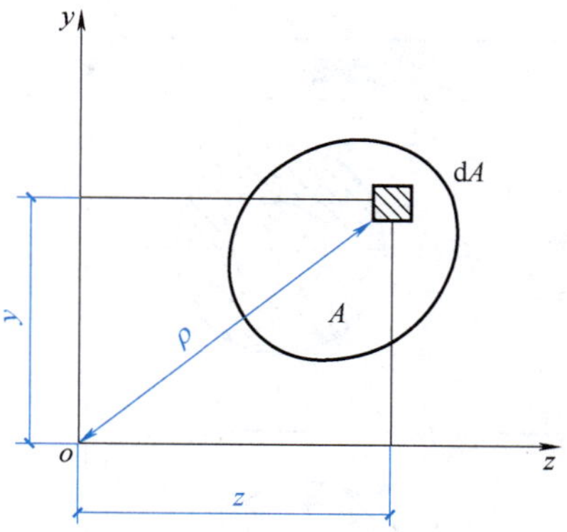

图 2-11　极惯性矩计算

**5. 惯性矩平行移轴公式**

对于同一平面图形内不同的轴，它的惯性矩一般是不同的。例如，图 2-12 所示的截面图形，如果已知通过图形形心 $C$ 的 $y$ 轴和 $z$ 轴的惯性矩 $I_y$、$I_z$，要求它分别对与 $y$ 轴、$z$ 轴平行的 $y_1$ 轴、$z_1$ 轴的惯性矩，就要运用平行移轴公式。

设 $y_1$ 轴与 $y$ 轴之间的距离为 $b$，$z_1$ 轴与 $z$ 轴之间的距离为 $a$，则截面对 $y_1$ 轴和 $z_1$ 轴的惯性矩为：

$$\left.\begin{aligned} I_{z1} &= I_z + a^2 A \\ I_{y1} &= I_y + b^2 A \end{aligned}\right\} \tag{2-9}$$

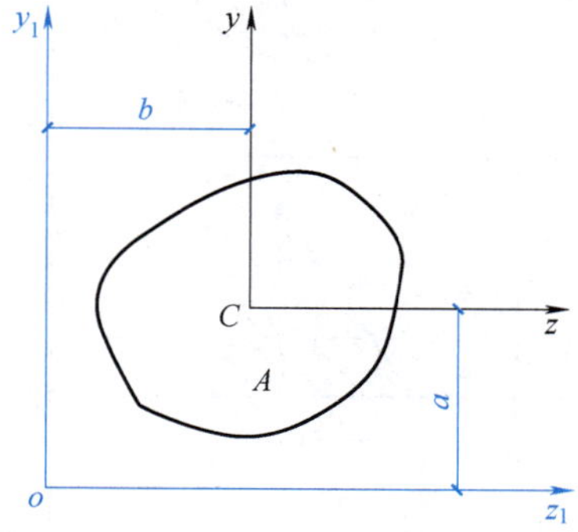

图 2-12　平行移轴

式（2-9）表明，截面图形对任何一个轴的惯性矩，等于截面图形对与该轴平行的形心轴的惯性矩，再加上截面图形的面积与两个轴间距离平方的乘积。

对于常见截面的几何性质，工程中均可以通过查表计算，见表 2-1。

**表 2-1　常用截面的形心、惯性矩、惯性半径**

| 截面图形 | | 形心位置 | 惯性矩 | 惯性半径 |
|---|---|---|---|---|
| 矩形 | 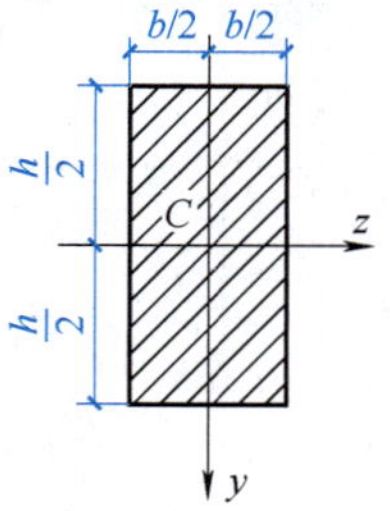 | 截面中心 | $I_z = \frac{bh^3}{12}$<br>$I_y = \frac{hb^3}{12}$ | $i_z = \frac{h}{2\sqrt{3}}$<br>$i_y = \frac{b}{2\sqrt{3}}$ |
| 圆形 | 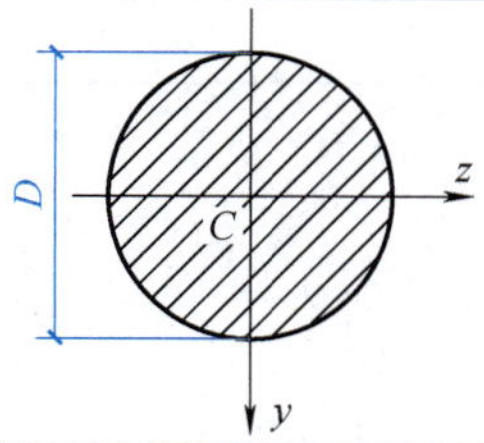 | 圆心处 | $I_z = I_y = \frac{\pi D^4}{64}$ | $i_z = i_y = \frac{D}{4}$ |

（续）

| 截面图形 | | 形心位置 | 惯性矩 | 惯性半径 |
|---|---|---|---|---|
| 圆环 | 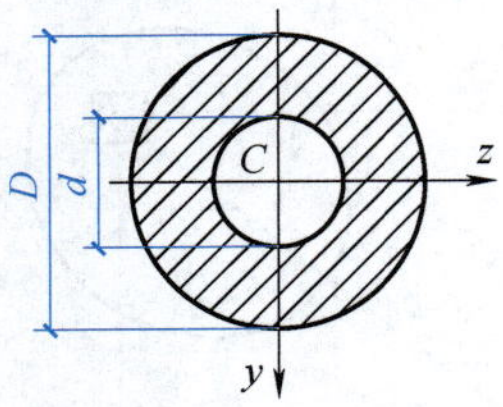 | 圆心处 | $I_z = I_y = \frac{\pi}{64}(D^4 - d^4)$ | $i_z = i_y = \frac{D}{4}\sqrt{1+\left(\frac{d}{D}\right)^2}$ |
| 薄壁环 | 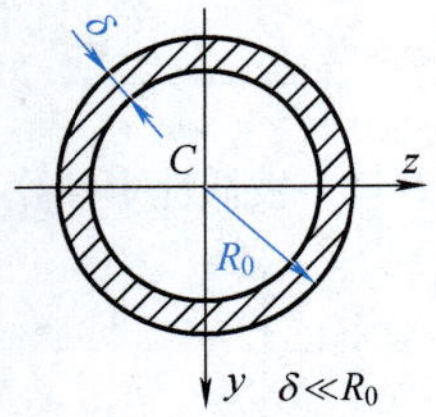 | 圆心处 | $I_z = I_y = \pi R_0^3\delta$ | $i_z = i_y = \frac{R_0}{\sqrt{2}}$ |
| 三角形 | 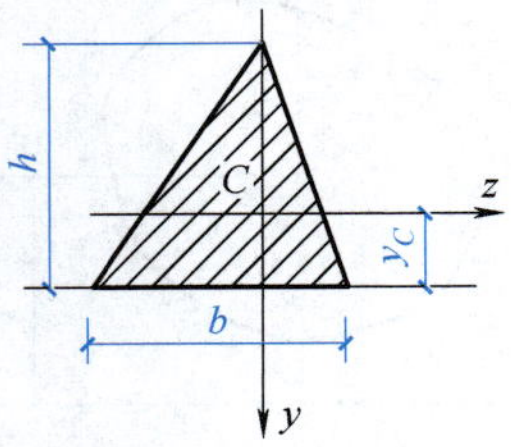 | $y_C = \frac{h}{3}$ | $I_z = \frac{bh^3}{36}$ | $I_z = \frac{\sqrt{2}}{6}h$ |
| 半圆形 | 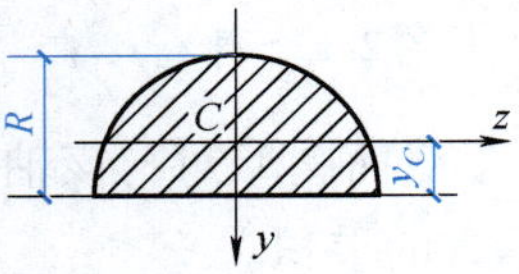 | $y_C = \frac{4R}{3\pi}$ | $I_z = \left(\frac{\pi}{8} - \frac{8}{9\pi}\right)R^4 \approx 0.1098R^4$<br>$I_y = \frac{\pi R^4}{8}$ | $i_z = 0.264R$<br>$i_y = \frac{R}{2}$ |
| 扇形 | 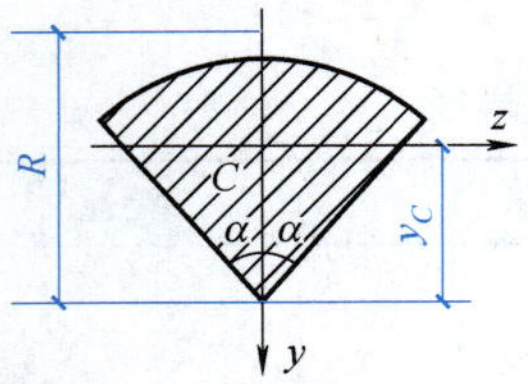 | $y_C = \frac{2R\sin\alpha}{3\alpha}$ | $I_z = \frac{R^4}{4}\left(\alpha + \sin\alpha\cos\alpha - \frac{16\sin^2\alpha}{9\alpha}\right)$<br>$I_y = \frac{R^4}{4}(\alpha - \sin\alpha\cos\alpha)$ | $i_z = \sqrt{\frac{I_z}{A}}$<br>$i_y = \sqrt{\frac{I_y}{A}}$ |
| 椭圆形 | 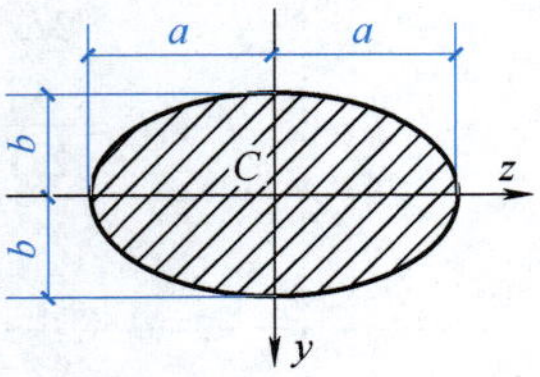 | 椭圆中心 | $I_z = \frac{\pi ab^3}{4}$<br>$I_y = \frac{\pi ba^3}{4}$ | $i_z = \frac{b}{2}$<br>$i_y = \frac{a}{2}$ |

## 2.1.6 重心

### 1. 重心的概念

地球表面附近的物体都会受到地球引力的作用，这个引力称为物体的重力。重力的大小称为物体的重量。重力作用于物体内的每一微小部分，是一个分布力系。这些重力汇交于地心，但因地球远比一般物体大，故物体上各点到地心的连线几乎平行，因此，可以足够精确地认为，这些重力组成一个空间平行力系。由试验可知，不论将物体怎样放置，只要物体的体积和形状都不变，这个空间平行力系合力的作用点总是在相对物体位置不变的一个确定点，这个点就是物体重力的作用点，称为物体的重心。由此可见，通过找出此空间平行力系合力的作用点就可确定物体的重心位置。

重心位置的确定在工程实际中具有重要的意义，例如，安装管道、机械和预制构件，就需要知道重心的位置，以便吊装工作能够平稳地进行；在转动机械中，若其转动部分的重心不在转轴上，就会引起强烈的振动而造成各种不良后果；而混凝土振捣器、振动式压路机等，转动部分的重心又必须偏离转轴，才能发挥它们的振动作用；在桥梁结构构件截面设计以及挡土墙、重力水坝、起重机等倾翻问题中，都要涉及重心位置的确定。

**2. 重心和形心的坐标公式**

（1）一般物体重心的坐标公式

为了确定物体的重心位置，可将它分割为许多小块（设为 $n$ 块），并以 $\Delta G_1,\Delta G_2,\cdots,\Delta G_n$ 表示各小块的重量，如图 2-13 所示。则物体的重量为：

$$G=\Delta G_1+\Delta G_2+\cdots+\Delta G_n$$

即：

$$G=\sum \Delta G_i$$

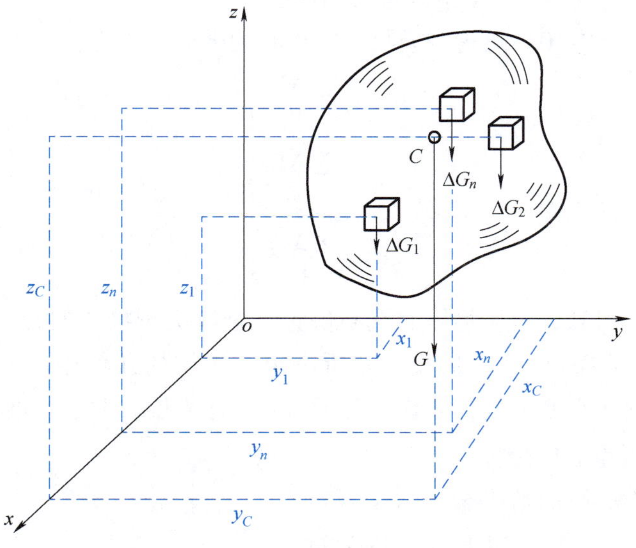


图 2-13　物体重心坐标示意图

建立如图 2-13 所示直角坐标系 $oxyz$，分别用 $(x_1,y_1,z_1),(x_2,y_2,z_2),\cdots,(x_n,y_n,z_n)$ 表示各小块的重心位置。无论物体怎样放置，重力 $G$ 的作用线均通过某点 $C$，该点即为物体的重心。$C$ 点的坐标用 $(x_C,y_C,z_C)$ 表示。根据合力矩定理可知，物体的重力 $G$ 对 $z$ 轴的矩等于各小块重力对 $x$ 轴之矩的代数和。

$$M_x(G)=\sum M_x(\Delta G)$$

即：
$$-Gy_C = -\Delta G_1 y_1 - \cdots - \Delta G_n y_n$$
故：
$$y_C = \frac{\sum \Delta G y}{G}$$

同理，对 $y$ 轴应用合力矩定理可得：
$$x_C = \frac{\sum \Delta G x}{G}$$

将物体连同坐标轴转过90°而使坐标面 $oxz$ 成为水平面，由重心的概念可知，此时物体重心的位置 $C$ 不变，再对 $z$ 轴应用合力矩定理，可得**一般物体的重心公式为：**

$$\left.\begin{aligned} x_C &= \frac{\sum \Delta G x}{G} \\ y_C &= \frac{\sum \Delta G y}{G} \\ z_C &= \frac{\sum \Delta G z}{G} \end{aligned}\right\} \tag{2-10}$$

（2）匀质物体重心的坐标公式

许多物体都可以看作匀质的，即物体每单位体积的重量 $\gamma$ 是常数，将匀质物体分成许多小微块，用 $\Delta V_1, \Delta V_2, \cdots, \Delta V_n$ 分别表示每一小微块的体积，整个物体体积为 $V$，则有：
$$\Delta G_1 = \gamma \Delta V_1, \Delta G_2 = \gamma \Delta V_2, \cdots, \Delta G_n = \gamma \Delta V_n$$
$$G = \gamma V$$
式中，$\gamma$ 为重度，其值等于密度乘以重力加速度。

将上式代入式（2-10）可得匀质物体的重心的坐标公式为：

$$\left.\begin{aligned} x_C &= \frac{\sum \Delta V x}{V} \\ y_C &= \frac{\sum \Delta V y}{V} \\ z_C &= \frac{\sum \Delta V z}{V} \end{aligned}\right\} \tag{2-11}$$

由式（2-11）可知，匀质物体的重心位置完全取决于物体的几何形状，而与物体的重量无关。由物体的几何形状和尺寸所决定的物体的几何中心，称为形心。所以式（2-11）也是体积形心的坐标公式。对于匀质物体来说，形心和重心是重合的。

（3）匀质薄板重心的坐标公式

如物体为匀质等厚的薄平板，取平板对称面为坐标面 $oxy$，如图2-14所示。因为每一微小部分的 $z_i$ 为零，所以 $z_C$ 也等于零。薄平板的重心就在其对称面内，因此，其重心坐标只有 $x_C$ 和 $y_C$ 两个值，又因等厚平板的面积与其体积成正比，故式（2-11）中体积可以用面积来代替，因此可得匀质薄板重心的坐标公式：

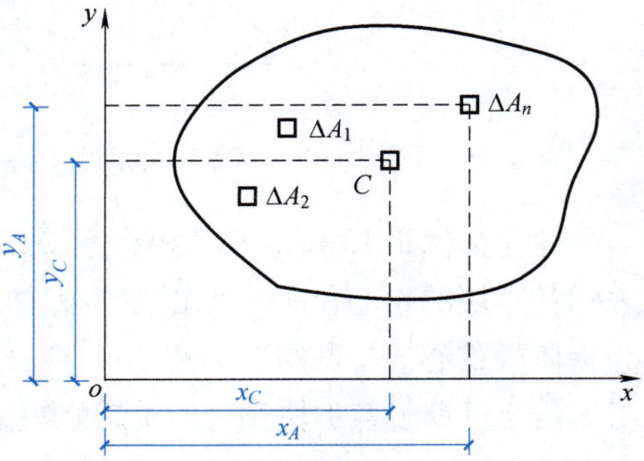

图2-14　匀质薄板重心坐标示意图

$$
\left.\begin{aligned}
x_C &= \frac{\sum \Delta A x}{A} \\
y_C &= \frac{\sum \Delta A y}{A}
\end{aligned}\right\} \tag{2-12}
$$

由于等厚匀质薄平板的形心坐标只与板的平面形状有关，而与板的厚度无关，故式（2-12）也是平面图形面积形心的坐标公式。

对于匀质物体，凡具有对称面、对称轴或对称中心的物体，其重心必在它们的对称面、对称轴或对称中心上。例如，匀质圆球的重心在其对称中心（球心）上；匀质矩形薄板和工字形薄板的重心在其对称轴的交点上；匀质 T 形薄板和槽形薄板的重心在其对称轴上，如图 2-15 所示。

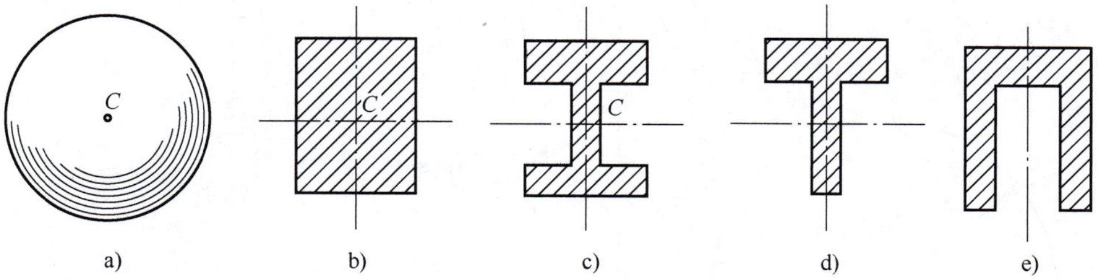


图 2-15　对称物体的重心示意图

一些常见形体的重心，可以从工程手册上查到，工程实际中常用型钢的截面形心，也可从型钢表中查到，表 2-2 列出了几种简单形状物体的重心，以供参考。

**表 2-2　简单形状物体的重心**

| 图　形 | 形 心 位 置 | 面积或体积 |
|---|---|---|
| 直角三角形 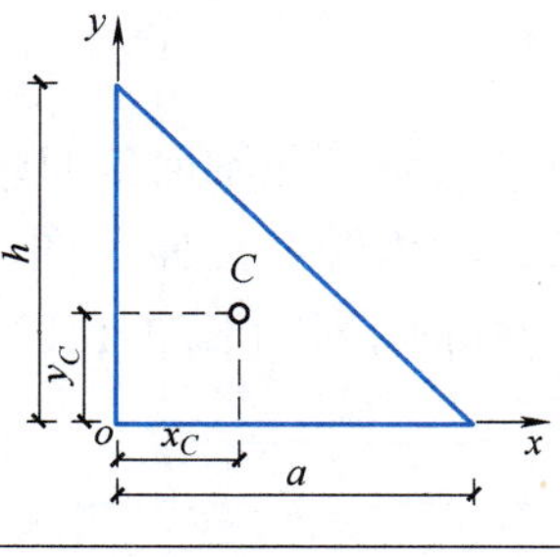 | $x_C = \frac{a}{3}$ $y_C = \frac{h}{3}$ | $\Delta = \frac{ah}{2}$ |
| 三角形 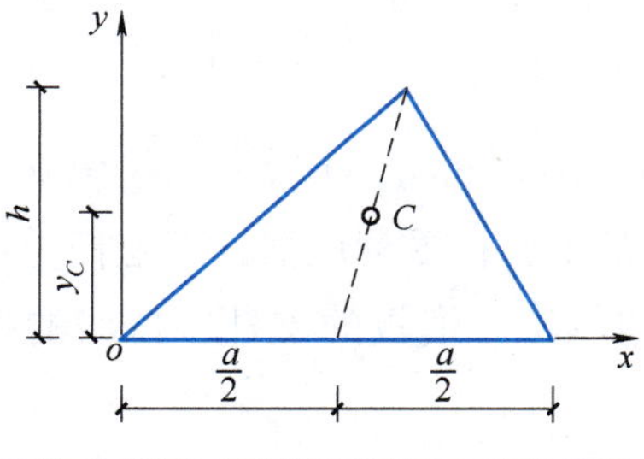 | 在三中线的交点（顶点和对边的中点的连线） $y_C = \frac{h}{3}$ | $\Delta = \frac{ah}{2}$ |

（续）

| 图　形 | 形 心 位 置 | 面积或体积 |
|---|---|---|
| 梯形 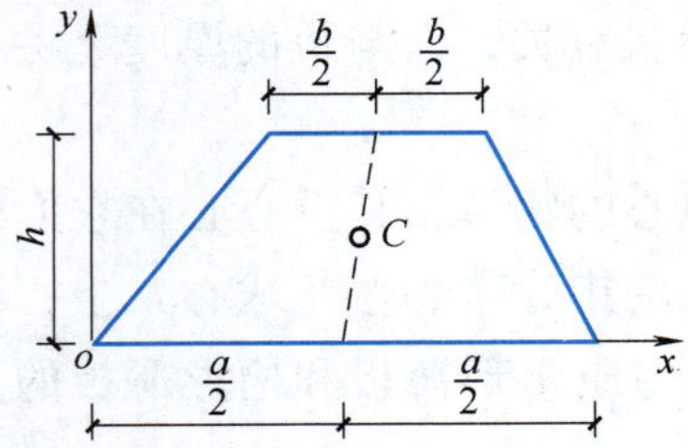  | 在上、下中点的连线上 $y_C=\frac{h}{3}\frac{a+2b}{a+b}$ | $\Delta=\frac{h}{2}(a+b)$ |
| 半圆形 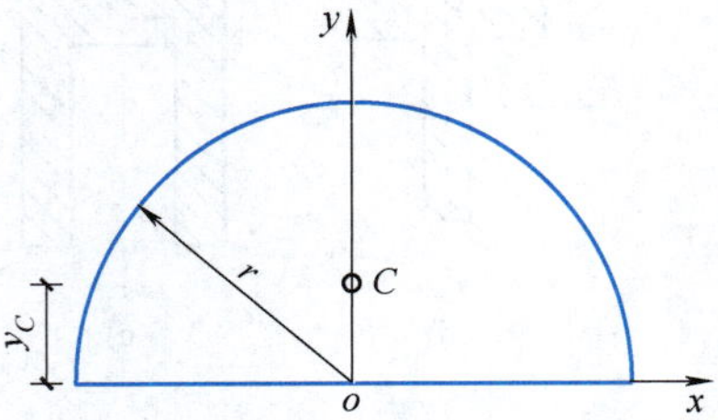  | $y_C=\frac{4r}{3\pi}$ | $\Delta=\frac{\pi r^2}{2}$ |

## 2.2 轴向拉伸与压缩

轴向拉伸和压缩是受力构件的一种最基本的变形形式。本节将详细介绍轴向拉伸和压缩变形的内力、强度和变形计算。

### 2.2.1 轴向拉压的概念

杆件两端沿轴线受到一对大小相等、方向相反的力 $P$，杆件产生轴向拉伸或压缩变形。当力 $P$ 的方向与截面外法线方向一致时，杆件伸长，称为轴向拉伸（图 2-16a）；当力 $P$ 的方向与截面外法线方向相反时，杆件缩短，称为轴向压缩（图 2-16b）。

a)　　b)

图 2-16　轴向拉伸和压缩

工程结构中，轴向拉伸或压缩变形的构件是很常见的。如图 2-17a 所示三角支架的 $AB$ 杆受到拉伸，$BC$ 杆受到压缩；图 2-17b 所示桁架的上弦杆受到压缩，下弦杆受到拉伸。其他如起重用的绳索、拧紧的螺栓都是受拉伸的例子，模板的支柱、桥梁的桥墩都是受压缩的例子。

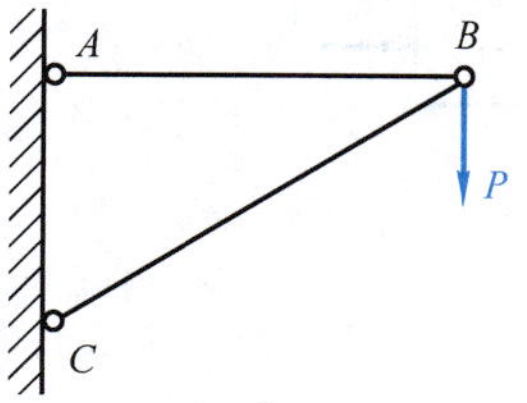


a)

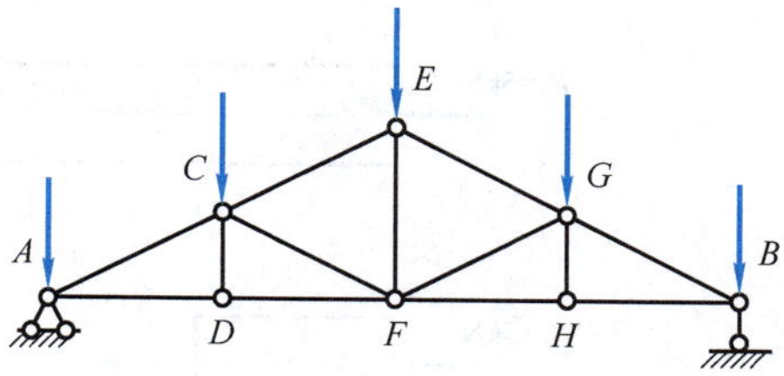


b)

图 2-17　轴向拉伸或压缩形变应用实例

## 2.2.2　轴向拉压时的内力

### 1. 轴力

(1) 轴力的概念

要对杆件进行强度和刚度计算，首先需要分析杆件的内力。现以图 2-18a 所示拉杆为例说明。为求杆件横截面 $m$-$m$ 上的内力，可运用截面法。将杆件沿横截面 $m$-$m$ 截开，取左段作为研究对象（图 2-18b）。

由平衡条件 $\sum X=0$ 可知，截面上的内力必是与轴线相重合的一个力 $N$，指向与截面外法线一致，大小为 $N=P$。这个与杆轴线相重合的内力称为轴力。

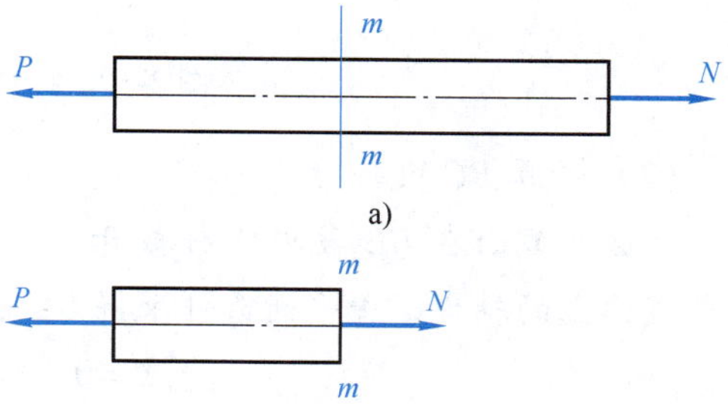


图 2-18　截面法

(2) 轴力的正负

显然，若是拉杆，截面上的内力指向与截面外法线相同，作用线与杆轴相重合；若是压杆，截面上的内力指向与截面外法线相反，作用线与杆轴相重合。为了便于区别杆件的拉伸和压缩，作如下规定：**拉伸时的轴力用正号表示，压缩时的轴力用负号表示。**

杆件发生轴向拉伸或压缩的内在原因是截面中有轴力作用。所以，有轴力存在的杆件将发生轴向拉伸或轴向压缩变形。

实际工程中，常有杆件承受两个以上轴向外力作用，此类杆件称为多力杆。多力杆仍可采用截面法确定各段杆的轴力，计算时一般先假设轴力为正（拉力）。

**【例 2-4】** 如图 2-19a 所示，杆 $ABC$ 在 $P_1$、$P_2$、$P_3$ 三个力作用下处于平衡状态。试计算各段杆的内力。

**【解】** (1) 计算 $AB$ 段轴力：

用 1-1 截面在 $AB$ 段内将杆截开，取左段为研究对象，如图 2-19b 所示，以 $N_1$ 表示截面上的轴力，并先假设为拉力，再由平衡条件求得 $AB$ 段的轴力。

$$\sum X=0,\quad N_1-P_1=0$$

解得：

$$N_1=P_1=5\text{kN}(\text{拉力})$$

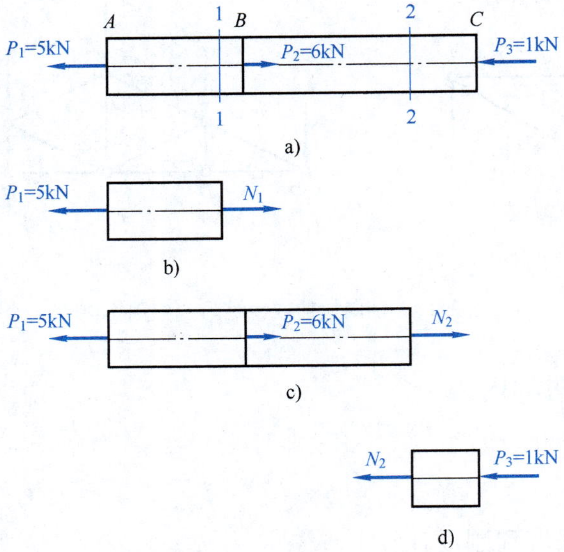


图 2-19　杆件 *ABC* 内力示意图

（2）计算 *BC* 段轴力：

用 2-2 截面在 *BC* 段内将杆截开，仍取左段为研究对象，如图 2-19c 所示，以 $N_2$ 表示截面上的轴力，由平衡条件求得 *BC* 段的轴力。

$$\sum X = 0, \quad N_2 - P_1 + P_2 = 0$$

解得：

$$N_2 = P_1 - P_2 = -1\text{kN}(\text{压力})$$

*BC* 段轴力也可取右段作为研究对象，如图 2-19d 所示。由右段平衡条件可得：

$$\sum X = 0, \quad N_2 + P_3 = 0$$

解得：

$$N_2 = -P_3 = -1\text{kN}(\text{压力})$$

结果与取左段为研究对象相同。本例由于右段上的外力少，故取右段计算比较简单。

**2. 轴力图**

在多力杆的不同杆段内，轴力是不相同的。工程中常用轴力图形象地表示各横截面上的轴力随横截面位置的变化情况。以平行于杆轴的横坐标表示杆件横截面位置，以垂直于杆轴的纵坐标表示轴力的数值，将各截面的轴力大小按一定比例标在坐标图上，从而绘制出表示轴力与截面位置关系的图形，这种图形称为轴力图。

**【例 2-5】** 杆件受力作用如图 2-20a 所示，已知外力 $P_1 = 20\text{kN}$，$P_2 = 30\text{kN}$，$P_3 = 10\text{kN}$，试绘制该杆的轴力图。

**【解】**（1）计算各段杆的轴力：

*AB* 段：用假想截面在 *AB* 段内将杆截开，取左段为研究对象（图 2-20c），截面上的轴力用 $N_1$ 表示，由左段平衡条件可得：

$$\sum X = 0, \quad N_1 + P_1 = 0$$

解得：

$$N_1 = -P_1 = -20\text{kN}(\text{压力})$$

$BC$ 段：用截面将 $BC$ 段杆截开，取左段为研究对象（图 2-20d），由左段平衡条件可得：

$$\sum X = 0,\quad N_2 + P_1 - P_2 = 0$$

解得：

$$N_2 = P_2 - P_1 = 10\text{kN}(\text{拉力})$$

$CD$ 段：类似上述步骤如图 2-20e 所示，可得：

$$\sum X = 0,\quad N_3 + P_1 - P_2 - P_3 = 0$$

解得：

$$N_3 = P_2 + P_3 - P_1 = 20\text{kN}(\text{拉力})$$

（2）作轴力图：

以平行于轴线的 $x$ 轴为横坐标，垂直于轴线的 $N$ 轴为纵坐标，按一定比例将各段杆的轴力标注在坐标上，可作出轴力图，如图 2-20b 所示。

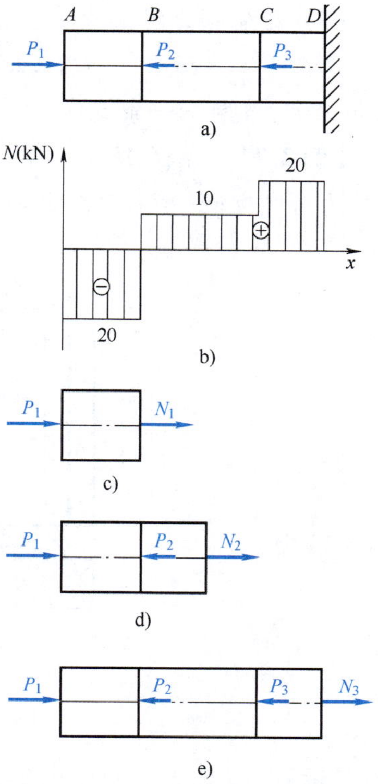


图 2-20　杆件受力图

**【例 2-6】**　变截面杆件受外力作用，如图 2-21a 所示，试绘制该杆轴力图。

**【解】**　由于 $A$、$B$、$C$、$D$ 4 个截面处都有外力作用，故 $AB$、$BC$、$CD$ 各段轴力不同。应分段计算。

（1）计算各段截面上的轴力：

对 $AB$ 段：用 1-1 截面截开，以左侧为研究对象，如图 2-21b 所示。由平衡条件可得：

$$\sum X = 0,\quad N_1 + 4 = 0$$

解得：

$$N_1 = -4\text{kN}(\text{压力})$$

对 $BC$ 段：用 2-2 截面截开，以左侧为研究对象，如图 2-21c 所示。由平衡条件可得：

$$\sum X = 0,\quad N_2 + 4 - 2 \times 9 = 0$$

解得：

$$N_2 = 14\text{kN}(\text{拉力})$$

对 $CD$ 段：用 3-3 截面截开，以右侧为研究对象，如图 2-21d 所示。由平衡条件可得：

$$\sum X = 0,\quad N_3 - 8 = 0$$

解得：

$$N_3 = 8\text{kN}(\text{拉力})$$

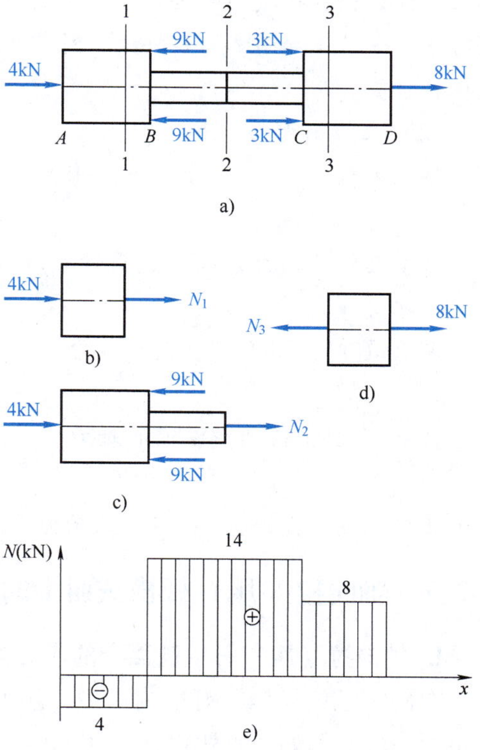


图 2-21　杆件受力

（2）绘制轴力图：

建立 $N$-$x$ 坐标系，如图 2-21e 所示，因为各段杆内的轴力均为常数，故各段轴力图为平行于 $x$ 轴的一条直线。

**【例 2-7】** 墩柱 $AB$ 如图 2-22a 所示，其横截面为正方形，边长为 $a$，墩柱高为 $h$，材料的重度为 $\gamma$，墩柱顶受上部结构的荷载 $P$ 作用，画出墩柱的轴力图。

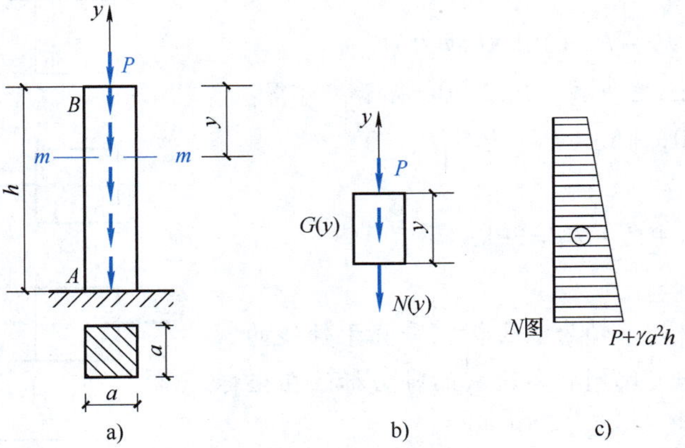


图 2-22　墩柱 $AB$ 受力图及轴力图

**【解】**（1）根据受力特点判定该墩柱属于轴向拉压构件，其内力是轴力 $N$。由于考虑墩柱的自重，以竖向的 $y$ 坐标表示墩柱各横截面位置，横坐标表示相应截面的轴力值，则该柱各横截面的轴力是 $y$ 的函数。用任意 $m$-$m$ 截面将杆件截断，取上段为研究对象，分离体如图 2-22b 所示。图中 $N(y)$ 是任意 $y$ 截面的轴力；$G=\gamma a^2 y$ 是该段脱离体的自重。

轴向拉（压）杆横截面上的应力

（2）求解轴力：

平衡方程：
$$\sum Y=0,\quad -N(y)-P-G=0$$
$$N(y)=-P-\gamma a^2 y=0$$

这是墩柱的轴力方程，说明轴力与截面的位置呈线性关系，只需求得两点，连成直线，即得 $N$ 图。

当 $y=0$ 时，得 $B$ 端截面的轴力：
$$N_B=-P$$

当 $y=h$ 时，得 $A$ 端截面的轴力：
$$N_A=-P-\gamma a^2 h$$

在坐标轴上描出 $A$、$B$ 两点的轴力 $N_A$、$N_B$，连成直线画轴力图，如图 2-22c 所示。

## 2.2.3　轴向拉（压）杆横截面上的应力

### 1. 轴向拉（压）杆横截面上的应力概念

在确定了拉（压）杆的内力后，还不足以判断杆件在外力作用下，是否会因强度不足而破坏。例如，有两根材料相同但截面面积不同的拉杆，在相同的轴向拉力作用下两根杆的轴力是相等的；但是当拉力逐渐加大时，截面面积小的杆件首先被拉断。

这表明要研究强度问题，还需进一步研究横截面上的应力。应力在截面上的分布不能直接观察到，但应力与变形有关。因此，可通过观察变形来推测应力在截面上的分布。

取一矩形截面等直杆，在杆件侧面画上垂直于轴线的横线 $aa$、$bb$ 和平行于轴线的纵线 $cc$、$dd$，如图 2-23a 所示。然后在杆件两端加上一对轴向拉力 $P$ 使杆发生变形。这时可以观察到：横线 $aa$、$bb$ 分别平移到 $a'a'$、$b'b'$，但仍为垂直于轴线的直线，而纵线 $cc$、$dd$ 都有相同的伸长并仍与轴线平行。如果施加轴向压力，则变形如图 2-23b 中虚线所示。

根据上述现象，可作如下假设：

1）图中 $aa$、$bb$ 代表两个垂直于轴线的平面，受外力作用变形后仍为垂直于轴线的平面（称平面假设）。

2）设想杆件是由无数根平行于轴线的纵向纤维所组成，变形后纵线和横线的夹角没有改变，说明杆件变形后只是两横截面作相对平移，所有的纵向线的伸长（或缩短）量相同。因此，可以得到结论：**横截面上只有线应变，且大小是相同的。**

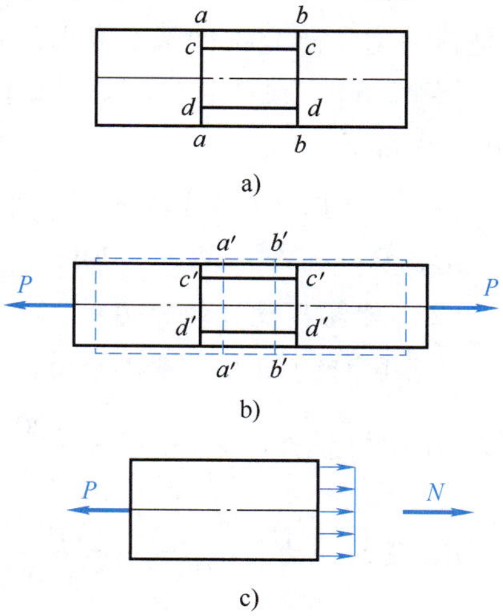

图 2-23　轴向拉伸变形图

由于应力与应变之间存在着对应关系，所以进一步可知，横截面上只有正应力 $\sigma$；由于材料是均匀的，两横截面之间的变形也是均匀的，所以各点处正应力大小都相同。

明确了应力分布规律后，根据截面上的内力是各点处微内力的合力，可具体计算出应力的数值。在横截面上取微面积 $\mathrm{d}A$，作用在微面积上的微内力为 $\mathrm{d}N=\sigma\mathrm{d}A$，则整个横截面 $A$ 上微内力的总和应为轴力 $N$（图 2-23c），即有：

$$N = \int_A \mathrm{d}N = \int_A \sigma \mathrm{d}A = \sigma\int_A \mathrm{d}A = \sigma A$$

整理后得：

$$\sigma = \frac{N}{A} \tag{2-13}$$

此式即为轴向拉杆横截面上正应力的计算公式。式中，$N$ 为横截面上的轴力，$A$ 为横截面面积。杆件发生轴向压缩变形时，上式同样适用，只需将轴力连同负号一并代入公式中计算即可。

**2. 正应力公式的使用条件及应力集中的概念**

轴向拉、压杆横截面上的正应力计算公式，是在假定横截面上的正应力均匀分布的条件下获得的，因此使用该公式时应注意满足以下条件：

1）外力作用线必须与杆件的轴线重合；若不重合，横截面上应力将不是均匀分布。

2）公式只在杆件距离力的作用点较远部分才正确。实际上杆端外力总是通过各种不同的连接方式作用到杆上，力作用点附近的应力分布比较复杂。但理论分析和实验都证明：力作用于杆端的方式不同，只会使与杆端距离不大于杆的横向尺寸的范围内受到影响［称为圣维南（Saint-Venant）原理］。据此，作用在杆端上的各种力可用其合力来代替，只要合力作用线与杆轴线重合，则除了力作用点处以外，仍可用上式计算杆内应力。

应力集中的概念

3）杆件必须是等截面直杆。若杆截面尺寸沿杆轴线变化时，截面上应力分布将不是均匀的。当截面变化比较缓慢，可近似应用正应力计算公式。若截面尺寸有突然变化，在截面突变处会出现局部应力剧增现象，称为应力集中。截面突变处附近区域应力急剧增大，离开这个区域应力又趋于均匀。

上述应力计算公式的推导过程，包含着几何变形、物理关系及静力平衡三个方面，这是材料力学研究各种基本变形计算的共同方法。

**【例 2-8】** 试计算例 2-4 中各段杆横截面上的应力，已知杆件的横截面面积为 $A=1.0\times10^3\text{mm}^2$。

**【解】** （1）计算各段杆的轴力：

由例 2-4 可知：$N_1=-20\text{kN}$，$N_2=10\text{kN}$，$N_3=20\text{kN}$

（2）计算各段杆的应力：

将各段杆的轴力及横截面面积代入正应力计算公式，得：

$$AB\text{ 段的应力：}\sigma_{AB}=\frac{N_1}{A}=\frac{-20\times10^3}{1.0\times10^3}\text{N/mm}^2=-20\text{N/mm}^2=-20\text{MPa}(\text{压应力})$$

$$BC\text{ 段的应力：}\sigma_{BC}=\frac{N_2}{A}=\frac{10\times10^3}{1.0\times10^3}\text{N/mm}^2=10\text{N/mm}^2=10\text{MPa}(\text{拉应力})$$

$$CD\text{ 段的应力：}\sigma_{CD}=\frac{N_3}{A}=\frac{20\times10^3}{1.0\times10^3}\text{N/mm}^2=20\text{N/mm}^2=20\text{MPa}(\text{拉应力})$$

**【例 2-9】** 如图 2-24 所示的三角形支架，A、B、C 三处均为铰接，已知 AB 为直径 $d=16\text{mm}$ 的圆截面杆，BC 杆为边长 $a=10\text{cm}$ 的正方形截面杆，$P=15\text{kN}$，试计算各杆横截面上的应力。

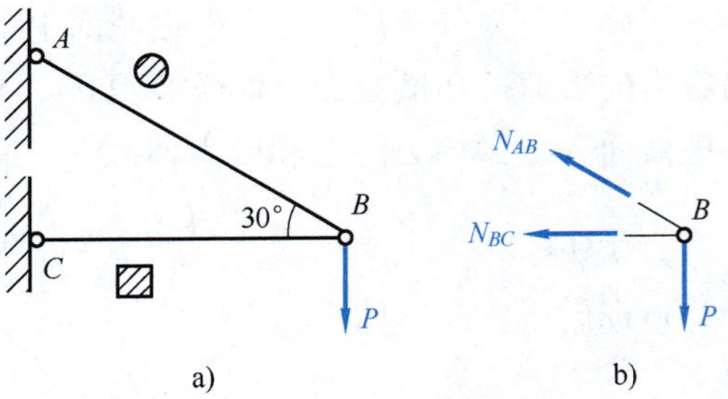


图 2-24　杆件受力简化图

**【解】** （1）选取结点 B 为研究对象，由平衡条件得：

$$\sum X=0,\quad N_{AB}\cos30^\circ+N_{BC}=0$$

$$\sum Y=0,\quad N_{AB}\sin30^\circ-P=0$$

求解方程得：

$$N_{AB}=\frac{P}{\sin30^\circ}=30\text{kN}(\text{拉力})$$

$$N_{BC}=-N_{AB}\cos30^\circ=-26.0\text{kN}(\text{压力})$$

（2）计算各杆的应力：

$$AB\text{ 杆的横截面积为：}A_{AB}=\frac{\pi d^2}{4}=201.1\text{mm}^2$$

$$BC\text{ 杆的横截面积为：}A_{BC}=a^2=100\text{cm}^2=100\times10^2\text{mm}^2$$

$$\sigma_{AB}=\frac{N_{AB}}{A_{AB}}=\frac{30\times10^3}{201.1}\mathrm{N/mm^2}=149.2\mathrm{N/mm^2}=149.2\mathrm{MPa}\text{（拉应力）}$$

$$\sigma_{BC}=\frac{N_{BC}}{A_{BC}}=\frac{-26.0\times10^3}{100\times10^2}\mathrm{N/mm^2}=-2.6\mathrm{N/mm^2}=-2.6\mathrm{MPa}\text{（压应力）}$$

### 2.2.4 轴向拉压时杆件的强度计算

由公式（2-13）求得的横截面上的应力又称工作应力，要判别它会不会造成杆件的破坏，还需知道杆件材料可能承受的最大应力。任何一种材料制作的杆件都存在着一个能承受应力的固有极限，称为极限应力，用符号 $\sigma^0$ 表示，由实验测定。

由于在设计杆件时，有许多实际不利因素无法预计，为了确保杆件使用时的安全可靠，国家有关部门根据大量调查研究，规定将极限应力 $\sigma^0$ 除以一个系数 $K$，将所得结果作为衡量材料承载能力的依据，这种缩小后的应力值称许用应力，以符号［$\sigma$］表示：

$$[\sigma]=\frac{\sigma^0}{K} \tag{2-14}$$

式中 $K$——大于 1 的系数，称安全系数。

因此，承受轴向拉伸或压缩的杆件，要保证能安全可靠地工作，就必须使杆件横截面上的实际应力不超过材料的许用应力，即：

$$\sigma=\frac{N}{A}\leqslant[\sigma] \tag{2-15}$$

式中 $\sigma$——杆件横截面上的应力；

$N$——杆件横截面上的轴力；

$A$——杆件横截面的面积；

$[\sigma]$——材料的许用应力。

上式称为轴向拉、压杆的强度条件。

对于作用有几个外力的等截面直杆，应计算最大轴力所在截面上的最大正应力；在轴力不变而杆截面变化的杆中，则应计算截面面积最小处的最大正应力。这些发生最大正应力的截面统称为危险截面。

根据强度条件，可解决工程实际中有关构件强度的三类问题：

1）强度校核：已知构件的材料、尺寸（即已知［$\sigma$］及 $A$）及所受荷载（可算出轴力 $N$）的情况下，用式（2-15）可以检查构件是否满足安全可靠的要求。

2）选择截面尺寸：已知构件所受荷载及所用材料，按强度条件为构件选择截面面积或尺寸。此时式（2-15）可改写为：

$$A\geqslant\frac{N}{[\sigma]}$$

式中 $A$——选用的截面面积；

$N/[\sigma]$——构件满足强度要求所必需的面积。

3）计算许用荷载：已知构件的材料和尺寸，可按强度条件来确定构件能承受的最大轴力，并从而计算允许承受的最大荷载。此时式（2-15）可改写为：

$$[N] \leqslant A[\sigma]$$

式中　$[N]$——构件允许承受的轴力；

$A[\sigma]$——构件能承受的最大轴力。

## 颗粒素养

1999 年 1 月 4 日，重庆綦江彩虹桥竣工运营 3 年多后倒塌，40 人遇难。事故后经复验发现，造成这一特大事故的主要原因之一是：大桥拱圈的混凝土极限强度不满足要求，普遍低于设计标号的三分之一，而且在施工过程中采用不实的材料质量检测报告。**这件事情告诉我们，在工程中我们要保持求真务实的态度，按规范要求对材料进行极限强度检验后再使用，杜绝不合格材料被用到工程中，导致工程事故的发生。**

**【例 2-10】** 如图 2-25a 所示，杆件 $ACB$ 为刚性梁，$CD$ 杆为圆截面的钢杆，直径 $d=20\text{mm}$，许用应力 $[\sigma]=160\text{MPa}$。梁端作用有集中力 $P=25\text{kN}$，试求：

（1）校核 $CD$ 杆的强度。

（2）若 $P=50\text{kN}$，设计 $CD$ 杆的直径。

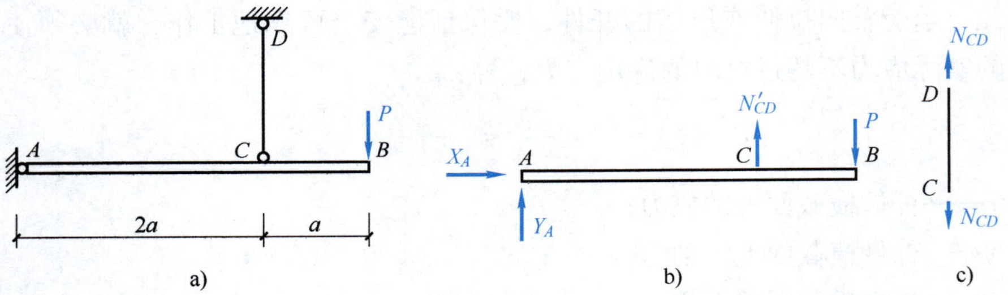


图 2-25　刚性梁受力图

**【解】**（1）校核 $CD$ 杆的强度。

选取刚性梁 $ACB$ 为研究对象，受力如图 2-25b 所示。

由平衡条件：

$$\sum M_A=0,\quad N'_{CD}2a-P3a=0$$

解得：

$$N'_{CD}=1.5P$$

于是，$CD$ 杆的轴力为：

$$N_{CD}=N'_{CD}=1.5P$$

则有：

$$\sigma=\frac{N_{CD}}{A}=\frac{1.5P\times4}{\pi d^2}=\frac{6\times25\times10^3}{\pi\times20^2}=119.4\text{MPa}<[\sigma]=160\text{MPa}$$

故 $CD$ 杆强度安全。

（2）若 $P=50\text{kN}$，设计 $CD$ 杆的直径。

根据强度条件 $\sigma\leqslant[\sigma]$ 得：

$$\frac{N_{CD}}{A}\leqslant[\sigma]$$

上式中：
$$N_{CD}=1.5P,\quad A=\frac{\pi d^2}{4}$$

故：
$$d\geqslant\sqrt{\frac{6P}{\pi[\sigma]}}=\sqrt{\frac{6\times 50\times 10^3}{\pi\times 160}}=24.4\text{mm}$$

取 $d=25\text{mm}$。

## 2.2.5　拉（压）杆的变形和胡克定律

实验结果表明：直杆在受到轴向力作用时，杆件的长度将发生纵向伸长或缩短，同时，杆件的横向尺寸也将随之改变。杆件沿轴线方向产生的伸长或缩短变形称为纵向变形，杆件沿垂直于轴线方向产生的尺寸变形称为横向变形，如图 2-26 所示。

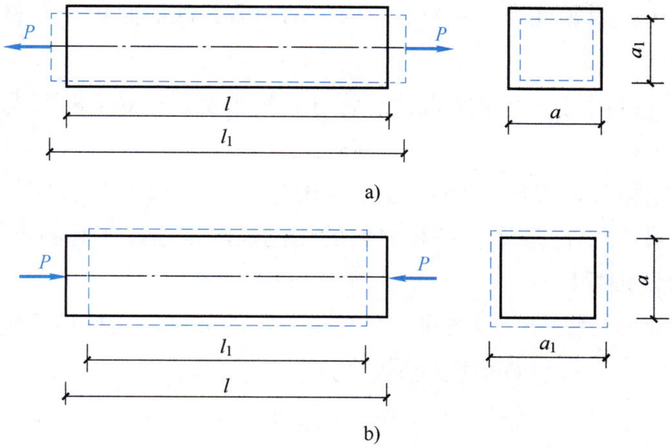


图 2-26　轴向拉压杆变形图

### 1. 纵向变形及线应变

设杆件原长为 $l$，受力后杆件长度变为 $l_1$，则杆件的纵向变形为：
$$\Delta l=l_1-l$$
上式中，$\Delta l$ 为构件的纵向（轴向）变形，即绝对变形。为表明杆件的实际变形情况，规定：轴向伸长时 $\Delta l$ 为正；轴向缩短时 $\Delta l$ 为负。其单位为 m 或 mm。

$\Delta l$ 反映了杆件沿作用力方向总的变形，但不能反映杆件的变形程度，为具体分析杆件的变形能力，取杆件的单位长度的变形作为衡量变形程度的标准，即：
$$\varepsilon=\frac{\Delta l}{l}$$
上式中，$\varepsilon$ 表示杆件单位长度的变形量，称为纵向线应变（简称线应变）；$\varepsilon$ 是一个无量纲的量，其正负号的规定与 $\Delta l$ 相同，即拉伸时 $\varepsilon$ 为正，压缩时 $\varepsilon$ 为负。

### 2. 胡克定律

试验表明，杆件在轴向拉伸或压缩时，当外力不超过某一范围时，纵向变形 $\Delta l$ 与外力 $P$、杆件原长 $l$、横截面面积 $A$ 之间存在着下列比例关系：
$$\Delta l\propto\frac{Pl}{A}$$

引入比例系数 $E$，考虑杆件的轴力 $N=P$ 后，上式可改写为：

$$\Delta l=\frac{Nl}{EA} \tag{2-16}$$

式（2-16）表明：当外力不超过某一限度时，杆件的纵向变形 $\Delta l$ 与轴力 $N$、杆长 $l$ 成正比，与横截面面积 $A$ 成反比。上述这一变形关系是由英国科学家胡克在 1678 年首先提出的，故称为胡克定律。

比例系数 $E$ 称为材料的拉压弹性模量。各种材料的 $E$ 值由实验测定。拉压弹性模量 $E$ 的量纲为［力］/［长度］$^2$。国际单位制常以 GPa 为单位。式中 $EA$ 称为杆件的抗拉（压）刚度，它反映了杆件抵抗弹性（拉伸或压缩）变形的能力。在其他条件相同时，$EA$ 越大，杆件的变形就越小。

应用式（2-16）时须注意：在杆长 $l$ 内，轴力 $N$、截面面积 $A$ 及材料的弹性模量 $E$ 均应是不变的常量。

胡克定律还可以用另一种形式表达。将 $\sigma=N/A$ 及 $\varepsilon=\Delta l/l$ 带入式（2-16）得：

$$\sigma=E\varepsilon \tag{2-17}$$

因此，胡克定律又可以简述为：当应力未超过某一限度时，应力与应变成正比。限度称为比例极限，用 $\sigma_p$ 表示；各种材料的比例极限是通过实验测定的。

**3. 横向变形及泊松比**

杆件的横向变形与纵向变形之间，存在着一定的关系。设杆件原宽度尺寸为 $a$，受力后杆件宽度变为 $a_1$。则杆件横向变形量为：

$$\Delta a=a_1-a$$

图 2-25 所示的杆件横向应变 $\varepsilon'$为：

$$\varepsilon'=\frac{\Delta a}{a}=\frac{a_1-a}{a}$$

拉伸时，纵向伸长，$\varepsilon$ 为正，横向缩短，$\varepsilon'$为负；压缩时，纵向缩短，$\varepsilon$ 为负，横向伸长 $\varepsilon'$为正。$\varepsilon'$与 $\varepsilon$ 恒为异号。

试验表明，在比例极限范围内，横向应变 $\varepsilon'$与纵向应变 $\varepsilon$ 的比值的绝对值是一常数，用 $\mu$ 表示

$$\mu=\left|\frac{\varepsilon'}{\varepsilon}\right| \tag{2-18}$$

纵向应变与横向应变间存在下式关系：

$$\varepsilon'=-\mu\varepsilon \tag{2-19}$$

$\mu$ 称为泊松比或横向变形系数，其值也由实验测定。$\mu$ 与 $E$ 都是反映材料弹性性能的常数。表 2-3 是几种常用材料的 $E$ 与 $\mu$ 值。

**表 2-3　常用材料的 $E$ 与 $\mu$ 值**

| 材料名称 | 弹性模量 $E$/GPa | 泊松比 $\mu$ |
|---|---|---|
| 碳钢 | 200～220 | 0.25～0.33 |
| 16 锰钢 | 200～220 | 0.25～0.33 |

（续）

| 材 料 名 称 | 弹性模量 $E$/GPa | 泊松比 $\mu$ |
|---|---|---|
| 铸铁 | 115 ~ 160 | 0.23 ~ 0.27 |
| 铜及其合金 | 74 ~ 130 | 0.31 ~ 0.42 |
| 铝及硬铝合金 | 71 | 0.33 |
| 花岗石 | 49 | — |
| 混凝土 | 14.6 ~ 36 | 0.16 ~ 0.18 |
| 木材（顺纹） | 10 ~ 12 | — |
| 橡胶 | 0.008 | 0.47 |

【例 2-11】 试求图 2-27 所示钢杆上 $C$ 点的轴向位移。已知弹性模量 $E=200\text{GPa}$，钢杆横截面面积 $A=10\text{cm}^2$。

【解】（1）计算杆的轴力：

用截面法可算得各段杆的轴力为：

$$N_{BC}=P=10\text{kN}\text{（拉力）}$$

$$N_{AB}=P-Q=-20\text{kN}\text{（压力）}$$

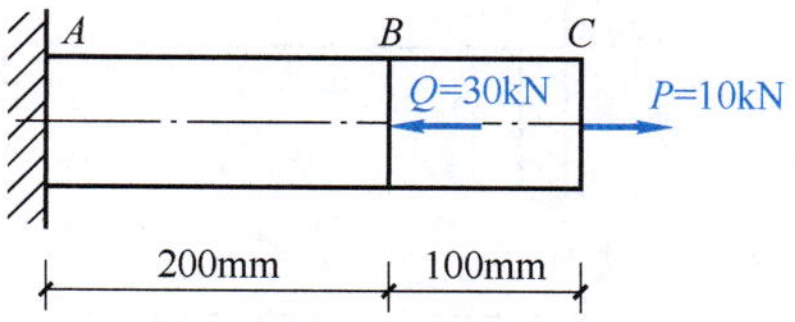


图 2-27　钢杆受力图

（2）计算 $C$ 点的轴向位移：

因 $A$ 端固定，$C$ 点位移即为整个杆的纵向变形量。由于 $AB$ 段与 $BC$ 段轴力不同，需分段应用胡克定律计算纵向变形量。

$AB$ 段的纵向变形：

$$\Delta l_{AB}=\frac{N_{AB}l_{AB}}{EA}=\frac{-20\times10^3\times200}{200\times10^3\times10\times10^2}\text{mm}=-20\times10^{-3}\text{mm}=-0.02\text{mm}$$

$BC$ 段的纵向变形：

$$\Delta l_{BC}=\frac{N_{BC}l_{BC}}{EA}=\frac{10\times10^3\times100}{200\times10^3\times10\times10^2}\text{mm}=5\times10^{-3}\text{mm}=0.005\text{mm}$$

整个杆件的纵向变形：

$$\Delta l=\Delta l_{AB}+\Delta l_{BC}=-15\times10^{-3}\text{mm}=-0.015\text{mm}$$

即 $C$ 点向 $A$ 端移动了 0.015mm。

## 2.3　梁的弯曲

### 2.3.1　梁的平面弯曲

**1. 弯曲变形和平面弯曲**

杆件在垂直于轴线的外力作用下或在纵向平面内受到外力偶作用下（图 2-28），其轴线由直线变成曲线，这种变形称为弯曲变形。凡以弯曲为主要变形的杆件通常称为梁。梁是一种常用的构件，在各类工程中均占有重要地位。

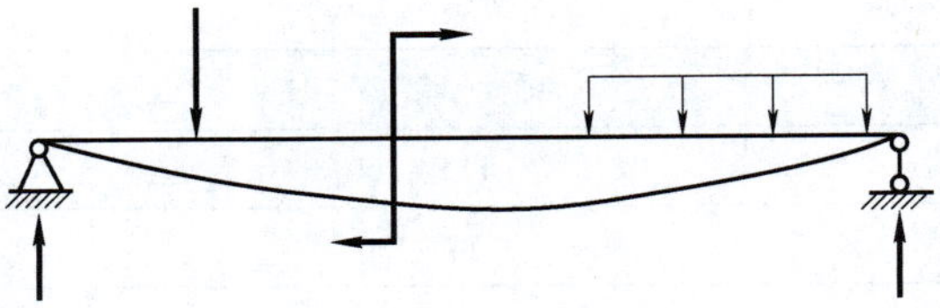

图 2-28　梁的弯曲变形

弯曲变形是工程中最常见的一种变形形式。例如，房屋建筑中的楼面梁（图 2-29a、b）、阳台的挑梁（图 2-30a、b），梁式桥的主梁（图 2-31）等，都是以弯曲变形为主的构件。

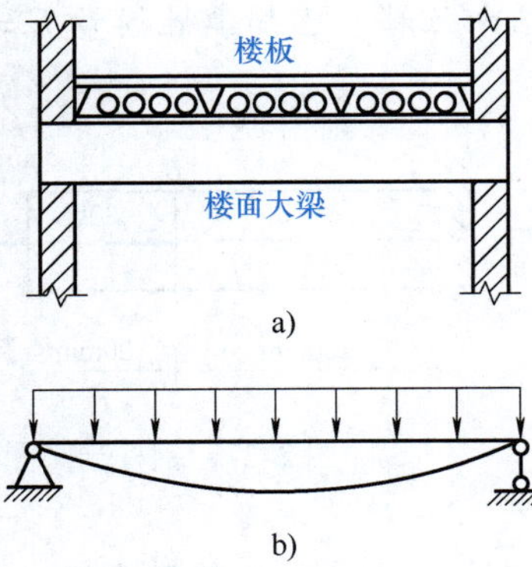


图 2-29　楼面梁

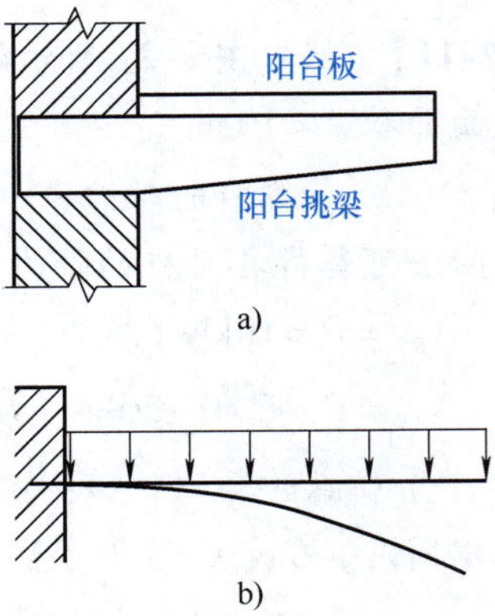


图 2-30　阳台挑梁

工程中常用的梁，其横截面通常采用对称形状，如矩形、圆形、工字形、T 形等。因此，这些横截面都有一根纵向对称轴（图 2-32），该对称轴与梁轴线形成的平面称为纵向对称平面（图 2-33）。如果作用在梁上的外力和外力偶均位于纵向对称平面内，变形后的梁轴线将在此纵向对称平面内弯曲。这种外力作用平面与梁的弯曲平面相重合的弯曲，称为平面弯曲。平面弯曲是弯曲问题中最简单和最常见的情况。本节将以平面弯曲为主，讨论梁的内力、应力和变形的计算。

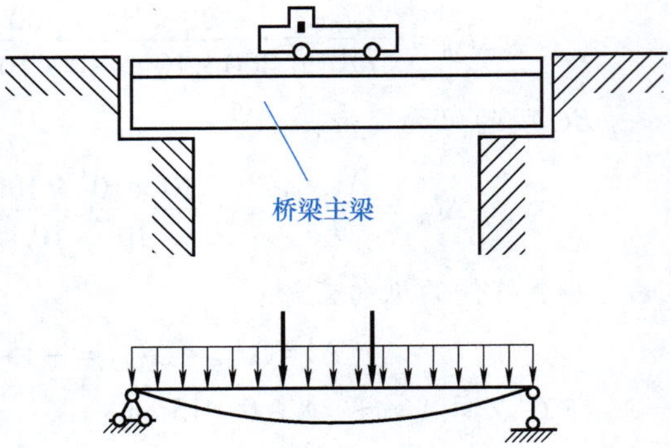


图 2-31　梁式桥的主梁

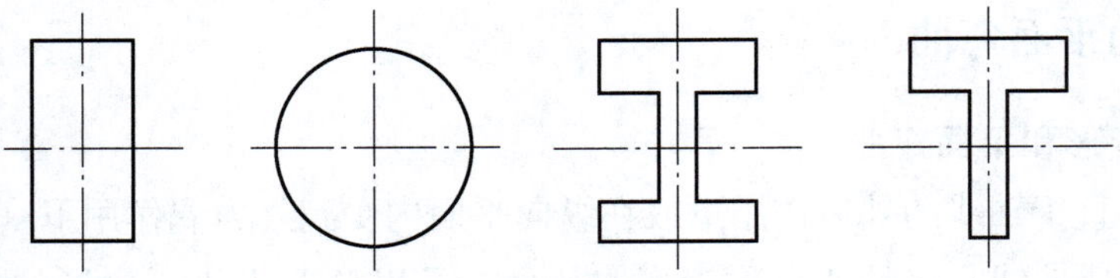

图 2-32　常见梁的截面形状

**2. 梁的基本形式**

对于截面相等且杆轴为直线或曲线的梁，可以用梁的轴线代替梁。工程计算中，最常用的梁有三种基本形式，即：

1）简支梁：梁的一端为固定铰支座，另一端为可动铰支座，如图 2-34a 所示。

2）外伸梁：一端或两端伸出支座的简支梁，如图 2-34b 所示。

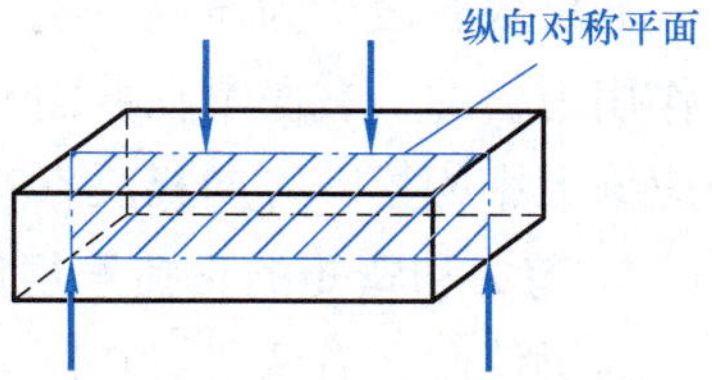


图 2-33　梁的纵向对称平面

3）悬臂梁：一端为固定端支座，另一端为自由端，如图 2-34c 所示。

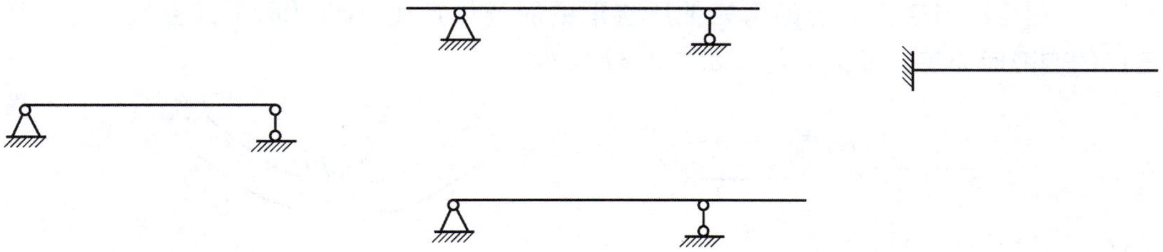

a)　　b)　　c)

图 2-34　梁的类型

## 2.3.2　梁的内力

为了对梁进行强度和刚度计算，首先应该确定梁在外力作用下任一横截面上的内力。计算梁中内力的方法仍然是截面法。梁横截面上的内力是剪力和弯矩。

**1. 剪力和弯矩**

如图 2-35 所示简支梁，在荷载和支座反力共同作用下处于平衡状态。现计算距离 $A$ 支座为 $x$ 的任意截面上的内力。为了计算任意截面上的内力，用一个假想的截面 $m$-$m$ 在所求内力处截开（图 2-35a），取左边部分为研究对象，如图 2-35b 所示。

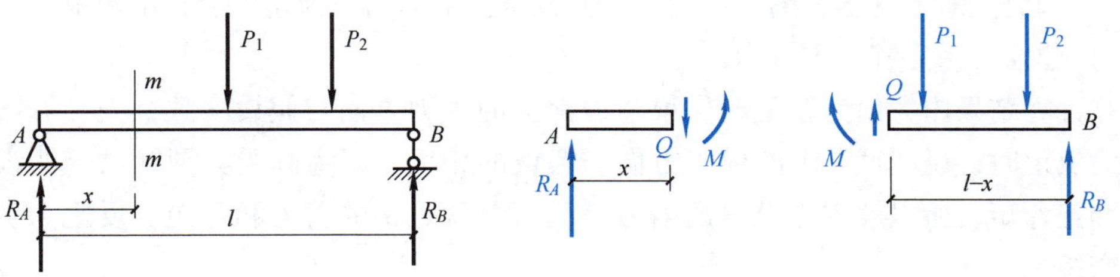


a)　　b)　　c)

图 2-35　梁的内力分析

左段梁上作用有向上的支座反力 $R_A$，根据平衡条件，截面 $m$-$m$ 上必然存在一个内力 $Q$，与 $R_A$ 大小相等，方向相反，因此 $Q=R_A$，内力 $Q$ 称为剪力，单位为 kN 或 N。

剪力 $Q$ 与 $R_A$ 组成了一个力偶，由于力偶只能用力偶来平衡，所以为了与该力偶矩保持平衡，截面 $m$-$m$ 上必然存在一个内力偶矩 $M$ 与该力偶矩大小相等、转向相反。因

此 $M=R_A\cdot x$。内力偶矩 $M$ 称为弯矩，单位为 kN·m 或 N·m。

如果取右段梁为研究对象，同样可求得截面 $m$-$m$ 上的剪力和弯矩。根据作用力与反作用力公理，右段梁在截面 $m$-$m$ 上的剪力和弯矩与左段梁在同一截面上的剪力和弯矩应该大小相等，方向相反（图 2-35c）。

**2. 剪力和弯矩的正负号规定**

为了使左、右两段梁在同一截面上的剪力 $Q$ 和弯矩 $M$ 具有一致的正负号，根据梁的变形情况，对其作如下规定：

1）剪力：**当横截面上的剪力使所选取的脱离体产生顺时针方向转动趋势时为正，反之为负，**如图 2-36 所示。

2）弯矩：**当横截面上的弯矩使所选取的脱离体产生下凸（即下部受拉、上部受压）的变形时为正，反之为负，**如图 2-37 所示。

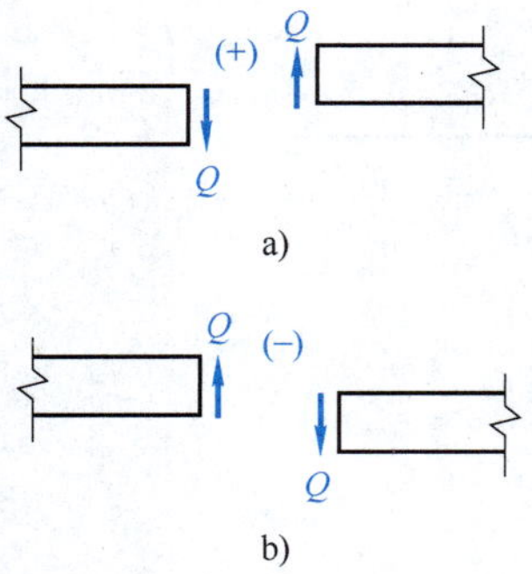


图 2-36　剪力的正负号规定

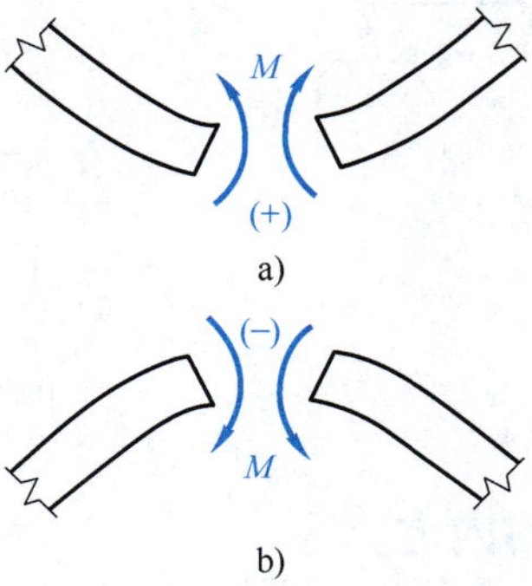


图 2-37　弯矩的正负号规定

截面法计算梁的剪力和弯矩

**3. 用截面法计算指定截面上的剪力和弯矩**

用截面法计算指定截面的剪力和弯矩的步骤和方法如下：

1）计算支座反力。

2）用假想的截面在所求内力截面处将梁截开成两部分，取其中一部分作为研究对象。

3）画研究对象的受力图（一般都先假设截面上的内力为正剪力和正弯矩）。

4）建立平衡方程，求解内力。

当计算结果内力值为正值时，说明截面上的内力方向与假设一致，当计算结果内力值为负值时，说明截面上的内力方向与假设的相反。因为画受力图时已经假设为正剪力和正弯矩，所以解方程求得的内力是正值时就是正的剪力和弯矩，反之为负的剪力和弯矩。

**【例 2-12】** 如图 2-38a 所示简支梁。试求截面 1-1 上的剪力和弯矩。

**【解】**（1）求支座反力：

以 $AB$ 梁为研究对象，假设支座反力 $Y_A$ 和 $R_B$ 方向向上，$X_A$ 方向向右，列平衡方程：

$$\sum M_B=0,\quad -Y_A\times5+30\times4+10\times3\times1.5=0$$

$$Y_A=33\text{kN}\ (\uparrow)$$

$$\sum M_A=0,\quad R_B\times5-30\times1-10\times3\times3.5=0$$

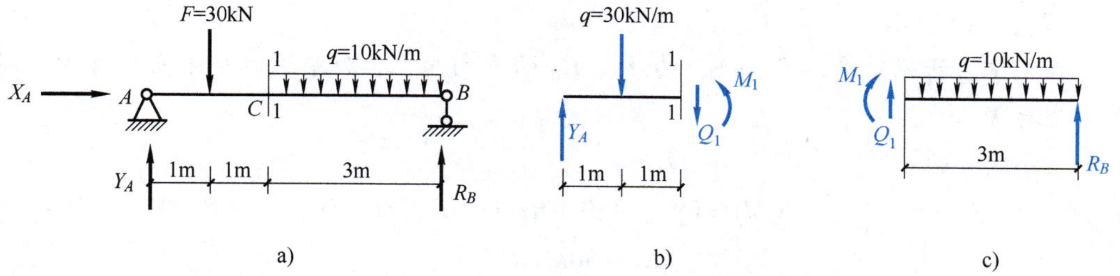


图 2-38　简支梁受力图

$$R_B = 27\text{kN}\ (\uparrow)$$

$$\sum X = 0,\quad X_A = 0$$

（2）求截面 1-1 的内力：

用截面 1-1 将梁截成两段，取左段为研究对象，并假设截面上的剪力 $Q_1$ 和弯矩 $M_1$ 都为正号，如图 2-38b 所示，列出平衡方程：

$$\sum Y = 0,\quad Y_A - 30 - Q_1 = 0$$

$$Q_1 = Y_A - 30 = (33 - 30)\text{kN} = 3\text{kN}$$

$$\sum M_1 = 0,\quad -Y_A \times 2 + 30 \times 1 + M_1 = 0$$

$$M_1 = Y_A \times 2 - 30 \times 1 = (33 \times 2 - 30 \times 1)\text{kN} \cdot \text{m} = 36\text{kN} \cdot \text{m}$$

所得剪力 $Q_1$ 和弯矩 $M_1$ 为正值，故截面上的剪力方向向下，为正剪力；弯矩方向相对截面 1-1 形心逆时针转，为正弯矩。

试一试：若取右段梁为研究对象，计算结果如何？

从上例中，取截面 1-1 左段作为研究对象时，截面 1-1 的剪力 $Q_1 = Y_A - 30$，截面 1-1 的弯矩 $M_1 = Y_A \times 2 - 30 \times 1$。

由此我们可以归纳出**梁的内力计算规律**：

1）**梁内任一截面上的剪力等于截面一侧所有外力（包括荷载和支座反力）在垂直于轴线方向投影的代数和。外力使脱离体绕截面形心顺时针转动者为正号，逆时针转动者为负号。**

2）**梁内任一截面上的弯矩等于截面一侧所有外力（包括荷载和支座反力）对截面形心之力矩的代数和。外力使脱离体往下凸（下侧纤维受拉伸长）时的弯矩为正号，往上凸（上侧纤维受拉伸长）时的弯矩为负号。**

**【例 2-13】**　外伸梁受力如图 2-39a 所示，求 1-1、2-2 截面上的剪力和弯矩。

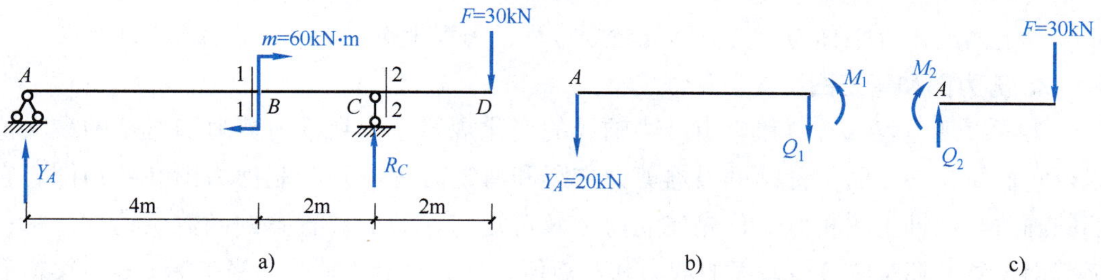


图 2-39　外伸梁受力图

【解】（1）求支座反力：

取整体为研究对象，设支座反力 $Y_A$、$R_C$ 的方向向上，观察到水平方向只有 $X_A$，平衡则必有 $X_A=0$。

列平衡方程：

$$\sum M_A=0,\quad -60+R_C\times6-30\times8=0$$

$$R_C=50\text{kN}\ (\uparrow)$$

$$\sum Y=0,\quad Y_A+R_C-30=0$$

$$Y_A=20\text{kN}\ (\downarrow)$$

（2）求 1-1 截面的内力：

将梁沿 1-1 截开，取左段为研究对象，其受力如图 2-39b 所示。根据内力计算规律，则：

$$Q_1=-Y_A=-20\text{kN}$$

$$M_1=-Y_A\times4=-80\text{kN}\cdot\text{m}$$

（3）求 2-2 截面的内力：

将梁沿 2-2 截开，取右段为研究对象，其受力如图 2-39c 所示，则：

$$Q_2=F=30\text{kN}$$

$$M_2=-F\times2=-60\text{kN}\cdot\text{m}$$

思考：上例中计算截面 1-1 内力时，取截面 1-1 的右段为研究对象，计算截面 2-2 内力时，取截面 2-2 的左段为研究对象，计算结果如何？哪种更简便呢？

### 2.3.3 梁的内力图

为了计算梁的强度和刚度，除了要计算指定截面上的剪力和弯矩外，还需要知道剪力和弯矩沿梁轴线的变化规律，从而确定梁内剪力和弯矩的最大值及它们所在的截面位置。

**1. 剪力方程和弯矩方程**

从前面小节可以看出，梁内不同截面上的剪力和弯矩一般是不相同的。为了表示剪力和弯矩沿梁轴线的变化规律，用沿梁轴线的坐标 $x$ 来表示横截面的位置，则各横截面上的剪力和弯矩都表示为坐标 $x$ 的函数，即：

$$Q=Q(x)$$

$$M=M(x)$$

以上两式，分别称为剪力方程和弯矩方程，习惯上选梁的左端点为坐标原点。

**2. 剪力图和弯矩图**

为了直观地表示剪力和弯矩沿梁轴线的变化规律，找到梁内剪力和弯矩的最大值以及它们所在的截面位置，可根据剪力方程和弯矩方程分别绘制剪力图和弯矩图。它们的画法与画轴力图相似。首先建立剪力及弯矩与横截面位置 $x$ 的函数表达式，每一横截面位置 $x$ 都对应着该截面的剪力和弯矩值。然后以沿梁轴线的横坐标 $x$ 表示梁横截面位置，以纵坐标表示相应截面的剪力或弯矩值。作图时，正的剪力画在 $x$ 轴的上方，

负的剪力画在 $x$ 轴的下方，并标明正负号；弯矩画在梁的受拉一侧（即正弯矩画在 $x$ 轴的下方，负弯矩画在 $x$ 轴的上方），可不必标明正负号。

梁的内力图的作法有多种，下面我们介绍三种：内力方程法、简捷法和叠加法。

**方法一：内力方程法**

下面通过几个例题说明列内力方程画内力图的方法。

【例 2-14】　悬臂梁受集中力作用如图 2-40a 所示，试画出该梁的内力图。

【解】（1）列剪力方程和弯矩方程。以左端 $A$ 为坐标原点，以梁轴为 $x$ 轴。在距原点为 $x$ 的截面处截取左段梁为研究对象，画其受力图 2-40b 所示，计算该截面上的剪力和弯矩，并把它们表示为 $x$ 的函数，则有：

剪力方程：$Q(x)=0\quad(0<x<l)$

弯矩方程：$M(x)=m\quad(0\leqslant x\leqslant l)$

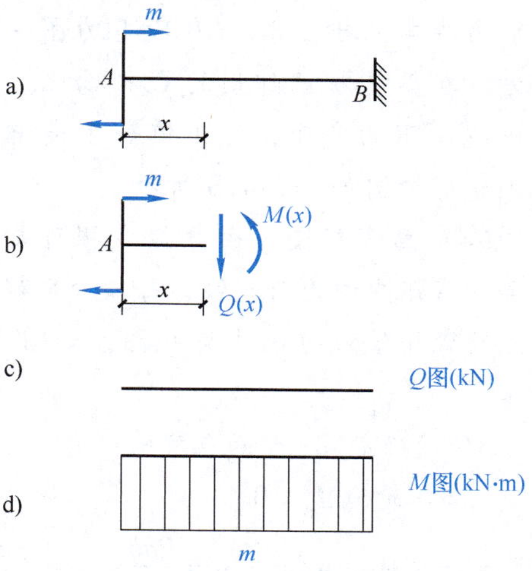


图 2-40　悬臂梁受力分析

（2）画剪力图。由剪力方程可知，$Q(x)$ 为常数 0，所以，集中力偶作用下梁横截面不产生剪力，如图 2-40c 所示。

（3）画弯矩图。由弯矩方程可知，集中力偶作用下 $M(x)$ 是常数，不随梁内横截面位置的变化而变化，所以，集中力偶作用下 $M(x)$ 是一条平行于 $x$ 轴的水平线，且位于 $x$ 轴的下方，大小即为集中力偶大小 $m$，弯矩图如图 2-40d 所示。

从所作的剪力图和弯矩图中可知：集中力偶作用下，梁横截面不产生剪力，只产生弯矩，且弯矩为一常数，大小等于集中力偶矩的大小。力偶方向为顺时针，则弯矩图从左往右突变的方向向下，反之向上。在集中力偶处弯矩产生突变，突变的大小等于该力偶矩的大小。

【例 2-15】　简支梁受集中力作用如图 2-41a 所示，试画出梁的内力图。

【解】（1）求支座反力。

由 $\sum M_A=0$，得　$R_B\times l-P\times a=0\quad R_B=\dfrac{Pa}{l}\ (\uparrow)$

由 $\sum M_B=0$，得　$P\times b-R_A\times l=0\quad R_A=\dfrac{Pb}{l}\ (\uparrow)$

（2）列内力方程。梁在 $C$ 处有集中力作用，故 $AC$ 段和 $CB$ 段内力方程不同，要分段列出。

$AC$ 段：在 $AC$ 段内取距 $A$ 为 $x_1$ 的任意截面，则：

$$Q(x_1)=R_A=\frac{Pb}{l}\quad(0<x_1<a)$$

$$M(x_1)=R_Ax_1=\frac{Pb}{l}x_1\quad(0\leqslant x_1\leqslant a)$$

在 $CB$ 段内取距 $A$ 为 $x_2$ 的任意截面，则：

$$Q(x_2)=-R_B=-\frac{Pa}{l}\quad(a<x_2<l)$$

$$M(x_2)=R_B(l-x_2)=\frac{Pa}{l}(l-x_2)\quad(a\leqslant x_2\leqslant l)$$

(3) 画剪力图。由剪力方程可知，$AC$ 段和 $CB$ 段梁的剪力图均为水平的直线。$AC$ 段剪力图在 $x$ 轴上方，$CB$ 段剪力图在 $x$ 轴下方。在集中力 $P$ 作用的 $C$ 截面上，剪力图出现向下的突变，突变值等于集中力的大小。剪力图如图 2-41b 所示。

(4) 画弯矩图。由弯矩方程可知，两段梁的弯矩图均为斜直线，每段分别确定两个点的弯矩值就可画出弯矩图，如图 2-41c 所示。

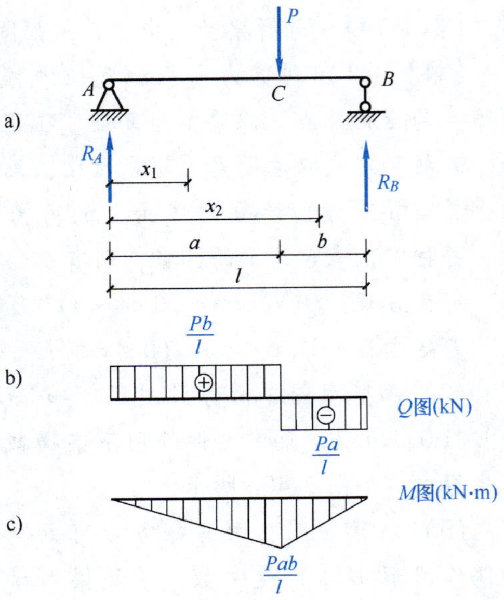


图 2-41　简支梁受力分析

$AC$ 段确定 $A$、$C$ 两点弯矩：

$x_1=0$ 时，$M_A=0$

$x_1=a$ 时，$M_C=\frac{Pb}{l}a=\frac{Pab}{l}$

$CB$ 段确定 $C$、$B$ 两点弯矩：

$x_2=a$ 时，$M_C=\frac{Pb}{l}a=\frac{Pab}{l}$

$x_2=l$ 时，$M_B=0$

从所作的剪力图和弯矩图可知：在无荷载区段，剪力图为平行于 $x$ 轴的一条直线，弯矩图为一条斜直线。在集中力作用处，剪力图有突变，从左往右突变的方向与集中力的方向一致，突变的大小等于该集中力的大小，而弯矩图出现尖角，尖角方向与集中力的方向一致。

**【例 2-16】** 简支梁受均布荷载作用如图 2-42a 所示，试画出该梁的内力图。

**【解】** (1) 求支座反力。由梁和荷载的对称性可直接得出：

$$R_A=R_B=\frac{1}{2}ql\ (\uparrow)$$

(2) 列内力方程。取梁左端 $A$ 为坐标原点，梁轴为 $x$ 轴，取距 $A$ 为 $x$ 的任意截面，该截面上的剪力和弯矩分别表示为 $x$ 的函数，则有：

剪力方程：$$Q(x)=\frac{1}{2}ql-qx(0<x<l)$$

弯矩方程：$$M(x)=\frac{1}{2}qxl-\frac{1}{2}qx^2(0\leqslant x\leqslant l)$$

(3) 画剪力图。由剪力方程可知，该梁的剪力图是一条斜直线，确定两个点的剪力值便可以画出剪力图，如图 2-42b 所示。

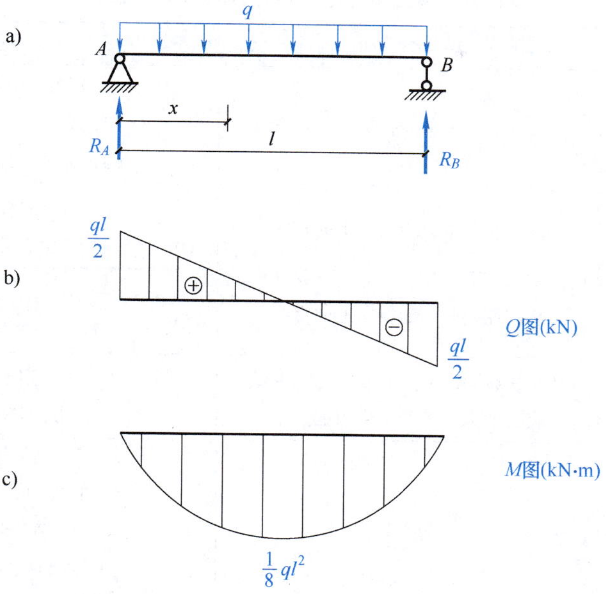


图 2-42　简支梁受力分析

确定 A、B 两截面的剪力值：

$$x=0 \text{ 时}，Q_A^{右}=\frac{1}{2}ql$$

$$x=l \text{ 时}，Q_B^{左}=-\frac{1}{2}ql$$

(4) 画弯矩图。由弯矩方程可知，梁的弯矩图是一条二次抛物线，至少要算出三个点的弯矩值才能大致画出图形。

确定 A、B 及跨中三个截面的剪力值：

$$x=0 \text{ 时}，M_A=0$$

$$x=l/2 \text{ 时}，M_C=\frac{1}{8}ql^2$$

$$x=l \text{ 时}，M_B=0$$

画出的弯矩图如图 2-42c 所示。

从所作的剪力图和弯矩图中可知：在均布荷载作用的区段内，剪力图为一条斜直线，弯矩图为一条抛物线。荷载向下，剪力图向右下方倾斜，斜线两端点的剪力之差为均布荷载的合力大小，弯矩图下凸。在剪力为零处，弯矩图有极值。

以上分别讨论了梁在力偶、集中力、均布荷载作用下的内力图，通过讨论发现，内力图存在一定的规律。可简要归纳见表 2-4。

**方法二：简捷法**

**简捷法**是先计算出支座反力，然后根据荷载作用情况将梁分成几段，计算控制截面的内力值，再根据表 2-4 从左往右画内力图的方法，又叫**控制截面法或规律法**。只要计算出控制截面的内力值，结合表 2-4，就可以很方便地画出内力图。具体步骤如下：

表 2-4 梁上的荷载与内力图之间的关系

| 荷载位置 | 剪力图 | 弯矩图 |
| --- | --- | --- |
| 无荷载区段 | 水平的直线 | $Q=0$，为水平的直线<br>$Q>0$，为从左往右斜向下的直线<br>$Q<0$，为从左往右斜向上的直线 |
| 均布荷载向下区段 | 从左往右画，为斜向下的直线 | 下凸的二次抛物线<br>$Q=0$ 处，弯矩图有极值 |
| 均布荷载向上区段 | 从左往右画，为斜向上的直线 | 上凸的二次抛物线<br>$Q=0$ 处，弯矩图有极值 |
| 集中力作用处 | 从左往右画，突变的方向与 $F$ 一致<br>突变的大小等于集中力的大小 | 出现尖角<br>尖角方向与集中力 $F$ 一致 |
| 力偶作用处 | 无变化 | 发生突变<br>突变的大小等于力偶矩的大小<br>如从左往右画弯矩图<br>力偶顺时针转，向下突变<br>力偶逆时针转，向上突变 |

1）计算支座反力（悬臂梁可以不求支座反力）。

2）将梁分成若干段（根据荷载分段，梁端截面、集中力、集中力偶作用截面、分布荷载起止截面都是梁分段时的界限截面）。

3）判断内力图的大致形状（根据各梁段的荷载情况判断）。

4）计算控制截面的内力值（控制截面一般选支座截面，集中力及集中力偶作用点两侧截面，均布荷载的两端及跨中截面等）。

5）逐段绘制出梁的剪力图和弯矩图。

下面我们通过几个例题说明简捷法画内力图的方法。

【例 2-17】 如图 2-43 所示，用简捷法画出 $AB$ 梁的内力图。

【解】 (1) 求出固定端支座反力，并将其画于支座 $B$ 处，如图 2-43a 所示。

$$R_B=P\ (\uparrow)\quad M_B=Pl$$

(2) 画剪力图：

根据内力图与荷载的规律可知，$AB$ 段剪力图为平行于 $x$ 轴的一条水平直线，只需求出 $AB$ 段上任一截面的剪力值，即可画出剪力图。

$$Q_{A右}=-P$$

画出剪力图，如图 2-43b 所示。

(3) 画弯矩图：

根据在无荷载区段，弯矩图为一条斜直线的内力图规律，计算出梁两端 $A$、$B$ 截面的弯矩，连接即可得弯矩图。

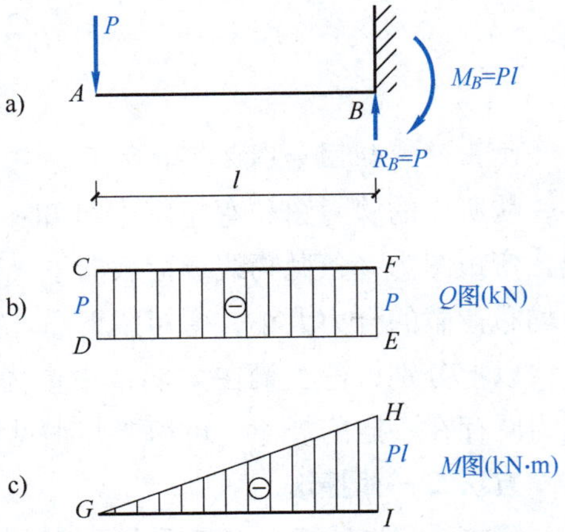


图 2-43 固定端支座受力图

根据内力计算规律可得 $M_A=0$，$M_B=-Pl$，画出弯矩图，如图 2-43c 所示。

试一试：请用简捷法画出图 2-40a、图 2-41a、图 2-42a 梁的内力图。

**【例 2-18】** 如图 2-44a 所示，试画出简支梁的剪力图和弯矩图。

**【解】**（1）求支座反力：

由梁的平衡方程得：

$$R_A=R_B=30\text{kN}\ (\uparrow)$$

（2）画剪力图：

根据梁上荷载的作用情况，计算控制截面上的剪力值如下：*AC* 段和 *CD* 段均是无荷载作用的梁段，其剪力图应该是平行于基线的水平线，因此，只要分别计算出 *AC*、*CD* 上任意一个截面上的剪力值即可。由截面内力的规律可得：

$$Q_{AC}=R_A=30\text{kN}$$

$$Q_{CD}=R_A-P=10\text{kN}$$

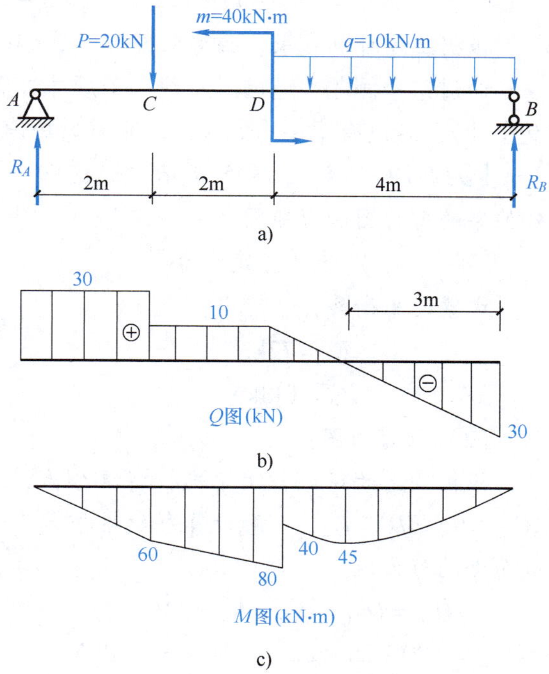


图 2-44　简支梁受力图及剪力图、弯矩图

为了明确表示各截面的内力，在内力符号的右下角采用双下标，第一个下标表示该内力所在杆端的名称，第二个下标表示该内力所在杆件另一端的名称，如 $Q_{AC}$ 表示 *AC* 杆件 *A* 端的剪力，$Q_{CA}$ 表示 *AC* 杆件 *C* 端的剪力；$M_{AC}$ 表示 *AC* 杆件 *A* 端的弯矩，$M_{CA}$ 表示 *AC* 杆件 *C* 端的弯矩。

*DB* 段作用均布荷载，剪力图应该是一条斜线，只要计算出控制这条斜线的两个端截面（*D*、*B* 截面）的剪力值即可。

$$Q_{DB}=R_A-P=10\text{kN}$$

$$Q_{BD}=-R_B=-30\text{kN}$$

*D* 截面上作用集中力偶，剪力图在集中力偶作用处不发生变化。根据上述计算，画剪力图如图 2-44b 所示。

（3）画弯矩图：

*AC* 段和 *CD* 段均是无荷载作用的梁段，其弯矩图应该分别是一条斜线，须计算出控制这条斜线的两个端截面的弯矩值，且弯矩图在集中力作用的地方出现尖角。因此：

$$M_{AC}=0$$

$$M_{CA}=M_{CD}=2R_A=(30\times2)\text{kN}\cdot\text{m}=60\text{kN}\cdot\text{m}$$

$$M_{DC}=4R_A-2P=(30\times4-20\times2)\text{kN}\cdot\text{m}=80\text{kN}\cdot\text{m}$$

*DB* 段是均布荷载作用的梁段，弯矩图是一条抛物线，须计算出三个控制截面的弯矩值，先计算两个端点处，结果如下：

$$M_{DB}=4R_B-4q\times2=(30\times4-4\times10\times2)\text{kN}\cdot\text{m}=40\text{kN}\cdot\text{m}$$

$$M_{BD}=0$$

从剪力图上可以发现，*DB* 段存在剪力等于零的截面，通过几何关系可知，该截面到 *B* 点的距离为 3m，说明该梁段的弯矩在此处存在极值，其值为：

$$M_{\max}=3R_B-3q\times1.5=(30\times3-3\times10\times1.5)\text{kN}\cdot\text{m}=45\text{kN}\cdot\text{m}$$

根据上述计算结果，画弯矩图如图 2-44c 所示。

通过这个例题，还可以发现一个规律，即在梁端的铰支座（固定铰支座和可动铰支座处），若没有集中力偶作用，则其弯矩值均等于零。

**【例 2-19】** 如图 2-45 所示，试画出外伸梁的剪力图和弯矩图。

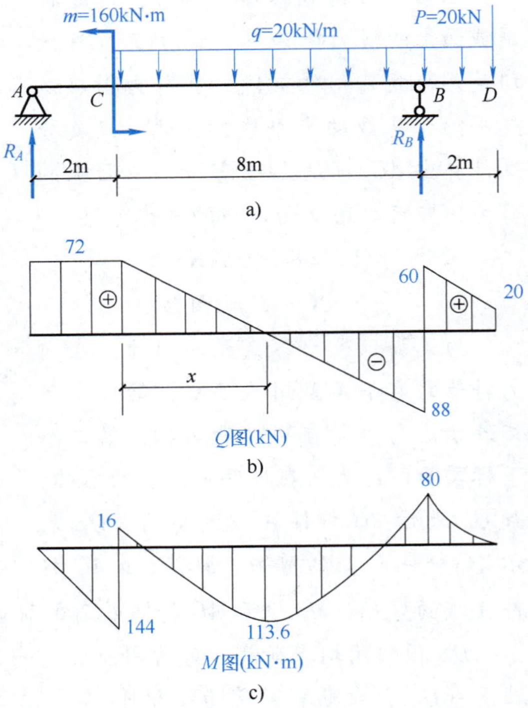


图 2-45　外伸梁的剪力图和弯矩图

**【解】**（1）计算支座反力：

由梁的平衡条件，可得：

$$R_A=72\text{kN}$$
$$R_B=148\text{kN}$$

（2）画剪力图：

根据梁上的荷载作用情况，将梁分为 *AC*、*CB*、*BD* 三段。下面计算每段梁控制截面上的剪力值。

$$Q_{AC}=Q_{CA}=Q_{CB}=R_A=72\text{kN}$$
$$Q_{BC}=(20+20\times2-148)\text{kN}=-88\text{kN}$$
$$Q_{BD}=(20+20\times2)\text{kN}=60\text{kN}$$
$$Q_{DB}=20\text{kN}$$

叠加原理

根据上述计算结果，画剪力图如图 2-45b 所示。

（3）画弯矩图：

同样，将梁分为 *AC*、*CB*、*BD* 三段，计算每段梁控制截面上的弯矩值。即：

$$M_{CA}=(72\times2)\text{kN}\cdot\text{m}=144\text{kN}\cdot\text{m}$$
$$M_{CB}=(72\times2-160)\text{kN}\cdot\text{m}=-16\text{kN}\cdot\text{m}$$
$$M_{BC}=(-20\times2-2\times20\times1)\text{kN}\cdot\text{m}=-80\text{kN}\cdot\text{m}$$
$$M_{DB}=0$$

剪力等于零的点距离 *C* 截面 $x=3.6$m，弯矩在该截面处存在极值：

$$M_{\max}=(72\times5.6-160-20\times3.6\times1.8)\text{kN}\cdot\text{m}=113.6\text{kN}\cdot\text{m}$$

根据上述计算结果，画弯矩图如图 2-45c 所示。

### 方法三：叠加法

由于在小变形条件下，梁的支座反力、内力、应力和变形等参数均与荷载呈线性关系，每一荷载单独作用时引起的某一参数不受其他荷载的影响。因此，梁在 *n* 个荷载共同作用时所引起的某一参数（支座反力、内力、应力和变形等），等于梁在各个荷载单独作用时所引起同一参数的代数和，这种关系称为**叠加原理**。

根据叠加原理绘制内力图的方法称为**叠加法**。其方法如下：先将每个荷载单独作用下的剪力图和弯矩图绘出，然后再将相应的纵坐标叠加起来，从而得到全部荷载作用下的剪力图和弯矩图。

常见静定梁在单一荷载作用下的 $Q$ 图和 $M$ 图见表 2-5。

**表 2-5　静定梁在单一荷载作用下的 $Q$ 图和 $M$ 图**

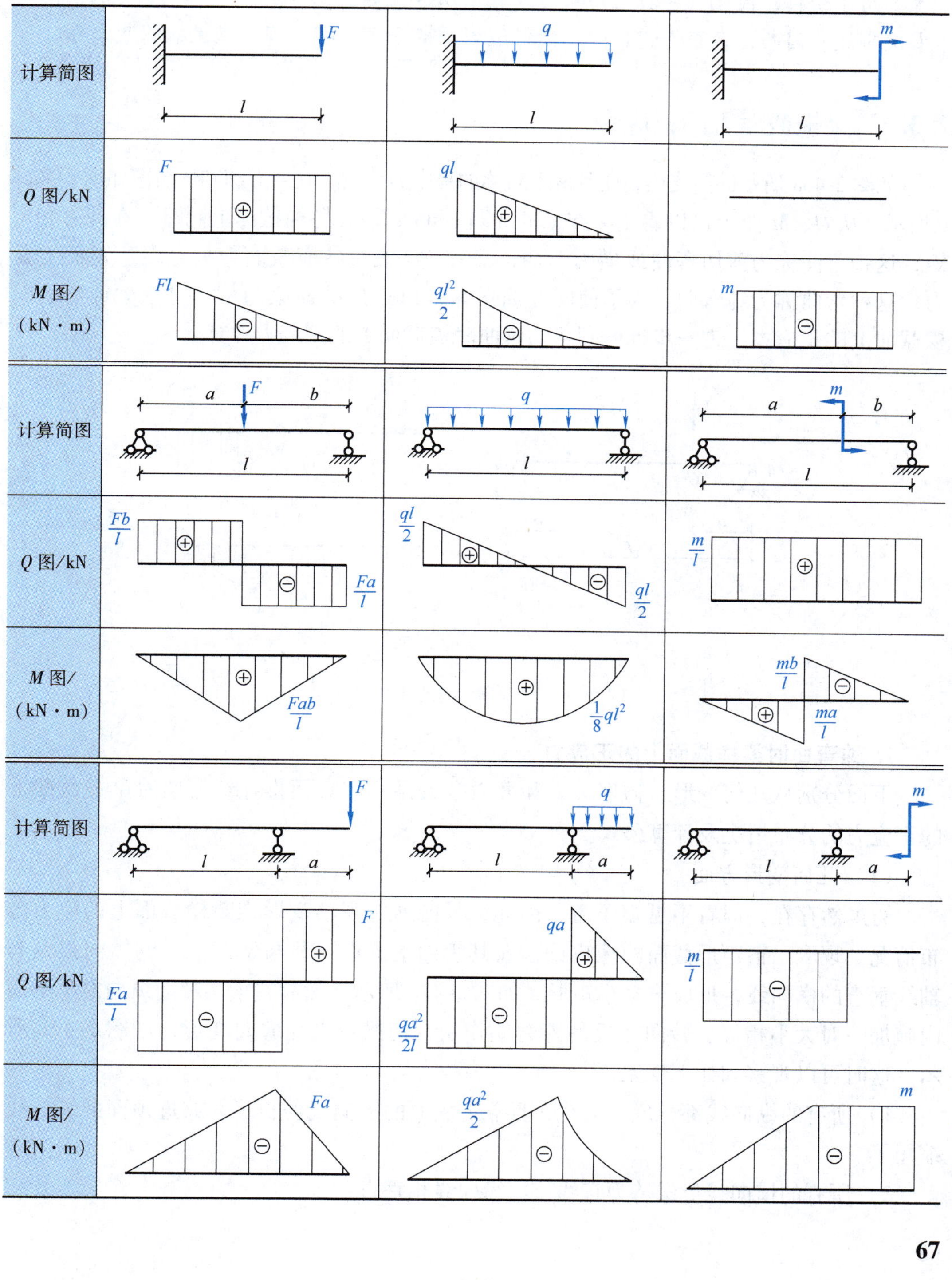

**颗粒素养**

2006 年 9 月 8 日晚，随着雨夜中的一声巨响，长春市某小区一侧阳台从 1 楼至 7 楼全部坍塌，2 楼一女子不幸遇难。经调查发现，阳台断裂原因为：受拉主筋错误放置于梁的下部。阳台可以简化为一个悬臂梁，受到竖直向下的荷载作用，将发生弯曲变形，此时，阳台的受力为上部受拉下部受压。而钢筋作为一种塑性材料，主要用于受拉，因此，受拉主筋应当放置于阳台上部，正是施工单位的疏忽酿成了本次事故。因而，**在工作过程中，我们应当秉持严谨务实、规范施工的职业素养。**

## 2.3.4　梁横截面上的正应力

如图 2-46a 所示的简支梁，受到两个对称的集中力作用，其剪力图和弯矩图如图 2-46b、c 所示。从 $Q$、$M$ 图上可以看出，在梁的 $AC$ 段和 $DB$ 段，各横截面上同时存在剪力和弯矩，这种弯曲称为剪切弯曲或横力弯曲；而在 $CD$ 段，各横截面上只存在弯矩而无剪力，这种弯曲称为纯弯曲。为了使问题简单化，以矩形截面梁为例，讨论梁纯弯曲时横截面上的正应力，进一步推广到剪切弯曲时横截面上的正应力计算。

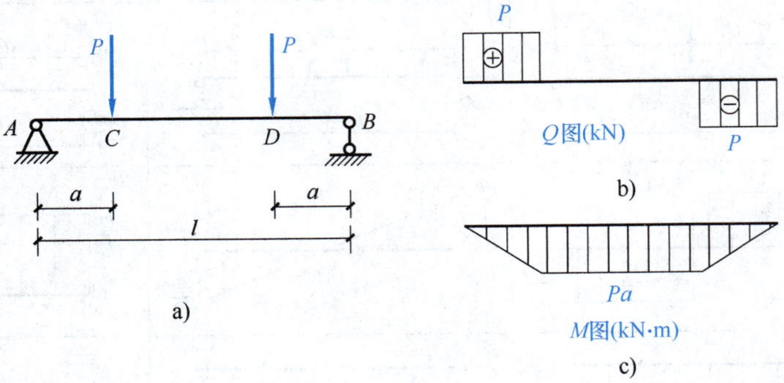


图 2-46　梁的剪切弯曲和纯弯曲

**1. 纯弯曲时梁横截面上的正应力**

下面分别从几何变形、物理关系和静力学关系三个方面推导纯弯曲时梁横截面上的正应力的分布情况及计算公式。

（1）几何变形方面

力虽然存在，但看不见摸不着，因此，只能通过观察变形推断横截面上的应力分布情况。现取一根矩形截面的橡皮梁，在其表面上画上一些与轴线平行的纵向线及与轴线垂直的横向线，形成许多小矩形，如图 2-47a 所示。然后在梁两端的纵向对称平面内施加一对大小相等、转向相反的外力偶作用，使梁发生纯弯曲变形，如图 2-47b 所示。这时可以观察到如下现象：

1）所有的纵向线都弯成了曲线，且靠近底面的纵向线伸长了，靠近顶面的纵向线缩短了。

2）所有的横向线仍保持为直线，与纵向线相垂直。

3）原为矩形的横截面上部变宽，下部变窄，且倾斜了一个角度。

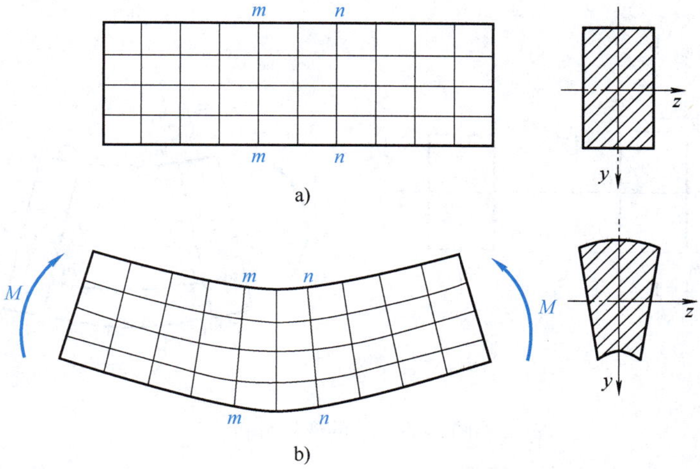


图2-47　纯弯曲梁的变形

根据上面观察到的现象，可作出下列假设和推断：

1）平截面假设。在纯弯曲时，梁的横截面在梁弯曲后仍保持为平面，且垂直于弯曲后的梁轴线。

2）单向受力假设。将梁看成由无数根纵向纤维组成，各纤维只受到轴向拉伸或压缩，不存在相互挤压。

上部的纵向线缩短、截面变宽，说明位于上部的纤维受到压缩；下部的纵向线伸长、截面变窄，说明位于下部的纤维受到拉伸。从上部纤维的伸长到下部纤维的缩短的过程中，必然存在一层纤维既不缩短也不伸长，这层纤维称为**中性层**。中性层与各横截面的交线称为**中性轴**，如图2-48所示。中性轴将横截面分为受压区和受拉区两个区域。纵向纤维的缩短或伸长是由于横截面绕中性轴转动引起的。

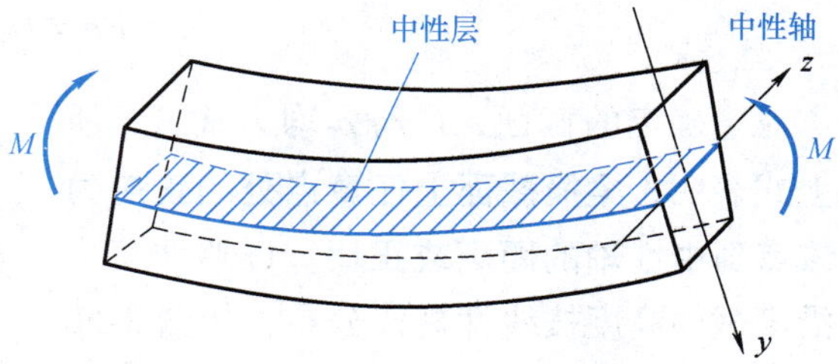


图2-48　梁的中性层和中性轴

现在来分析距离中性轴为任意位置 $y$ 处的这层纤维的变形情况。在变形之前，用相邻两个横截面 $mm$ 和 $nn$ 截取长度为 $\mathrm{d}x$ 的微段，其横截面为矩形，如图2-49a所示。假设 $O_1O_2$ 为中性层（位置未知），在弯矩的作用下，两相邻横截面 $mm$ 和 $nn$ 转动后，$m_1m_1$ 和 $n_1n_1$ 的延长线相交于 $O$ 点，$O$ 点称为中性层的**曲率中心**。中性层的曲率半径用 $\rho$ 表示。两横截面间的夹角用 $\mathrm{d}\theta$ 表示。设 $y$ 轴为横截面的纵向对称轴，$z$ 轴为中性轴（由平面弯曲可知中性轴一定垂直于截面的纵向对称轴，图2-49b），现求距中性层为 $y$ 的位置处的纵向纤维 $ab$ 的线应变（图2-49c）。

纤维 $ab$ 的原长 $\overline{ab}=\mathrm{d}x=\overline{O_1O_2}=\rho\mathrm{d}\theta$；由于变形是微小的，可认为变形后 $a_1b_1$ 的弧

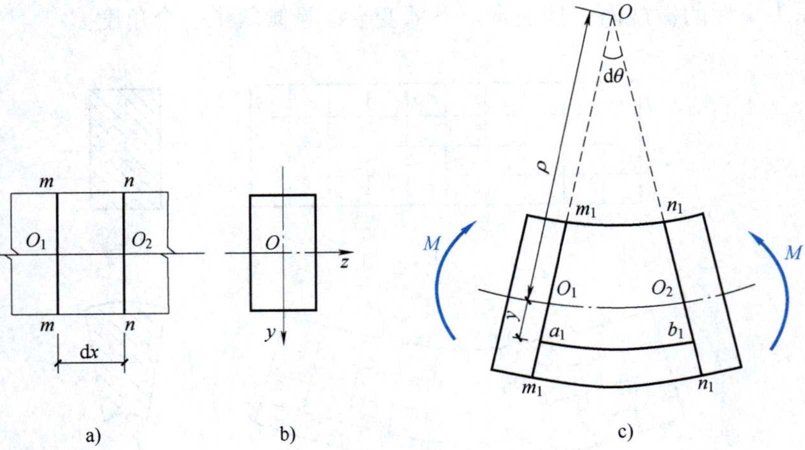


图 2-49　梁的变形分析

长与其弦长是近似相等的，即$\overline{a_1b_1}=(\rho+y)\mathrm{d}\theta$，故 $ab$ 纤维的线应变为

$$\varepsilon=\frac{a_1b_1-ab}{\overline{ab}}=\frac{(\rho+y)\mathrm{d}\theta-\rho\mathrm{d}\theta}{\rho\mathrm{d}\theta}=\frac{y}{\rho} \tag{2-20}$$

对于确定的截面来说，$\rho$ 是常量。所以各层纤维的纵向线应变与它到中性层的距离 $y$ 成正比。

（2）物理关系方面

由于假设纵向纤维只受单向拉伸或压缩，因此，当梁横截面上的正应力不超过材料的比例极限时，由胡克定律可得：

$$\sigma=E\varepsilon=E\frac{y}{\rho} \tag{2-21}$$

对于确定的截面，$E$ 与 $\rho$ 均为常量，所以上式表明，**梁横截面上任意点处的正应力与该点到中性轴的距离成正比**。即弯曲正应力沿横截面高度按线性规律分布，如图 2-50 所示。

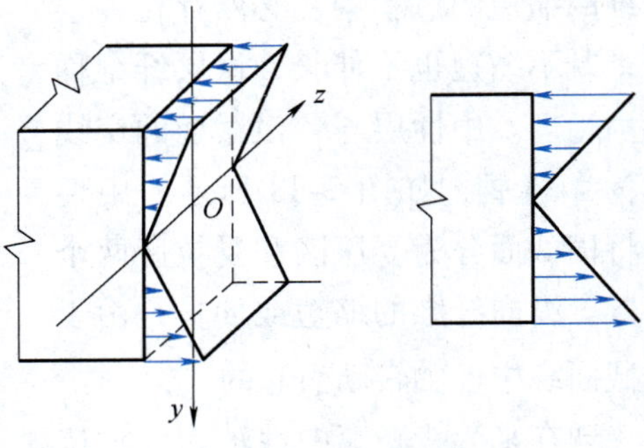


图 2-50　正应力沿梁高的分布规律

（3）静力学关系方面

通过式（2-21）可以知道正应力在横截面上的分布规律，但还不能计算正应力的大小，因此，还需要借助于静力学关系来确定中性轴的位置和曲率半径。

梁在弯曲时，中性轴即为形心轴。中性层的曲率为：

$$\frac{1}{\rho}=\frac{M}{EI_z} \tag{2-22}$$

由于梁轴线位于中性层上，所以该曲率也是弯曲后梁轴线的曲率，它反映了梁的弯曲程度（图 2-51）。$EI_z$ 称为梁的**抗弯刚度**，它反映了梁抵抗弯曲变形的能力，即梁的抗弯刚度越大，曲率就越小，说明梁抵抗弯曲变形的能力越好；反之，就越差。

式（2-22）表明，梁弯曲后轴线的曲率与弯矩成正比，与梁的抗弯刚度成反比。此式是计算梁弯曲变形的基本公式。

将式（2-22）代入式（2-21），得：

$$\sigma = \frac{My}{I_z} \tag{2-23}$$

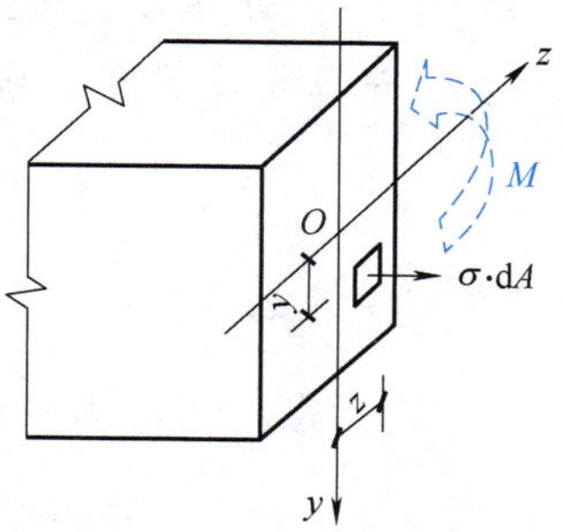

图2-51 静力学关系方面分析图

上式即为梁在纯弯曲时横截面上任一点的正应力计算公式。它表明：**梁横截面上任一点的正应力与弯矩 $M$ 和该点到中性轴的距离 $y$ 成正比，与横截面对中性轴的惯性矩 $I_z$ 成反比。**

正应力的正负号由直观判断确定，即当所求正应力位于受拉区时，即为拉应力，取正值；反之，位于受压区时，即为压应力，取负值，如图2-52所示。在计算时，可将 $M$ 和 $y$ 均以绝对值代入。

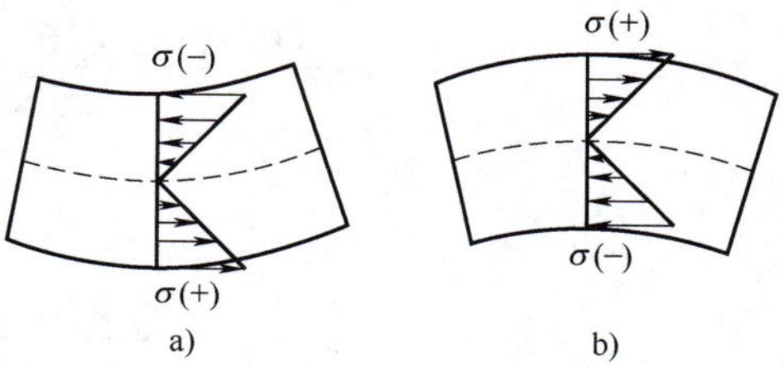

图2-52 正应力的正负

梁横截面上的正应力分布规律及计算公式

**2. 正应力公式的适用条件**

1）纯弯曲的梁。正应力的计算公式是在纯弯曲的情况下推导出来的，但工程中的很多情况属于剪切弯曲，即梁的横截面上既有剪力，又有弯矩。由弹性力学的分析可知，当跨度与横截面的高度之比 $l/h>5$ 时，剪应力的存在对正应力的影响很小，可以忽略不计。因此，该公式也适用于跨度与横截面的高度之比 $l/h>5$ 的剪切弯曲的梁。

2）梁上的最大正应力不超过材料的比例极限，即 $\sigma \leqslant \sigma_P$。

3）适用于所有具有纵向对称轴的横截面梁，例如：矩形、圆形、方形、工字形、T形、槽形等。

【例2-20】 如图2-53所示，一矩形截面简支梁受均布荷载作用。已知：$q=2\text{kN/m}$，梁的跨度 $l=4\text{m}$，$b=100\text{mm}$，$h=200\text{mm}$。试求：

（1）$C$ 截面上 $a$、$b$、$c$、$d$ 四点处的正应力。

（2）梁上的最大正应力及其位置。

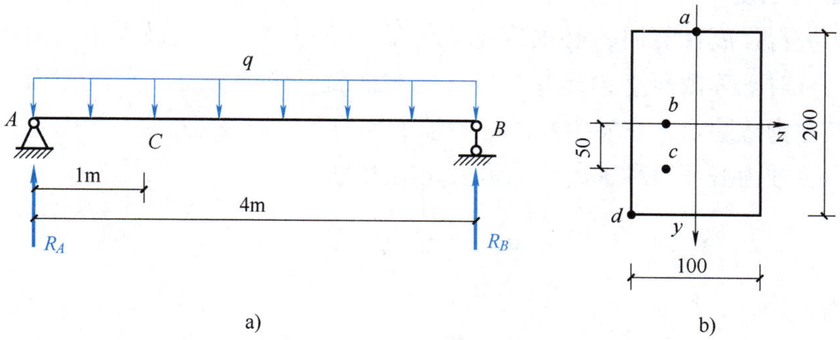

图2-53 矩形截面简支梁

【解】（1）计算 $C$ 截面上 $a$、$b$、$c$、$d$ 四点处的正应力：

首先，计算支座反力。由于对称，因此可得：

$$R_A = R_B = \left(\frac{1}{2} \times 2 \times 4\right)\text{kN} = 4\text{kN}$$

计算 $C$ 截面的弯矩：

$$M_C = R_A \times 1 - \frac{1}{2}ql^2 = \left(4 \times 1 - \frac{1}{2} \times 2 \times 1^2\right)\text{kN} \cdot \text{m} = 3\text{kN} \cdot \text{m}$$

计算横截面对中性轴的惯性矩：

$$I_z = \frac{100 \times 200^3}{12}\text{mm}^4 = \frac{2}{3} \times 10^8\text{mm}^4$$

计算各点的正应力：

$$\sigma_a = \frac{M_C y_a}{I_z} = \frac{3 \times 10^6 \times 100}{2/3 \times 10^8}\text{MPa} = 4.5\text{MPa}\ （压）$$

$$\sigma_b = \frac{M_C y_b}{I_z} = 0$$

$$\sigma_c = \frac{M_C y_c}{I_z} = \frac{3 \times 10^6 \times 50}{2/3 \times 10^8}\text{MPa} = 2.25\text{MPa}\ （拉）$$

$$\sigma_d = \frac{M_C y_d}{I_z} = \frac{3 \times 10^6 \times 100}{2/3 \times 10^8}\text{MPa} = 4.5\text{MPa}\ （拉）$$

（2）计算梁上的最大正应力：

对于作用满跨均布荷载的简支梁，最大弯矩发生在跨中截面处，其值为：

$$M_{\max} = \frac{1}{8}ql^2 = \frac{1}{8} \times 2 \times 4^2\text{kN} \cdot \text{m} = 4\text{kN} \cdot \text{m}$$

梁的最大正应力发生在跨中截面的上下边缘处，上边缘处为最大压应力，下边缘处为最大拉应力。因横截面关于中性轴对称，最大拉压应力是相等的，其值为：

$$\sigma_{\max} = \frac{M_{\max} y_{\max}}{I_z} = \frac{4 \times 10^6 \times 100}{2/3 \times 10^8}\text{MPa} = 6\text{MPa}$$

## 2.3.5 梁的正应力强度计算

### 1. 正应力强度条件

在对梁进行强度计算时，必须确定梁的最大正应力。产生最大正应力的截面，称为危险截面。对于等截面直梁，弯矩最大的截面就是危险截面。危险截面上产生最大正应力的点称为危险点，它发生在距中性轴最远的上下边缘处。

对于中性轴为截面对称轴的梁，最大正应力为：

$$\sigma_{\max} = \frac{M_{\max} \cdot y_{\max}}{I_z}$$

令 $W_z = I_z / y_{\max}$，则：

$$\sigma_{\max} = \frac{M_{\max}}{W_z}$$

上式中，$W_z$ 称为抗弯截面系数，它是一个与截面形状和尺寸有关的几何量，单位为 $m^3$ 或 $mm^3$。

对于高度为 $h$、宽度为 $b$ 的矩形截面，其抗弯截面系数为：

$$W_z=\frac{I_z}{y_{\max}}=\frac{bh^3/12}{h/2}=\frac{bh^2}{6}$$

对于直径为 $D$ 的圆形截面，其抗弯截面系数为：

$$W_z=\frac{I_z}{y_{\max}}=\frac{\pi D^4/64}{D/2}=\frac{\pi D^3}{32}$$

各种型钢的抗弯截面系数可从型钢表中查得。

对中性轴不是截面对称轴的梁，例如 T 形截面梁，如图 2-54 所示，假如梁的下边受拉，上边受压，则最大拉应力发生在截面的下边缘处，最大压应力发生在截面的上边缘处，其值为：

最大拉应力：$\sigma_{\max}^{+}=\dfrac{My_1}{I_z}$

最大压应力：$\sigma_{\max}^{-}=\dfrac{My_2}{I_z}$

令 $W_1=I_z/y_1$，$W_2=I_z/y_2$，

$$\sigma_{\max}^{+}=\frac{M}{W_1},\quad \sigma_{\max}^{-}=\frac{M}{W_2}$$

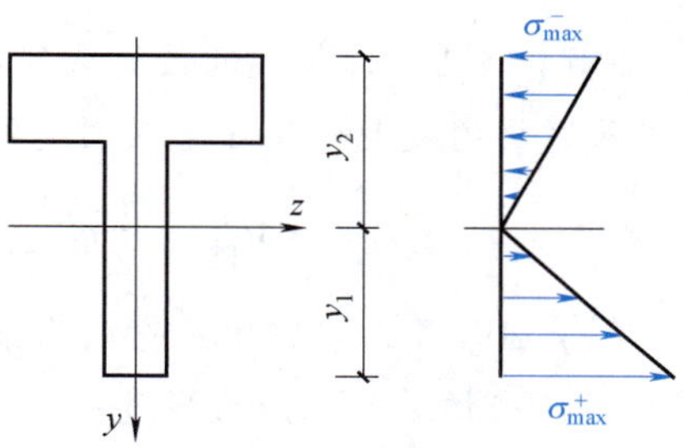

图 2-54　T 形截面的最大拉压应力

为了保证梁的安全工作，必须使梁横截面上的最大正应力不超过材料的许用应力，而根据材料的性质不同，分为两种情况：

1）当材料的抗拉压能力相同时，其正应力强度条件为：

$$\sigma_{\max}=\frac{M_{\max}}{W_z}\leqslant[\sigma] \tag{2-24}$$

2）当材料的抗拉压能力不相同时，其正应力强度条件为：

$$\sigma_{\max}^{+}=\frac{M_{\max}}{W_z}\leqslant[\sigma^{+}]\qquad \sigma_{\max}^{-}=\frac{M_{\max}}{W_z}\leqslant[\sigma^{-}] \tag{2-25}$$

**2. 正应力强度计算**

根据梁的正应力强度条件，可以解决实际工程中三个方面的强度计算问题，即：

1）强度校核。当已知梁的横截面形状和尺寸、材料及所受荷载时，可校核该梁是否满足强度要求。

2）设计截面。当已知梁的材料和所受荷载时，可根据强度条件，先求出抗弯截面系数 $W_z$，即：

$$W_z\geqslant\frac{M_{\max}}{[\sigma]}$$

然后，根据所选用的截面形状，确定截面的几何尺寸。

3）确定许可荷载。当已知梁的材料、横截面形状和尺寸时，可根据强度条件，先

计算出梁所能承受的最大弯矩，即：

$$M_{max} \leqslant W_z[\sigma]$$

然后，根据最大弯矩与荷载之间的关系，确定出该梁的许可荷载 [$P$]。

**【例 2-21】** 如图 2-55 所示，一悬臂梁受均布荷载作用，已知 $q=20\text{kN}\cdot\text{m}$，梁的跨度 $l=2\text{m}$，材料的许用应力 $[\sigma]=160\text{MPa}$，梁由 20b 号工字钢制成（查表得其抗弯截面系数为 $W_z=250\text{cm}^3$）。试校核梁的正应力强度。

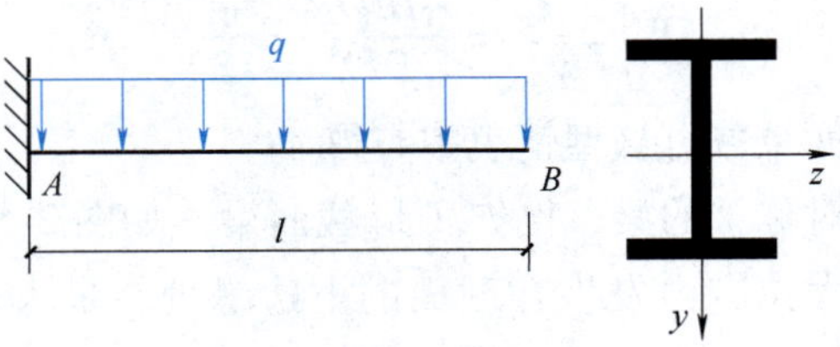


图 2-55 悬臂梁受力图

**【解】** （1）计算梁的最大弯矩：

悬臂梁的最大弯矩发生在固定端支座处，其值为：

$$M_{max}=\frac{1}{2}ql^2=\frac{1}{2}\times 20\times 2^2\text{kN}\cdot\text{m}=40\text{kN}\cdot\text{m}$$

（2）20b 号工字钢的抗弯截面系数为 $W_z=250\text{cm}^3$。

（3）校核梁的正应力强度：

$$\sigma_{max}=\frac{M_{max}}{W_z}=\frac{40\times 10^6}{250\times 10^3}\text{MPa}=160\text{MPa}=[\sigma]$$

故满足正应力强度要求。

**【例 2-22】** 如图 2-56 所示，矩形截面简支松木梁。已知梁的跨度 $l=5\text{m}$，材料的许用应力 $[\sigma]=10\text{MPa}$。试求：

（1）设截面的高宽比为 $h/b=2$，$q=3.6\text{kN/m}$，试确定简支木梁的截面尺寸 $b$、$h$。

（2）若木梁采用 $b=140\text{mm}$，$h=210\text{mm}$ 的矩形截面，试计算作用在梁上的许可荷载 [$q$]。

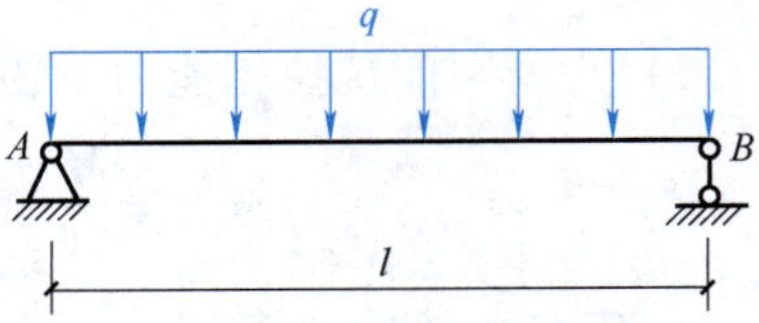


图 2-56 简支梁受力图

**【解】** （1）设计木梁的截面尺寸：

最大弯矩发生在跨中截面，即：

$$M_{max}=\frac{1}{8}ql^2=\frac{1}{8}\times 3.6\times 5^2\text{kN}\cdot\text{m}=11.25\text{kN}\cdot\text{m}$$

根据正应力强度条件，可得所需要的抗弯截面系数为：

$$W_z=\frac{M_{max}}{[\sigma]}=\frac{11.25\times 10^6}{10}\text{mm}^3=1.125\times 10^6\text{mm}^3$$

由 $h/b=2$，得：

$$W_z=\frac{bh^2}{6}=\frac{2}{3}b^3$$

即：

$$\frac{2}{3}b^3 \geqslant 1.125 \times 10^6 \text{mm}^3$$

于是：

$$b \geqslant \sqrt[3]{1.125 \times 10^6 \times \frac{3}{2}}\text{mm} = 119\text{mm}$$

取 $b = 120\text{mm}$，$h = 240\text{mm}$。

（2）计算作用在梁上的许可荷载 $[q]$：

当 $b = 140\text{mm}$，$h = 210\text{mm}$ 时，抗弯截面系数为：

$$W_z = \frac{bh^2}{6} = \frac{140 \times 210^2}{6}\text{mm}^3 = 1.029 \times 10^6 \text{mm}^3$$

木梁所能承受的最大弯矩为：

$$M_{\max} \leqslant W_z[\sigma] = (1.029 \times 10^6 \times 10)\text{N} \cdot \text{m} = 1.029 \times 10^7 \text{N} \cdot \text{m} = 10.29\text{kN} \cdot \text{m}$$

而：

$$M_{\max} = \frac{1}{8}ql^2$$

即：

$$\frac{1}{8}ql^2 \leqslant 10.29\text{kN} \cdot \text{m}$$

所以：

$$[q] = \frac{10.29 \times 8}{5^2} = 3.29\text{kN/m}$$

**【例 2-23】**　如图 2-57a 所示，T 形截面的外伸梁。已知材料的许用拉应力 $[\sigma^+] = 120\text{MPa}$，许用压应力 $[\sigma^-] = 150\text{MPa}$。试校核梁的正应力强度。

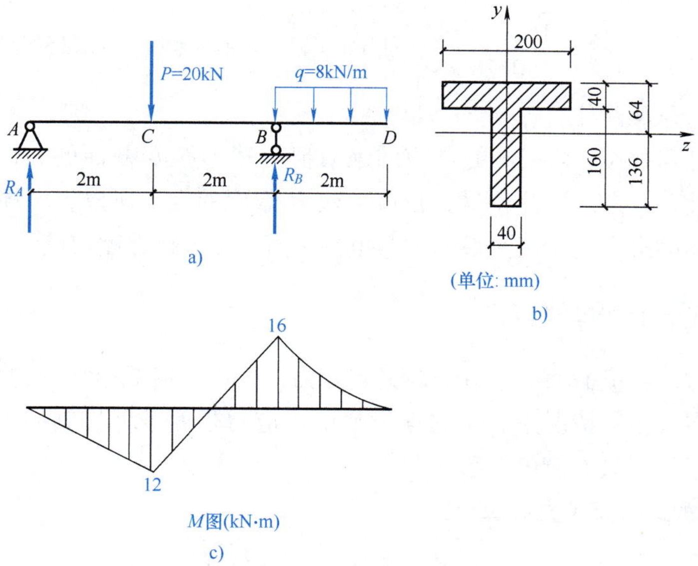


图 2-57　T 形截面的外伸梁示意图

**【解】**　（1）计算支座反力：

$$R_A = 6\text{kN}$$
$$R_B = 30\text{kN}$$

(2) 画弯矩图如图 2-57c 所示。

$$M_B = -\frac{1}{2}\times 8\times 2^2\text{kN}\cdot\text{m} = -16\text{kN}\cdot\text{m}$$

$$M_C = 6\times 2\text{kN}\cdot\text{m} = 12\text{kN}\cdot\text{m}$$

由图可见，最大正弯矩发生在 $C$ 截面处，最大负弯矩发生在 $B$ 截面处。

(3) 确定中性轴位置并计算截面对中性轴的惯性矩：

截面形心距底边为 $y_C = 136\text{mm}$。

$$I_z = \sum(I_{zi} + a_i^2 A_i) = \frac{200\times 40^3}{12} + (20+160-136)^2\times 200\times 40 + \frac{40\times 160^3}{12} +$$
$$(136-80)^2\times 40\times 160 = 50.28\times 10^6\text{mm}^4$$

(4) 强度校核：

由于材料的抗拉压能力不同，且截面关于中性轴又不对称，因此，对梁的最大正弯矩和最大负弯矩作用面都要进行强度校核。

$C$ 截面：该截面的最大拉应力发生在下边缘，最大压应力发生在上边缘。即：

$$\sigma_{\max}^{+} = \frac{M_C y_{下}}{I_z} = \frac{12\times 10^6\times 136}{50.28\times 10^6}\text{MPa} = 32.46\text{MPa} \leqslant [\sigma^{+}] = 120\text{MPa}$$

$$\sigma_{\max}^{-} = \frac{M_C y_{上}}{I_z} = \frac{12\times 10^6\times 64}{50.28\times 10^6}\text{MPa} = 15.27\text{MPa} \leqslant [\sigma^{-}] = 150\text{MPa}$$

梁横截面上的剪应力分布规律及计算公式

$B$ 截面：该截面的最大拉应力发生在上边缘，最大压应力发生在下边缘。即：

$$\sigma_{\max}^{+} = \frac{M_B y_{上}}{I_z} = \frac{16\times 10^6\times 64}{50.28\times 10^6}\text{MPa} = 20.37\text{MPa} \leqslant [\sigma^{+}] = 120\text{MPa}$$

$$\sigma_{\max}^{-} = \frac{M_B y_{下}}{I_z} = \frac{16\times 10^6\times 136}{50.28\times 10^6}\text{MPa} = 43.28\text{MPa} \leqslant [\sigma^{-}] = 150\text{MPa}$$

因此，满足强度条件。

由以上的计算可见，$C$ 截面的弯矩的绝对值虽然不如 $B$ 截面的大，但由于截面的受拉边缘距中性轴较远，因此，最大拉应力较 $B$ 截面的大。所以，当横截面不对称于中性轴时，对梁的最大正弯矩和最大负弯矩作用面都要进行强度校核。

### 2.3.6 梁横截面上的剪应力

剪切弯曲时，梁横截面上既有弯矩又有剪力，因此，横截面上的应力除正应力外，还有剪应力。在大多数情况下，梁的强度是由正应力强度条件控制的，剪应力强度条件只是次要因素，现只作简单介绍。

**1. 矩形截面梁的剪应力计算公式**

$$\tau = \frac{QS_z^*}{I_z b} = \frac{3}{2}\frac{Q}{bh}\left(1-\frac{4y^2}{h^2}\right) \tag{2-26}$$

式中 $Q$——横截面上的剪力，单位为 N 或 kN；

$S_z^*$——横截面上所求剪应力处水平线以下或以上部分面积 $A$ 对中性轴的静矩，单位为 $\text{mm}^3$；

$I_z$——横截面对中性轴的惯性矩，单位为 $mm^4$；

$b$——矩形截面的宽度，单位为 mm；

$h$——矩形截面的高度，单位为 mm；

$y$——横截面上的所求点 $m$ 到中性轴的距离，单位为 mm。

上式表明，矩形截面剪应力沿截面高度是按二次抛物线规律变化的（图 2-58）。当 $y=\pm h/2$ 时，即在横截面距中性轴最远的上下边缘处，剪应力为零；当 $y=0$ 时，即在横截面的中性轴各点处，剪应力达到最大值 $\tau_{max}$，此时：

$$\tau=\frac{3}{2}\frac{Q}{bh}=\frac{3}{2}\frac{Q}{A}$$

上式说明，矩形截面梁横截面上的最大剪应力是平均剪应力的 1.5 倍。式中，$A$ 为矩形截面的面积。

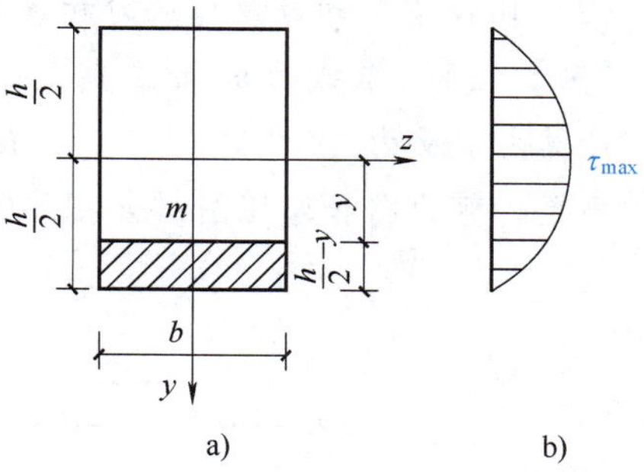


图 2-58　矩形截面上剪应力的分布规律图

**2. 圆形截面和圆环形截面梁的最大剪应力**

圆形截面和圆环形截面上的剪应力分布比较复杂。由理论分析可知，最大剪应力仍发生在中性轴上，且沿中性轴均匀分布，其方向与该截面上的剪力方向相同，如图 2-59所示。

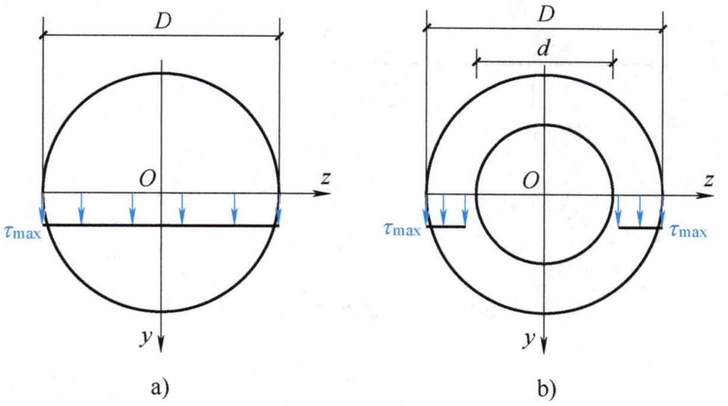


图 2-59　圆形和圆环形截面上的最大剪应力

1）圆形截面最大剪应力为：

$$\tau_{max}=\frac{4}{3}\frac{Q}{A}$$

式中　$Q$——圆形横截面上的剪力，单位为 N 或 kN；

$A$——圆形截面的面积，单位为 $mm^2$。

上式表明，圆形截面梁的最大剪应力是平均剪应力的 4/3 倍。

2）圆环截面最大剪应力为：

$$\tau_{max}=2\frac{Q}{A}$$

式中　$Q$——圆环横截面上的剪力，单位为 N 或 kN；

$A$——圆环截面的面积，单位为 $mm^2$。

上式表明，圆形截面梁的最大剪应力是平均剪应力的 2 倍。

【例 2-24】 如图 2-60a 所示，矩形截面简支梁受均布荷载作用。已知 $b=100\text{mm}$，$h=200\text{mm}$，荷载集度 $q=2\text{kN/m}$，跨度 $l=4\text{m}$。试求：

(1) 截面 $m$-$m$ 上距中性轴 $y=50\text{mm}$ 处 $k$ 点的剪应力。

(2) 比较梁中的最大正应力和最大剪应力。

【解】 (1) 求截面 $m$-$m$ 上 $k$ 点的剪应力：

计算支座反力 $$R_A=R_B=4\text{kN}$$

画梁的剪力图和弯矩图，如图 2-60b、c 所示。截面 $m$-$m$ 上的剪力为：

$$Q_M=4\text{kN}$$

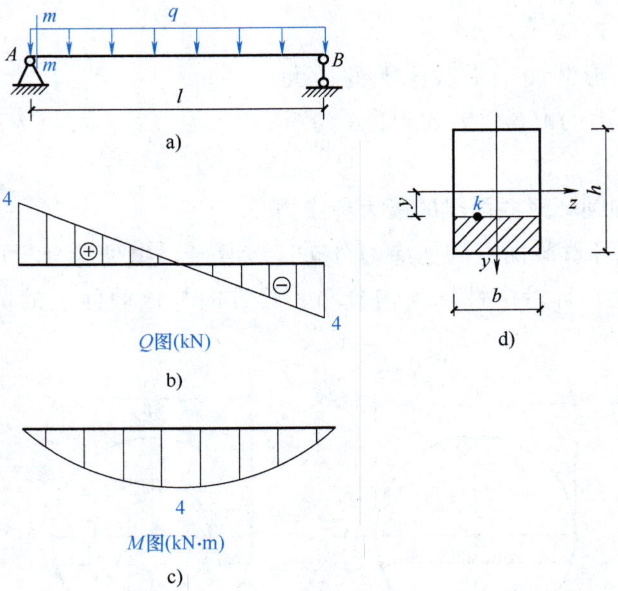


图 2-60 矩形截面简支梁受力图

计算 $S_z^*$ 和 $I_z$：

$$S_z^*=50\times100\times75\text{mm}^3=375\times10^3\text{mm}^3$$

$$I_z=\frac{bh^3}{12}=100\times\frac{200^3}{12}=\frac{2}{3}\times10^8\text{mm}^4$$

计算 $k$ 点的剪应力

$$\tau_k=\frac{QS_z^*}{I_zb}=\frac{4\times10^3\times375\times10^3}{\frac{2}{3}\times10^8\times100}\text{MPa}=0.225\text{MPa}$$

(2) 比较梁中的最大正应力和最大剪应力：

从剪力图和弯矩图上可以看出，$Q_{\max}=4\text{kN}$，$M_{\max}=4\text{kN}\cdot\text{m}$

梁上的最大剪应力为：

$$\tau_{\max}=\frac{3}{2}\frac{Q_{\max}}{A}=\frac{3}{2}\frac{4\times10^3}{100\times200}\text{MPa}=0.3\text{MPa}$$

梁上的最大正应力为：

$$\sigma_{max}=\frac{M_{max}}{W_z}=\frac{M_{max}}{\frac{1}{6}bh^2}=\frac{4\times10^6}{\frac{1}{6}\times100\times200^2}\mathrm{MPa}=6\mathrm{MPa}$$

故：

$$\frac{\sigma_{max}}{\tau_{max}}=\frac{6}{0.3}=20$$

由此可见，梁中的最大正应力比最大剪应力大得多，所以，在梁的强度计算中，正应力强度条件起着控制作用。

## 2.3.7 弯曲变形

### 1. 弯曲变形的概念

在工程中，对于梁一类的受弯构件，除满足强度要求外，还应满足刚度要求，即要控制梁的弯曲变形，使其不能超过工程中要求的允许值。例如，桥梁的变形过大，会使车辆在运行中引起较大振动等。

因此，只要把梁的变形控制在规定的范围之内，就能够保证梁的正常工作。

下面以图2-61所示简支梁为例，说明平面弯曲变形的有关概念。以变形前梁的轴线 $AB$ 为 $x$ 轴，并规定 $x$ 轴以向右为正；支座 $A$ 为坐标原点，$y$ 轴以向下为正。$A_{xy}$ 平面即为梁的纵向对称平面，外力和支座反力都作用在该平面内，梁轴线也在该平面内弯曲。

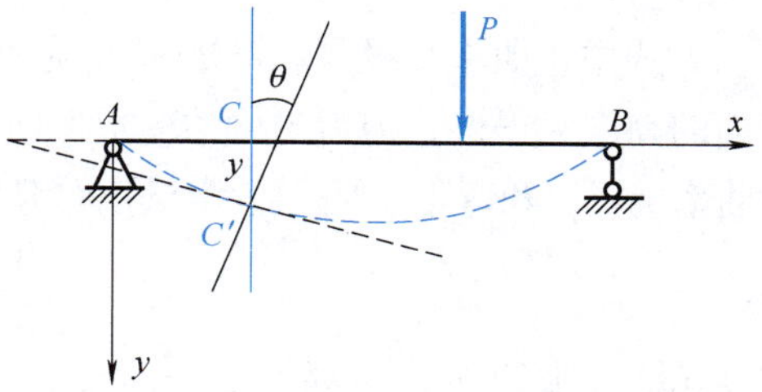

图2-61 梁的挠度和转角

### 2. 挠度和转角

由图2-61可以看出，梁的横截面产生了两种位移：

1）挠度。梁任一横截面的形心沿 $y$ 轴方向的线位移 $CC'$，称为该截面的**挠度**，用 $y$ 表示，并规定向下为正挠度，单位为m或mm。横截面的形心沿 $z$ 轴方向的线位移与沿 $y$ 轴方向的线位移相比很小，可忽略不计。

2）转角。梁发生弯曲变形以后的横截面相对于变形之前的横截面所转过的角度，称为该截面的**转角**，用 $\theta$ 表示，并规定以顺时针转向为正，逆时针转向为负，单位为弧度，即rad。

### 3. 梁的挠曲线及挠曲线方程

（1）挠曲线

由图2-61可见，弯曲变形后的梁轴线变成了一条光滑连续的曲线，这条曲线称为梁的**挠曲线**。

（2）挠曲线方程

挠曲线上任一点的纵坐标 $y$ 随着横截面位置 $x$ 的变化而变化，即是横截面位置 $x$ 的函数，用方程：

$$y = f(x)$$

表示，称为梁的**挠曲线方程**。它表示梁的挠度沿长度的变化规律。

根据平截面假设，梁的横截面在弯曲变形前垂直于梁轴线，弯曲变形后仍将垂直于挠曲线在该处的切线，因此，截面的转角 $\theta$ 也等于挠曲线在该处的切线与 $x$ 轴的夹角。由数学知识可知，挠曲线上任一点处的切线斜率为：

$$\tan\theta = \frac{\mathrm{d}y}{\mathrm{d}x}$$

实际上，截面转角 $\theta$ 的值是很小的，因此：

$$\theta = \lim_{\theta\to 0}\tan\theta = \frac{\mathrm{d}y}{\mathrm{d}x}$$

上式称为转角方程，表明挠曲线上任一点处的切线斜率等于该点处横截面的转角。由此可见，确定梁的挠度和转角，关键在于建立梁的挠曲线方程。

**4. 挠曲线近似微分方程**

前面 2.3.4 节推导出了纯弯曲梁的正应力计算公式的过程中，得出了曲率的计算公式：

$$\frac{1}{\rho} = \frac{M}{EI_z}$$

上式中，曲率半径 $\rho$ 和弯矩 $M$ 均为常量。而对于剪切弯曲的梁，通常梁的跨度较横截面的高度大得多，剪力对梁的变形影响很小，可以忽略不计，因此，上式方可应用。这时曲率半径 $\rho$ 和弯矩 $M$ 不再为常量，而都是横截面位置 $x$ 的函数，于是，上式应改写为：

$$\frac{1}{\rho(x)} = \frac{M(x)}{EI_z} \tag{2-27}$$

由高等数学知识可知，平面曲线的曲率与曲线方程之间的关系为：

$$\frac{1}{\rho(x)} = \pm\frac{\dfrac{\mathrm{d}^2y}{\mathrm{d}x^2}}{\left[1+\left(\dfrac{\mathrm{d}y}{\mathrm{d}x}\right)^2\right]^{3/2}}$$

因梁横截面的转角 $\theta$ 是很小的，所以，$\left(\dfrac{\mathrm{d}y}{\mathrm{d}x}\right)^2$ 与 1 相比更加微小，属于高阶微量，可忽略不计。于是，上式可近似地表达为：

$$\frac{1}{\rho(x)} = \pm\frac{\mathrm{d}^2y}{\mathrm{d}x^2} \tag{2-28}$$

由（2-27）、（2-28）两式可得：

$$\frac{\mathrm{d}^2y}{\mathrm{d}x^2} = \pm\frac{M(x)}{EI_z} \tag{2-29}$$

上式中的正负号，取决于坐标系的选择和弯矩正负号的规定。

在图 2-62 所示的坐标系中，当弯矩 $M$ 为正值（$M>0$），挠曲线向下凸，挠度存在极大值，由数学关系可知，它的二阶导数应小于零，即：

$$\frac{\mathrm{d}^2y}{\mathrm{d}x^2} < 0$$

当弯矩 $M$ 为负值（$M<0$），挠曲线向上凸，挠度有极小值，它的二阶导数应大于零，即：

$$\frac{d^2y}{dx^2}>0$$

说明等式两边的正负号总是相反的，于是：

$$\frac{d^2y}{dx^2}=-\frac{M(x)}{EI_z} \tag{2-30}$$

上式称为梁的**挠曲线近似微分方程**，只适用于弹性范围内的小变形情况。

式（2-30）是计算梁变形的基本公式。解这个微分方程，就可以得到梁的挠曲线方程及转角方程，据此可计算出梁任意截面的挠度和转角。

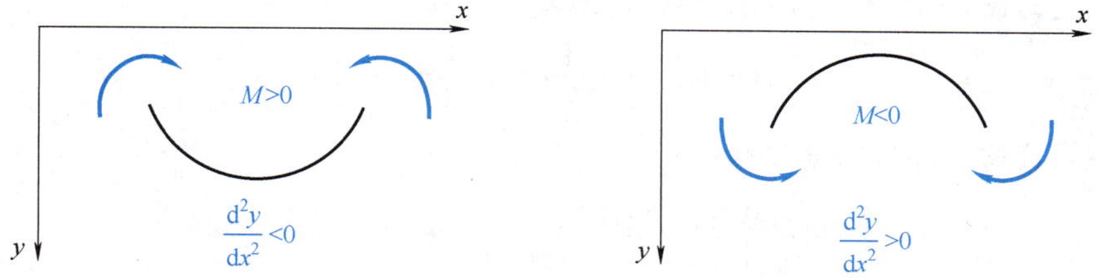


图 2-62　挠曲线近似微分方程的正负号分析图

**5. 积分法计算梁的变形**

对于等截面直梁，抗弯刚度 $EI_z$ 为常数，弯矩 $M(x)$ 是横截面位置 $x$ 的函数，对式（2-30）两边积分一次得转角方程：

$$\theta=\frac{dy}{dx}=-\frac{1}{EI_z}\left[\int M(x)dx+C\right] \tag{2-31}$$

再积分一次得挠曲线方程：

$$y=-\frac{1}{EI_z}\left\{\int\left[\int M(x)dx\right]dx+Cx+D\right\} \tag{2-32}$$

以上两式中的 $C$、$D$ 均为积分常数，可通过梁挠曲线上已知的位移条件确定。这种已知的位移条件称为**边界条件**。例如，图 2-63 所示的简支梁，两个铰支座处的挠度均为零；图 2-64 所示的悬臂梁，固定端支座处的挠度和转角也均等于零等。

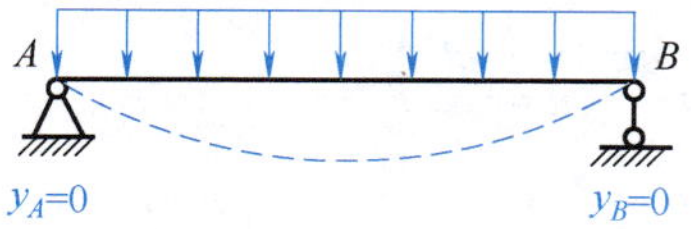


图 2-63　简支梁的边界条件

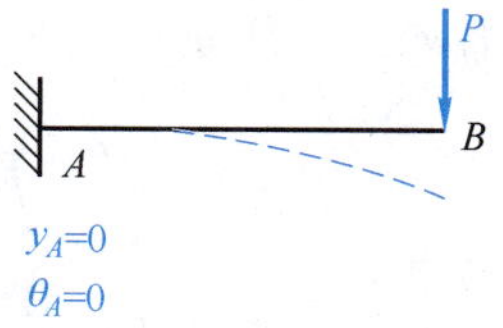


图 2-64　悬臂梁的边界条件

**【例 2-25】** 如图 2-65 所示，简支梁 $AB$ 受均布荷载 $q$ 作用。$EI_z$ 为常数，试求该梁的转角和挠曲线方程，并求支座截面的转角 $\theta_A$、$\theta_B$ 和最大挠度 $y_{max}$。

**【解】**（1）求支座反力得：

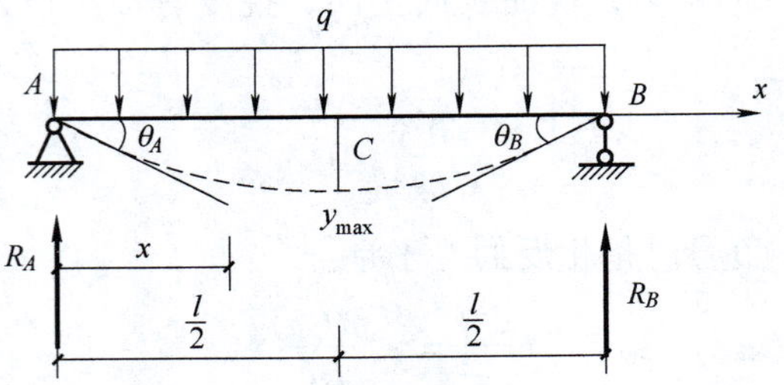


图 2-65　简支梁受力图

$$R_A = R_B = \frac{1}{2}ql$$

（2）建立图 2-65 所示直角坐标系，列弯矩方程：

$$M(x) = R_A \cdot x - \frac{1}{2}qx^2 = \frac{1}{2}qlx - \frac{1}{2}qx^2$$

（3）列挠曲线近似微分方程：

$$EI_z\frac{d^2y}{dx^2} = -M(x) = -\frac{1}{2}qlx + \frac{1}{2}qx^2$$

积分一次，得：

$$EI_z\frac{dy}{dx} = EI_z\theta = -\frac{1}{4}qlx^2 + \frac{1}{6}qx^3 + C \qquad \text{(a)}$$

再积分一次，得：

$$EI_zy = -\frac{1}{12}qlx^3 + \frac{1}{24}qx^4 + Cx + D \qquad \text{(b)}$$

（4）确定积分常数：

简支梁的边界条件是在两个铰支座 A、B 处的挠度等于零，即 A 支座处，$x=0$，$y=0$，代入（b）式得：

$$D=0$$

B 支座处，$x=l$，$y=0$，代入（b）式得

$$C = \frac{1}{24}ql^3$$

（5）列出转角方程和挠曲线方程：

将积分常数 C、D 分别代入（a）、（b）两式，得转角方程：

$$\theta = \frac{1}{EI_z}\left(-\frac{1}{4}qlx^2 + \frac{1}{6}qx^3 + \frac{1}{24}ql^3\right) \qquad \text{(c)}$$

挠曲线方程：

$$y = \frac{1}{EI_z}\left(-\frac{1}{12}qlx^3 + \frac{1}{24}qx^4 + \frac{1}{24}ql^3x\right) \qquad \text{(d)}$$

（6）求截面的转角 $\theta_A$、$\theta_B$ 和最大挠度 $y_{max}$：

A 截面处，将 $x=0$ 代入（c）式，得

$$\theta_A = \frac{ql^3}{24EI_z}$$

$\theta_A$ 为正值，表明其转向为顺时针。

$B$ 截面处，将 $x=l$ 代入（c）式，得：

$$\theta_B = -\frac{ql^3}{24EI_z}$$

$\theta_B$ 为负值，表明其转向为逆时针。

最大挠度发生在挠曲线微分方程一阶导数等于零的截面处，即：

$$\frac{\mathrm{d}y}{\mathrm{d}x}=0$$

得：

$$x=\frac{l}{2}$$

此时，梁的最大挠度为：

$$y_{\max}=y_c=\frac{5ql^4}{384EI_z}$$

挠度为正值，表明其方向是竖直向下的。

**6. 叠加法计算梁的变形**

从例题 2-24 中可以看出，梁的转角和挠度均与梁上的荷载呈线性关系。这样，梁上某一荷载单独作用所引起的变形，不受同时作用的其他荷载的影响，即各荷载对弯曲变形的影响是各自独立的。因此，可以用叠加法计算梁的变形，即梁在几种荷载（集中力、集中力偶和均布荷载）共同作用下所引起的某一截面的转角和挠度，分别等于每一种荷载单独作用所引起的同一截面的转角和挠度的代数和。

梁在简单荷载作用下的挠度和转角可从表 2-6 中查得。

表 2-6　梁在简单作用下的变形

| 序号 | 梁的简图 | 挠曲线方程 | 梁端转角 | 最大挠度 |
|---|---|---|---|---|
| 1 | 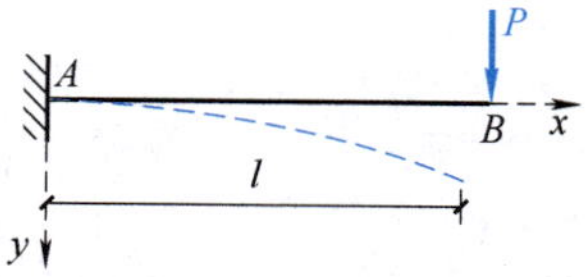  | $y=\frac{Px^2}{6EI_z}(3l-x)$ | $\theta_B=\frac{Pl^2}{2EI_z}$ | $y_B=\frac{Pl^3}{3EI_z}$ |
| 2 | 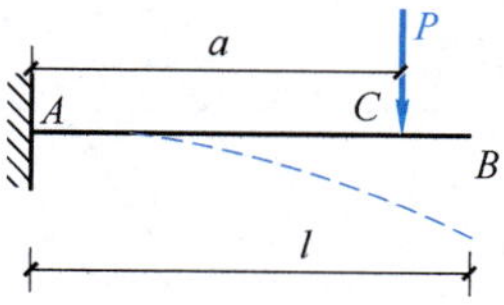  | $y=\frac{Px^2}{6EI_z}(3a-x)$<br>$(0\leqslant x\leqslant a)$<br>$y=\frac{Pa^2}{6EI_z}(3x-a)$<br>$(a\leqslant x\leqslant l)$ | $\theta_B=\frac{Pa^2}{2EI_z}$ | $y_B=\frac{Pa^2}{6EI_z}(3l-a)$ |
| 3 | 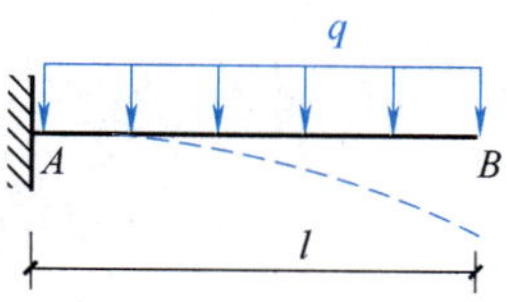  | $y=\frac{qx^2}{24EI_z}(x^2-4lx+6l^2)$ | $\theta_B=\frac{ql^3}{6EI_z}$ | $y_B=\frac{ql^4}{8EI_z}$ |

（续）

| 序号 | 梁的简图 | 挠曲线方程 | 梁端转角 | 最大挠度 |
|---|---|---|---|---|
| 4 | 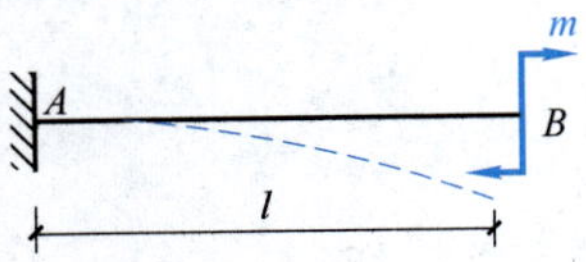 | $y=\dfrac{mx^2}{2EI_z}$ | $\theta_B=\dfrac{ml}{EI_z}$ | $y_B=\dfrac{ml^2}{2EI_z}$ |
| 5 | 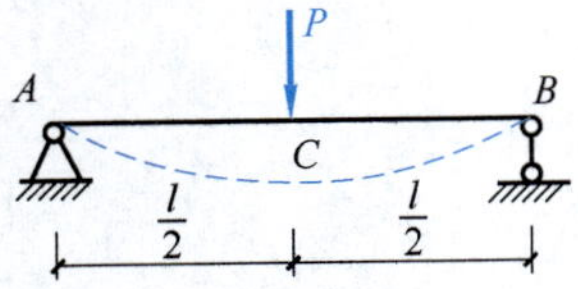 | $y=\dfrac{Px}{48EI_z}(3l^2-4x^2)$<br>$\left(0\leqslant x\leqslant\dfrac{l}{2}\right)$ | $\theta_A=-\theta_B=\dfrac{Pl^2}{16EI_z}$ | $y_C=\dfrac{Pl^3}{48EI_z}$ |
| 6 | 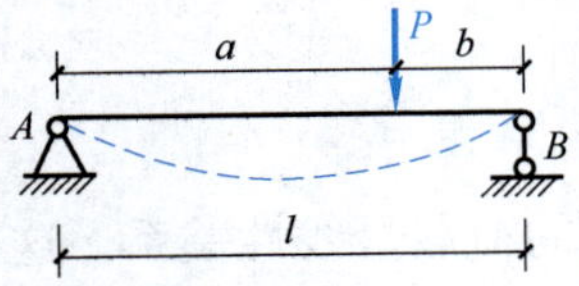 | $y=\dfrac{Pbx}{6lEI_z}(l^2-x^2-b^2)$<br>$(0\leqslant x\leqslant a)$<br>$y=\dfrac{Pa(l-x)}{6lEI_z}(2lx-x^2-a^2)$<br>$(a\leqslant x\leqslant l)$ | $\theta_A=\dfrac{Pab(l+b)}{6lEI_z}$<br>$\theta_B=-\dfrac{Pab(l+a)}{6lEI_z}$ | 设 $a>b$，<br>在 $x=\sqrt{\dfrac{l^2-b^2}{3}}$ 处：<br>$y_{\max}=\dfrac{\sqrt{3}Pb}{27lEI_z}(l^2-b^2)^{\frac{3}{2}}$<br>在 $x=\dfrac{l}{2}$ 处：<br>$y_{\max}=\dfrac{Pb}{48EI_z}(3l^2-4b^2)$ |
| 7 | 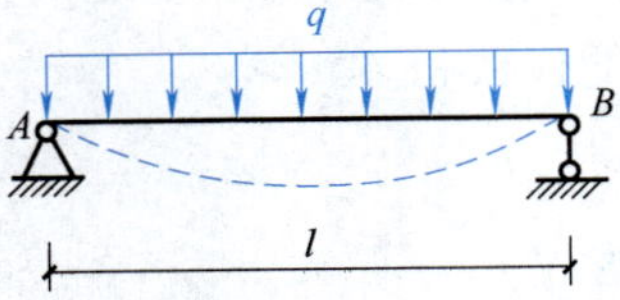 | $y=\dfrac{qx}{24EI_z}(l^3-2lx^2+x^3)$ | $\theta_A=-\theta_B=\dfrac{ql^3}{24EI_z}$ | 在 $x=\dfrac{l}{2}$ 处：<br>$y_{\max}=\dfrac{5ql^4}{384EI_z}$ |
| 8 | 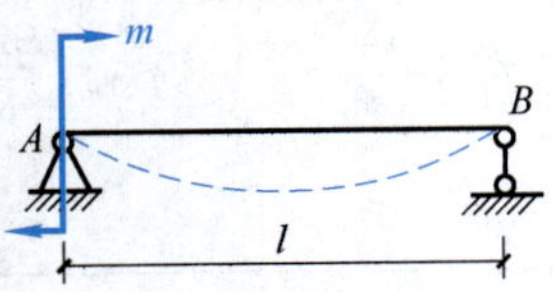 | $y=\dfrac{mx}{6lEI_z}(l-x)(2l-x)$ | $\theta_A=\dfrac{ml}{3EI_z}$<br>$\theta_B=-\dfrac{ml}{6EI_z}$ | 在 $x=\left(1-\dfrac{1}{\sqrt{3}}\right)l$ 处：<br>$y_{\max}=\dfrac{ml^2}{9\sqrt{3}EI_z}$<br>在 $x=\dfrac{l}{2}$ 处：<br>$y_{\max}=\dfrac{ml^2}{16EI_z}$ |
| 9 | 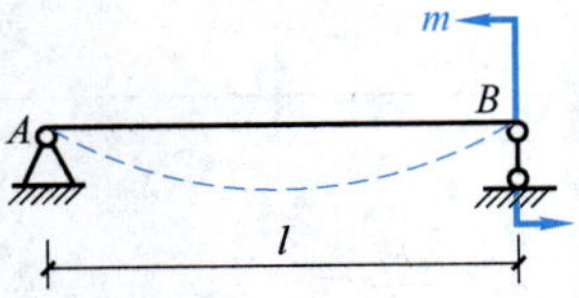 | $y=\dfrac{mx}{6lEI_z}(l^2-x^2)$ | $\theta_A=\dfrac{ml}{6EI_z}$<br>$\theta_B=-\dfrac{ml}{3EI_z}$ | 在 $x=\dfrac{l}{\sqrt{3}}$ 处：<br>$y_{\max}=\dfrac{ml^2}{9\sqrt{3}EI_z}$<br>在 $x=\dfrac{l}{2}$ 处：<br>$y_{\max}=\dfrac{ml^2}{16EI_z}$ |

（续）

| 序号 | 梁的简图 | 挠曲线方程 | 梁端转角 | 最大挠度 |
|---|---|---|---|---|
| 10 | 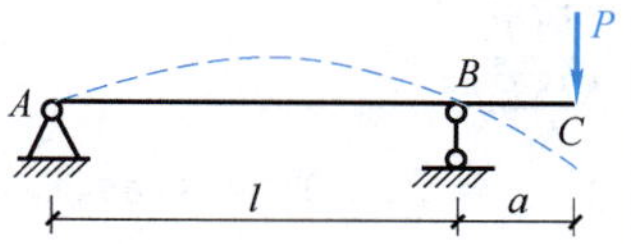 | $y=-\dfrac{Pax}{6lEI_z}(l^2-x^2)$<br>$(0\leqslant x\leqslant l)$<br>$y=\dfrac{P(l-x)}{6EI_z}[(x-l)^2-3ax+al]$<br>$(l\leqslant x\leqslant(l+a))$ | $\theta_A=-\dfrac{Pal}{6EI_z}$<br>$\theta_B=\dfrac{Pal}{3EI_z}$<br>$\theta_C=\dfrac{Pa(2l+3a)}{6EI_z}$ | $y_C=\dfrac{Pa^2}{3EI_z}(l+a)$ |
| 11 | 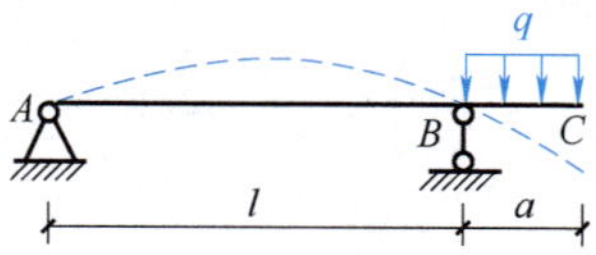 | $y=-\dfrac{qa^2x}{12lEI_z}(l^2-x^2)$<br>$(0\leqslant x\leqslant l)$<br>$y=\dfrac{q(l-x)}{24EI_z}[2a^2(3x-l)+(x-l)^2(x-l-4a)]$<br>$(l\leqslant x\leqslant(l+a))$ | $\theta_A=-\dfrac{qa^2l}{12EI_z}$<br>$\theta_B=\dfrac{qa^2l}{6EI_z}$<br>$\theta_C=\dfrac{qa^2(l+a)}{6EI_z}$ | $y_C=\dfrac{qa^3}{24EI_z}(3a+4l)$ |
| 12 | 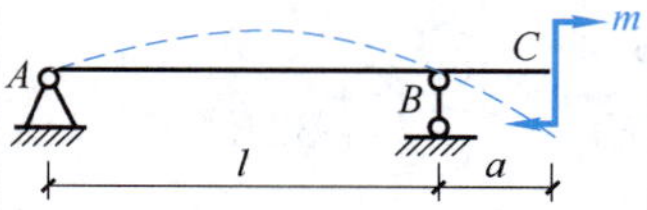 | $y=-\dfrac{mx}{6lEI_z}(l^2-x^2)$<br>$(0\leqslant x\leqslant l)$<br>$y=\dfrac{m(3x^2-4lx+l^2)}{6EI_z}$<br>$(l\leqslant x\leqslant(l+a))$ | $\theta_A=-\dfrac{ml}{6EI_z}$<br>$\theta_B=\dfrac{ml}{3EI_z}$<br>$\theta_C=\dfrac{m(l+3a)}{3EI_z}$ | $y_C=\dfrac{ma}{6EI_z}(2l+3a)$ |

**【例 2-26】** 简支梁受荷载作用如图 2-66 所示。$EI_z$ 为常数，试用叠加法求跨中截面的最大挠度 $y_{max}$ 和支座处截面的转角 $\theta_1$ 和 $\theta_2$。

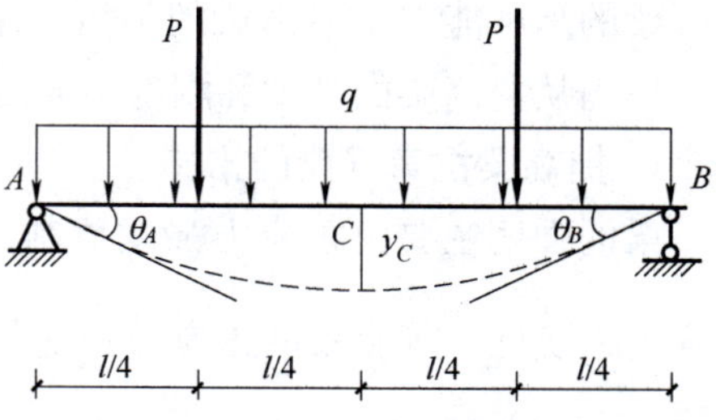

图 2-66　简支梁受力图

**【解】** 在计算梁的挠度和转角时，可将梁上的荷载分为三种简单的荷载作用，然后，分别计算每一种简单荷载作用下的同一截面的挠度和转角，取其代数和即可。

由表 2-6 可以查得：在均布荷载 $q$ 作用下，梁的跨中截面 $C$ 的挠度 $y_{C_q}$ 及支座截面的转角 $\theta_{A_q}$ 和 $\theta_{B_q}$ 分别为：

$$y_{C_q}=\frac{5ql^4}{384EI_z},\quad \theta_{A_q}=\frac{ql^3}{24EI_z},\quad \theta_{B_q}=-\frac{ql^3}{24EI_z}$$

在左边集中力 $P$ 的作用下，梁的跨中截面 $C$ 的挠度 $y_{C_{P左}}$ 及支座截面的转角 $\theta_{A_{P左}}$ 和 $\theta_{B_{P左}}$ 分别为：

当 $x=\dfrac{l}{2}$，$a=\dfrac{l}{4}$，$b=\dfrac{3l}{4}$ 时：

$$y_{C_{P左}}=\frac{P\cdot\dfrac{l}{4}\left(l-\dfrac{l}{2}\right)}{6lEI_z}\left[2l\cdot\frac{l}{2}-\left(\frac{l}{2}\right)^2-\left(\frac{l}{4}\right)^2\right]=\frac{11Pl^3}{768EI_z}$$

$$\theta_{A_{P左}}=\frac{P\cdot\frac{l}{4}\cdot\frac{3l}{4}\left[l+\frac{3l}{4}\right]}{6lEI_z}=\frac{7Pl^2}{128EI_z}$$

$$\theta_{B_{P左}}=-\frac{P\cdot\frac{l}{4}\cdot\frac{3l}{4}\left[l+\frac{l}{4}\right]}{6lEI_z}=-\frac{5Pl^2}{128EI_z}$$

在右边集中力 $P$ 作用下，梁的跨中截面 $C$ 的挠度 $y_{C_{P右}}$ 及支座截面的转角 $\theta_{A_{P右}}$ 和 $\theta_{B_{P右}}$ 利用对称关系分别求得（也可直接查表）：

$$y_{C_{P右}}=\frac{11Pl^3}{768EI_z}$$

$$\theta_{A_{P右}}=\frac{5Pl^2}{128EI_z}$$

$$\theta_{B_{P右}}=-\frac{7Pl^2}{128EI_z}$$

三种荷载共同作用下，跨中截面的最大挠度 $y_{max}$ 及支座处截面的转角 $\theta_A$ 和 $\theta_B$ 分别为：

$$y_{max}=y_C=y_{C_q}+y_{C_{P左}}+y_{C_{P右}}=\frac{5ql^4}{384EI_z}+\frac{11Pl^3}{768EI_z}+\frac{11Pl^3}{768EI_z}=\frac{5ql^4+11Pl^3}{384EI_z}$$

$$\theta_A=\theta_{A_q}+\theta_{A_{P左}}+\theta_{A_{P右}}=\frac{ql^3}{24EI_z}+\frac{5Pl^2}{128EI_z}+\frac{7Pl^2}{128EI_z}=\frac{ql^3}{24EI_z}+\frac{3Pl^2}{32EI_z}$$

$$\theta_B=\theta_{B_q}+\theta_{B_{P左}}+\theta_{B_{P右}}=-\frac{ql^3}{24EI_z}-\frac{5Pl^2}{128EI_z}-\frac{7Pl^2}{128EI_z}=-\left(\frac{ql^3}{24EI_z}+\frac{3Pl^2}{32EI_z}\right)$$

### 2.3.8 提高平面弯曲梁承载能力的措施

梁的承载能力主要由梁的强度、刚度来决定，因此，工程中为了提高梁的承载能力，应当从提高梁的强度和刚度两方面入手。

**1. 提高梁抗弯强度的措施**

梁的强度主要由正应力强度控制，因此，提高梁的强度，主要通过提高梁的正应力强度来实施，等直梁的正应力强度条件为 $\sigma_{max}=\frac{M_{max}}{W_z}\leqslant[\sigma]$，显然，要提高梁的抗弯强度，主要途径主要有降低 $M_{max}$ 和增大 $W_z$。

（1）降低梁的最大弯矩

1）合理布置梁的支座。通过合理布置支座，减小梁的跨度，以降低梁的最大弯矩，具体方法有两种：一种是将梁的支座适当内移；另一种是适当增加支座。

2）合理布置梁的荷载。在满足要求的情况下，对荷载的作用方式进行适当调整，可以有效降低梁的最大弯矩，具体做法是尽量将荷载分散或使荷载尽量靠近支座。

（2）提高抗弯截面系数

1）选择 $\frac{W_z}{A}$ 比值高的截面。梁正应力的大小与抗弯截面系数 $W_z$ 成反比。梁的横截面面积越大，$W_z$ 也越大，使用的材料也越多，自重也增大。因此，梁合理的截面应该是：用最小的截面面积得到大的抗弯截面系数。若用$\frac{W_z}{A}$衡量截面的经济性，则该比值越大截面的经济性就越好。

2）截面形状应与材料特性相适应。对于抗拉、抗压强度相等的塑性材料，可以采用对称于中性轴的截面。对于脆性材料，抗拉强度远低于抗压强度，因此，需采用不对称于中性轴的截面，使得梁横截面的形心靠近受拉一侧，以充分发挥材料的作用，提高梁的承载能力。

3）采用变截面梁。为了节省材料，降低自重，可以根据弯矩沿梁轴线的变化情况，将梁设计为变截面，弯矩较大的位置采用较大的截面，弯矩较小的截面采用较小的截面。若变截面梁的最大正应力都正好等于材料的许用应力，这种理想的变截面梁称为等强度梁。

**2. 提高梁抗弯刚度的措施**

提高梁刚度的措施

由表 2-6 可知，梁的挠度和转角与梁的抗弯刚度、跨度、支承情况、荷载形式及作用位置有关。因此，提高梁的抗弯刚度可以从以下几方面考虑。

（1）选择$\frac{I_z}{A}$比值高的截面

梁的抗弯刚度反映了梁抵抗弯曲变形的能力，在材料用量不变的情况下，惯性矩越大截面就越合理。因此，工程中常用工字型、环形、箱型截面梁。

（2）减小梁的跨度

梁的挠度和转角与梁的跨度的 $n$ 次方成正比，因此，可以通过合理布置支座，减小梁的跨度，从而减小梁的变形。

（3）改善加载方式

在满足使用要求的前提下，合理调整荷载的作用方式，可以有效减小梁的变形。

**颗粒素养**

港珠澳大桥是世界上最长的跨海大桥，被英国《卫报》评为“新世界七大奇迹”。其海上主体工程长 29.6km，桥梁段采用钢箱梁结构，作为国内首个大规模使用钢箱梁的外海桥梁工程、世界最长的钢箱梁桥，港珠澳大桥的总用钢量达 40 余万吨，可用来修建近 60 座埃菲尔铁塔，其合理的截面设计为桥梁的安全运营提供了强有力的保障。**因此我们应当努力学习力学知识，争取早日为祖国的社会主义建设事业贡献自己的力量。**

## 2.4　偏心拉压和压杆稳定

### 2.4.1　偏心压缩（拉伸）

作用在杆件上的外力，当其作用线与杆件的轴线平行但不重合时，杆件就发生偏心压缩或拉伸变形。偏心压缩或拉伸变形属于平面弯曲和轴向压缩（拉伸）的组合变形。如图 2-67 所示的柱子受到上部结构传来的荷载 $P$，作用线与柱子轴线的距离为 $e$，使得柱子产生偏心压缩的变形。荷载 $P$ 称为**偏心力**，距离 $e$ 称为**偏心距**。

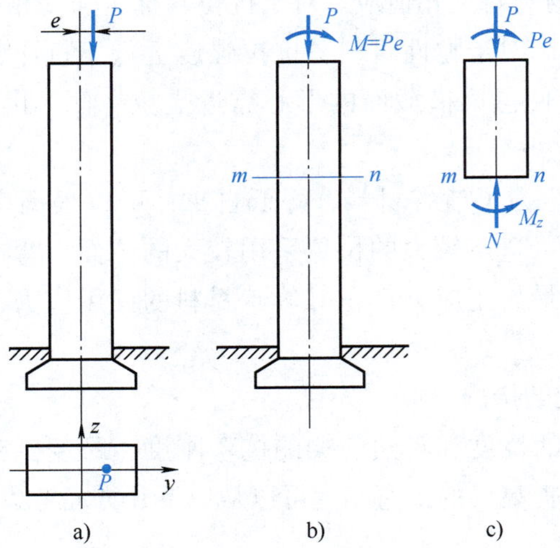


图 2-67　偏心压缩杆件

**1. 单向偏心压缩（拉伸）时的应力和强度条件**

如图 2-67a 所示的柱子，偏心力 $P$ 通过截面一根形心主轴时，柱子发生的变形称为单向偏心压缩。

（1）外力分析

将偏心力 $P$ 向截面形心等效平移，得到一个通过形心的轴向压力 $P$ 和一个大小 $m=Pe$ 的力偶，如图 2-67b 所示。即偏心压缩实际上就是轴向压缩和平面弯曲的组合。

（2）内力计算

运用截面法可求得任意横截面 $m$-$n$ 上的内力。显然，在这种情况下，所有横截面上的内力是相同的。由图 2-67c 可知，横截面 $m$-$n$ 上的轴力 $N=P$，弯矩 $M=Pe$。

（3）应力计算和强度条件

现求横截面 $m$-$n$ 上任一点 $K$（坐标为 $y$、$z$）的应力，如图 2-68 所示。

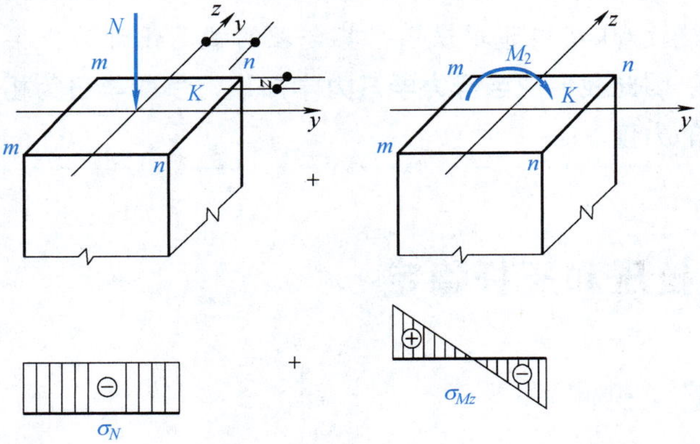


图 2-68　单向偏心压缩应力计算

由轴力 $N$ 引起的 $K$ 点的正应力为：

$$\sigma_N = \frac{P}{N}$$

由弯矩 $M_z$ 引起的 $K$ 点的正应力为：

$$\sigma_{M_z} = \frac{M_z y}{I_z}$$

则根据叠加原理，$K$ 点的总应力为：

$$\sigma = \frac{P}{A} \pm \frac{M_z y}{I_z} \tag{2-33}$$

矩形截面简支梁拉弯组合变形时正应力计算

应用公式（2-33）计算正应力时，由弯矩引起的正应力的正负号可根据所求点 $K$ 的位置来判定，当 $K$ 点处于弯曲变形的受压区时取负号，处于受拉区时取正号。

显然，横截面上的最大正应力和最小正应力分别发生在截面的边线 $m$-$m$ 和 $n$-$n$ 上，其值分别为：

$$\left.\begin{aligned} \sigma_{max} = \sigma_{max}^{+} = -\frac{P}{A} + \frac{M_z}{W_z} \\ \sigma_{min} = \sigma_{max}^{-} = -\frac{P}{A} - \frac{M_z}{W_z} \end{aligned}\right\} \tag{2-34}$$

截面上各点都处于单向拉压状态，所以强度条件为：

$$\left.\begin{aligned} \sigma_{max} = -\frac{P}{A} + \frac{M_z}{W_z} \leqslant [\sigma^{+}] \\ \sigma_{min} = \left| -\frac{P}{A} - \frac{M_z}{W_z} \right| \leqslant [\sigma^{-}] \end{aligned}\right\} \tag{2-35}$$

（4）最大正应力和偏心距 $e$ 之间的关系

现在来讨论矩形截面偏心受压柱中截面边缘线上的最大正应力和偏心距 $e$ 之间的关系。如图 2-69a 所示的偏心受压柱，$A = bh$，$W_z = bh^2/6$，$M_z = Pe$，将各值代入式（2-35）得：

$$\sigma_{max} = -\frac{P}{bh} + \frac{Pe}{\frac{bh^2}{6}} = -\frac{P}{bh}\left(1 - \frac{6e}{h}\right) \tag{2-36}$$

边缘 $A$-$B$ 上的正应力的正负号，由上式中（$1 - 6e/h$）的正负号决定，可能出现以下三种情况：

1）当 $1 - 6e/h > 0$，即 $e < h/6$ 时，$\sigma_{max}$ 为压应力。截面全部受压，应力分布如图 2-69c所示。

2）当 $1 - 6e/h = 0$，即 $e = h/6$，$\sigma_{max}$ 为零。截面全部受压，而边缘 $A$-$B$ 上的正应力正好为零。应力分布如图 2-69d 所示。

3）当 $1 - 6e/h < 0$，即 $e > h/6$ 时，$\sigma_{max}$ 为拉应力。截面部分受拉，部分受压，应力分布如图 2-69e 所示。

可见，截面上应力分布情况随偏心距 $e$ 变化而变化，与偏心力 $P$ 的大小无关。当偏心距 $e > h/6$ 时，截面上出现受拉区；当偏心距 $e \leqslant h/6$ 时，截面全部受压。

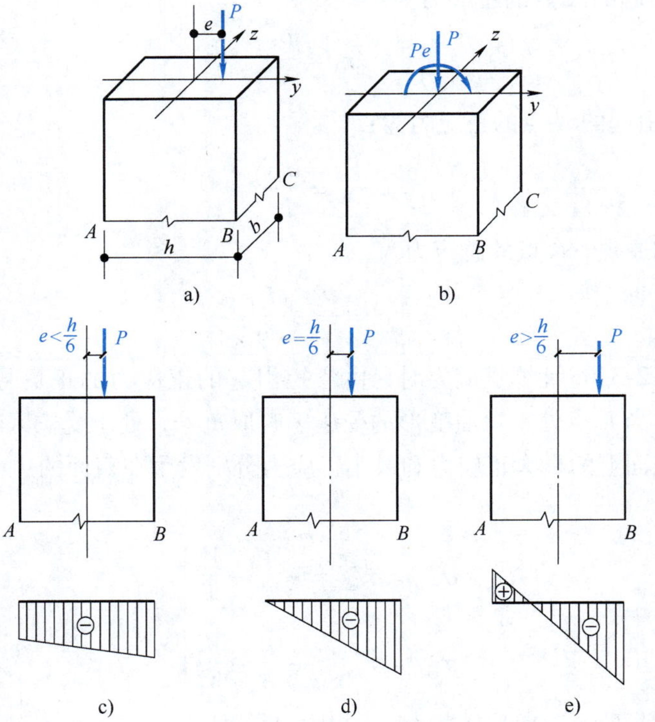


图 2-69　单向偏心压缩

**【例 2-27】** 如图 2-70 所示矩形截面柱，柱顶有屋架传来的压力 $P_1=100\text{kN}$，牛腿上承受吊车梁传来的压力 $P_2=45\text{kN}$；$P_2$ 与柱轴线的偏心距 $e$ 等于已知柱宽，$b=200\text{mm}$，求：

（1）若 $h=300\text{mm}$，则柱截面中的最大拉应力和最大压应力各为多少？

（2）要使柱截面不产生拉应力，截面高度 $h$ 应为多大？在所选的尺寸下，柱截面中的最大压应力为多少？

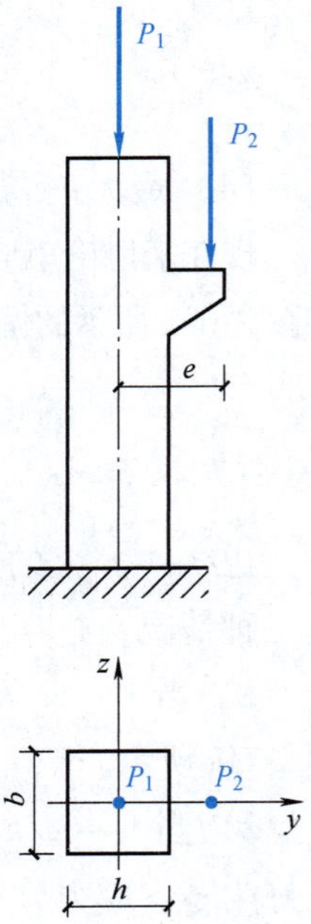


图 2-70　牛腿柱受力图

**【解】**（1）求 $\sigma_{\max}^{+}$ 和 $\sigma_{\max}^{-}$：

将作用力向截面形心简化，柱的轴向压力为：

$$P=P_1+P_2=145\text{kN}\cdot\text{m}$$

截面的弯矩为：

$$M_z=P_2e=45\times0.2\text{kN}\cdot\text{m}=9\text{kN}\cdot\text{m}$$

由式（2-34）得

$$\sigma_{\max}^{+}=-\frac{P}{A}+\frac{M_z}{W_z}=-\frac{145\times10^3}{200\times300}+\frac{9\times10^6}{\frac{200\times300^2}{6}}$$

$$=-2.42+3=0.58\text{N/mm}^2=0.58\text{MPa}$$

$$\sigma_{\max}^{-}=-\frac{P}{A}-\frac{M_z}{W_z}=-2.42-3=-5.42\text{MPa}$$

（2）求 $h$ 及 $\sigma_{max}^-$。要使截面不产生拉应力，应满足：

$$\sigma_{max}^+ = -\frac{P}{A} + \frac{M_z}{W_z} \leqslant 0$$

$$-\frac{145\times10^3}{200h} + \frac{9\times10^6}{\frac{200h^2}{6}} \leqslant 0$$

解得：$h \geqslant 372\text{mm}$。

当取 $h = 380\text{mm}$ 时，截面的最大压应力为：

$$\sigma_{max}^- = -\frac{P}{A} - \frac{M_z}{W_z} = \left(-\frac{145\times10^3}{200\times380} - \frac{9\times10^6}{\frac{200\times380^2}{6}}\right)\text{N/mm}^2$$

$$= (-1.908 - 1.870)\text{N/mm}^2 = -3.78\text{N/mm}^2 = -3.78\text{MPa}$$

**2. 双向偏心压缩（拉伸）时的应力和强度条件**

如图 2-71 所示，当偏心压力 $P$ 的作用线与柱轴线平行，但不通过截面任一形心主轴时，称为双向偏心压缩。

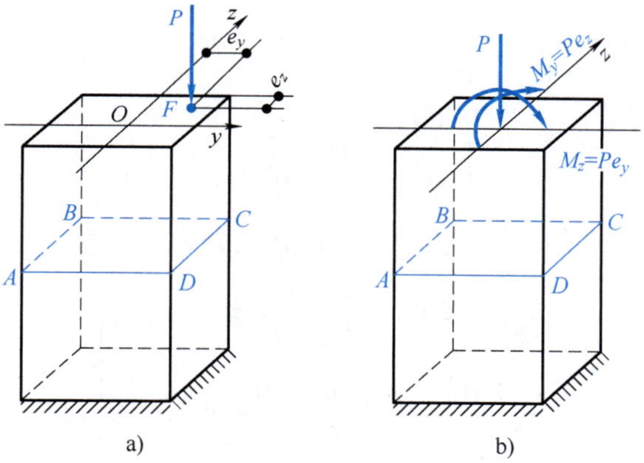


图 2-71　双向偏心压缩

（1）外力分析

如图 2-71 所示，设压力 $P$ 至 $z$ 轴的偏心距为 $e_y$，至 $y$ 轴的偏心距为 $e_z$，（图 2-71a）。用力的平移定理先将压力 $P$ 平移到 $z$ 轴上，产生附加力偶矩 $M_z = Pe_y$，它是绕 $z$ 轴作用的。再将力 $P$ 从 $z$ 轴上平移到截面的形心，又产生一个附加力偶矩 $M_y = Pe_z$，它是绕 $y$ 轴作用的。偏心力 $P$ 经过两次平移后，得到轴向压力 $P$ 和两个力偶 $M_z$ 和 $M_y$（图 2-71b）。即双向偏心压缩是轴向压缩和两个相互垂直的平面弯曲的组合，由此产生的截面上任一点的应力，等于这三种基本变形下应力的叠加。

（2）内力计算

由截面法可求得任一横截面 $ABCD$ 上的内力为：

$$N = P, \quad M_z = Pe_y, \quad M_y = Pe_z$$

（3）应力计算和强度条件

现求横截面 $ABCD$ 上任一点 $K$（坐标为 $y$、$z$）的应力，由轴力 $N$ 引起的 $K$ 点的压应力为：

$$\sigma_N = -\frac{P}{A}$$

由弯矩 $M_z$ 引起的 $K$ 点的应力为：

$$\sigma_{M_z} = \pm\frac{M_z y}{I_z}$$

由弯矩 $M_y$ 引起的 $K$ 点的应力为：

$$\sigma_{M_y} = \pm\frac{M_y z}{I_y}$$

则：根据叠加原理，$K$ 点的正应力为：

$$\sigma = \sigma_N + \sigma_{M_z} + \sigma_{M_y} = -\frac{P}{A} \pm \frac{M_z y}{I_z} \pm \frac{M_y z}{I_y} \tag{2-37}$$

应用上式计算时，由弯矩 $M_z$、$M_y$ 引起的正应力的正负号仍然可根据 $K$ 点的位置来判定，当 $K$ 点处于弯曲变形的受压区时取负号，处于受拉区时取正号。

由图 2-72 可见，最小正应力 $\sigma_{\min}$ 发生在 $C$ 点，最大正应力 $\sigma_{\max}$ 发生在 $A$ 点，其值分别为：

$$\left.\begin{aligned}\sigma_{\max} &= -\frac{P}{A} + \frac{M_z}{W_z} + \frac{M_y}{W_y}\\ \sigma_{\min} &= -\frac{P}{A} - \frac{M_z}{W_z} - \frac{M_y}{W_y}\end{aligned}\right\} \tag{2-38}$$

危险点 $A$、$C$ 都处于单向应力状态，所以强度条件为：

$$\left.\begin{aligned}\sigma_{\max} &= -\frac{P}{A} + \frac{M_z}{W_z} + \frac{M_y}{W_y} \leqslant [\sigma^+]\\ \sigma_{\min} &= \left|-\frac{P}{A} - \frac{M_z}{W_z} - \frac{M_y}{W_y}\right| \leqslant [\sigma^-]\end{aligned}\right\} \tag{2-39}$$

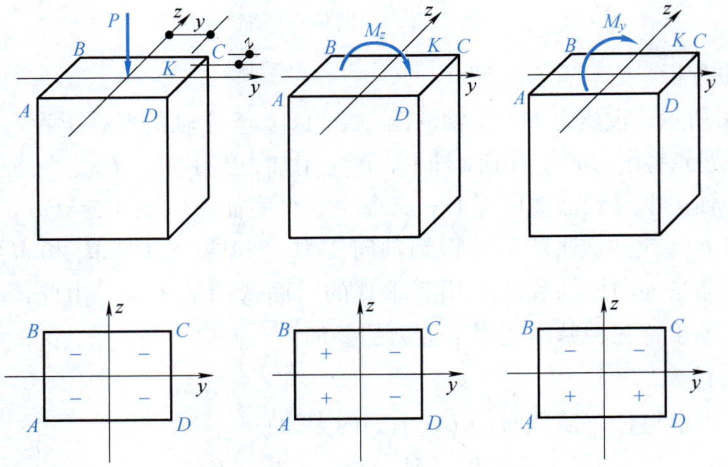


图 2-72　双向偏心压缩应力计算

## 2.4.2　压杆稳定

### 1. 压杆稳定的概念

(1) 问题的提出

轴向受压杆的承载能力是依据强度条件 $\sigma = N/A \leqslant [\sigma]$ 确定的。在实际工程中发现，长度很小的短杆受压力作用时，当应力达到屈服极限或强度极限时，将发生塑性变形或断裂，属强度破坏。而许多细长的受压杆件的破坏是在其应力还远没有达到屈服极限或强度极限的情况下发生的。可以做一个简单的实验，如图 2-73 所示，取两根矩形截面的松木条，面积均为 $A = 30 \times 5\text{mm}^2$。一杆长为 20mm，另一杆长为 1000mm，若松木的强度极限 $\sigma_b = 40\text{MPa}$，按强度考虑，两杆的极限承载能力均应为 $P = \sigma_b \cdot A = 40 \times 30 \times 5 = 6000\text{N}$。但是，当给两杆缓缓施加压力时会发现，长杆在加到约 30N 时，杆发生了弯曲，当力再增加时，弯曲迅速增大，杆随即折断。短杆承受的荷载可达 6000N，且在破坏前一直保持着直线状态。显然，短杆的破坏是达到强度后发生的，而长杆的破坏并不是因强度不足而引起的。

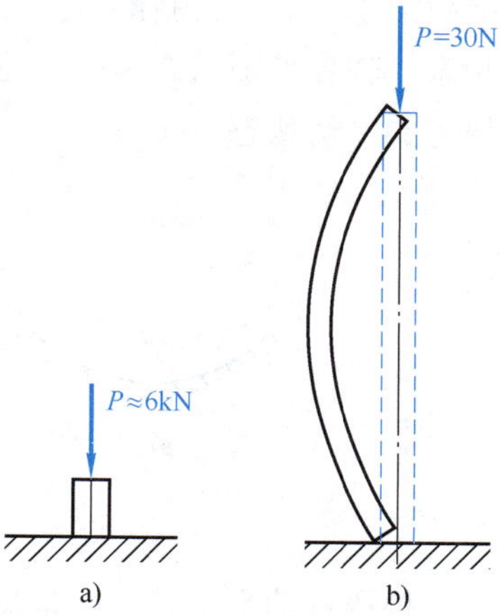

图 2-73　轴向近压杆破坏实验

工程结构中有很多类似的细长压杆。例如，桁架、塔架和支撑系统中的细长压杆，钢筋混凝土细长柱等。在工程史上，曾发生过不少类似长杆的突然弯曲破坏导致整个结构毁坏的事故。如 1907 年北美魁北克圣劳伦斯河上的一座长 548m 钢桥，因桁架中一根受压弦杆突然弯曲，引起大桥的坍塌。

**颗粒素养**

工程师之戒（又称铁戒、耻辱之戒）起源于加拿大魁北克大桥的两次坍塌事故，魁北克大桥两度坍塌毁损，88 人因此丧命，两次坍塌事故也促进了学者对压杆以及组合压杆的稳定性研究。被打捞起来的废弃桥梁钢材被打造成一枚枚铁质戒指，一直传承了下来，它们被戴在工程师常用手的小指上，是一种警示，也是一种告诫。它们不是金、不是银，却无比珍贵，它们是几十名死难者的血肉，是工程师心里的警钟，时刻告诫着工程师们不可迷信权威，要时刻牢记自己的使命。

这种细长压杆突然破坏的现象与强度破坏有着本质的区别。它是由于杆件丧失了保持直线状态的稳定性而造成的。这类破坏属稳定问题，称为失稳破坏。细长杆失稳破坏时的压力比发生强度破坏时的压力要小得多。因此，细长压杆必须进行稳定性的计算。

(2) 平衡状态的稳定性

为了说明“失稳”的实质，以图 2-74 所示小球的三种平衡状态作比拟，对平衡状态的稳定性加以说明。小球在 $A$、$B$、$C$ 三个位置虽然都可以保持平衡，但这些平衡状态对干扰的反应能力不同。图2-74a所示的小球在曲面槽内$A$点位置保持平衡。这时给小球一微小干扰力使其离开位置$A$，当干扰力去掉后，经过几次来回地滚动后，小球能回到原来的位置继续保持平衡，则小球在$A$处的平衡状态称为稳定的平衡状态。图2-74b所示小球在凸面$B$点处于平衡状态，当它受到干扰力后，会沿曲面滚动下去，再也不会回到原来的位置$B$，则小球在$B$处的平衡状态，称为不稳定的平衡状态。图2-74c所示小球在平面$C$处的平衡状态，在受到干扰力后，小球既不能回到原来的位置，又不会继续滚动，而是在新的位置保持了新的平衡，则小球在$C$处的平衡状态称为临界平衡状态。临界平衡状态是由稳定状态过渡到不稳定状态的一种平衡状态，显然它属于不稳定的平衡状态。

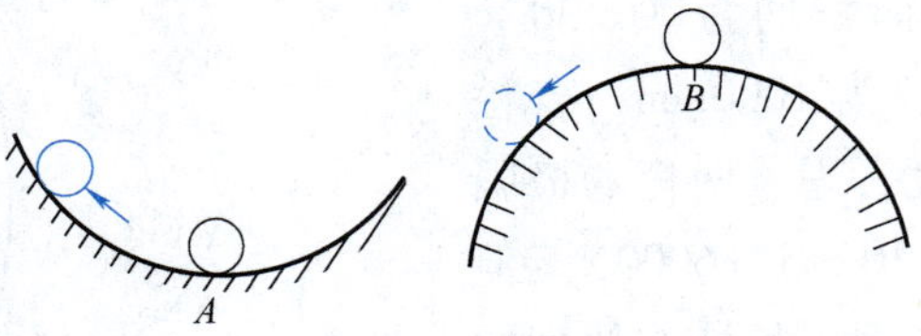


图2-74　小球的三种平衡状态

压杆稳定的概念

一根压杆的平衡状态，根据它对干扰的承受能力也可分为三种。如图2-75所示为一压杆，在微小的横向干扰力及轴向压力$P$的作用下，杆处于微弯曲状态。

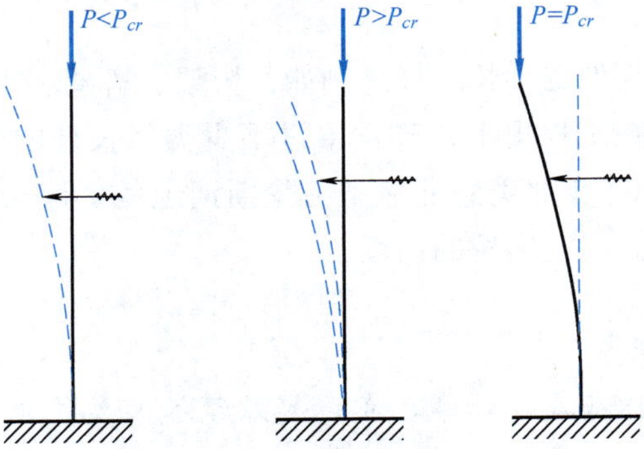


图2-75　压杆的三种平衡状态

1）当轴向压力$P$小于某一特定值$P_{cr}$，即$P<P_{cr}$时，去掉干扰力后，压杆仍能恢复到原来的直线平衡状态。如图2-75a所示，这时的直线平衡状态是一种稳定的平衡状态。

2）当轴向压力$P$增大到特定值$P_{cr}$，即$P=P_{cr}$时，去掉干扰力后，杆件已不能恢复到原来的直线形状，而会在微弯下保持新的平衡，如图2-75c所示。这时杆件的直线形状平衡状态是一种临界平衡状态。

3）当轴向压力超过特定值$P_{cr}$，即$P>P_{cr}$时，去掉干扰力后，压杆的微弯曲将会继续增大，一直到折断破坏，如图2-75b所示。这时的直线形状平衡状态是一种不稳定的平衡状态。

由以上分析可见，压杆直线形状平衡状态的稳定性与杆上所受到的压力的大小有关。当 $P<P_{cr}$时是稳定的，当 $P\geqslant P_{cr}$时是不稳定的。特定值 $P_{cr}$称为压杆的临界力。

工程实际中的压杆，由于种种原因不可能达到理想的中心受压状态。制作的误差、材料的不均匀、周围物体振动的影响都相当于一种“干扰力”。所以，当压杆上的荷载达到临界力 $P_{cr}$时，就会使直线形状的平衡状态变得不稳定，在这些不可避免的干扰下，便会发生“丧失稳定”的破坏。

因此，压杆的稳定性计算，关键在于确定各种杆件的临界力，以使杆上的压力不超过它，确保杆件不发生失稳破坏。

**2. 细长压杆的临界力**

压杆的临界力的大小可以由实验测试或理论推导得到。临界力的大小与压杆的长度，截面形状及尺寸、材料以及两端的支承情况有关。

（1）两端铰支压杆的临界力

图 2-76 为两端铰支的受压杆件，由实验分别测试不同长度、不同截面、不同材料的压杆在杆内应力不超过材料的比例极限时发生失稳的临界力值 $P_{cr}$，可得到如下关系：

$$P_{cr}=\frac{\pi^2EI}{l^2} \tag{2-40}$$

式中　π——圆周率；

$E$——材料的弹性模量；

$l$——杆件长度；

$I$——杆件横截面对形心轴的惯性矩。

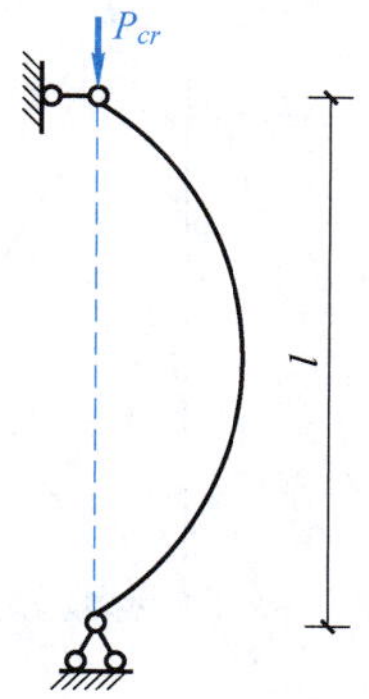

图 2-76　两端铰支的受压杆件

这就是两端铰支压杆临界力的计算公式，又称为欧拉公式。

当杆端在各方向的支承情况相同时，压杆总是在抗弯刚度最小的纵向平面内失稳，所以公式中的惯性矩，应取其横截面的最小形心主惯性矩 $I_{\min}$。

上述公式也可以通过建立临界平衡状态时压杆的弯曲挠曲线微分方程，从理论上证明。

（2）其他支承情况下细长压杆的临界力

细长压杆临界力的大小会受到支承方式的影响。杆端约束越强，压杆越不容易失稳，临界力就越大。下面用比较的方法来确定各种杆端支承情况下，杆件的临界力计算式，即以两端铰支的压杆作为基本情况，将其他约束的压杆的挠曲线形状与两端铰支压杆的挠曲线形状做比较，来推导出不同杆端约束下的细长杆的临界力公式，如图 2-77 所示。

如图 2-77a、b 所示，长为 $l$，一端固定、一端自由的压杆，临界平衡状态时的挠曲线形状与长度为 $2l$ 的两端铰支压杆的挠曲线上半段完全一样，因此，其临界力与相当于长度为 $2l$ 的两端铰支压杆的临界力相同，即：

$$P_{cr}=\frac{\pi^2EI}{(2l)^2} \tag{2-41}$$

同理，可以得到两端固定支承压杆（图 2-77c）的临界力为：

$$P_{cr}=\frac{\pi^2EI}{(0.5l)^2} \tag{2-42}$$

一端固定、一端铰支支承压杆（图 2-77d）的临界力为：

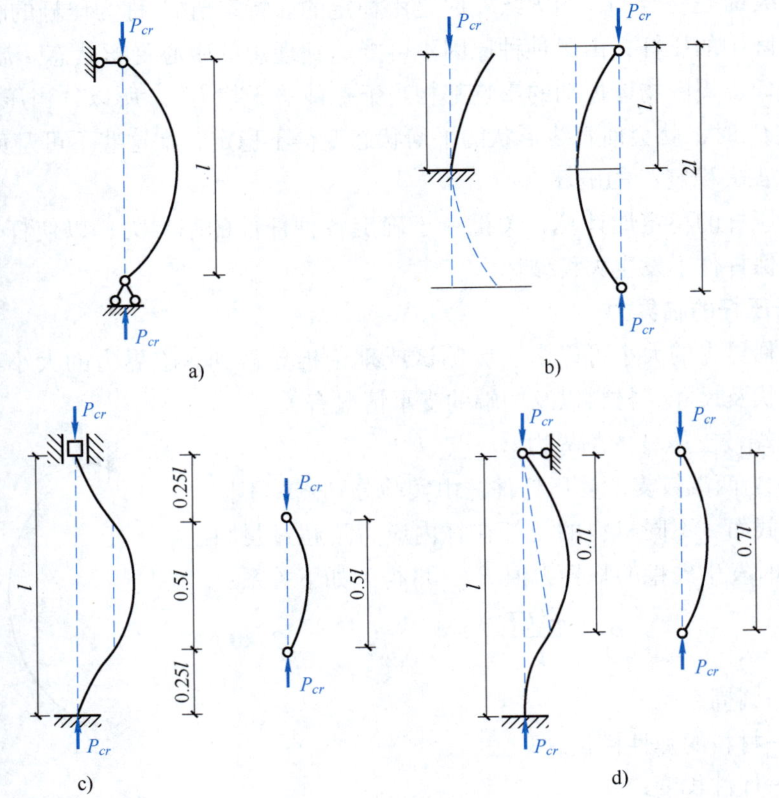


图 2-77　其他支承情况下的细长压杆

$$P_{cr}=\frac{\pi^2 EI}{(0.7l)^2} \tag{2-43}$$

由上式比较可见，即使杆长相同，当细长压杆两端的支承情况不同时，其临界力也不相同，但临界力的公式基本相似，因此，可将各公式归纳为一个统一的公式：

$$P_{cr}=\frac{\pi^2 EI}{(\mu l)^2} \tag{2-44}$$

此式称为欧拉公式的通式。式中 $\mu l$ 称为压杆的计算长度，$\mu$ 称为长度系数，它反映了杆端支承对临界力的影响。各种杆端支承情况下的长度系数 $\mu$ 值列于表 2-7。

表 2-7　各杆端支承压杆的长度系数

| | | | | |
|---|---|---|---|---|
| 杆端支承情况 | 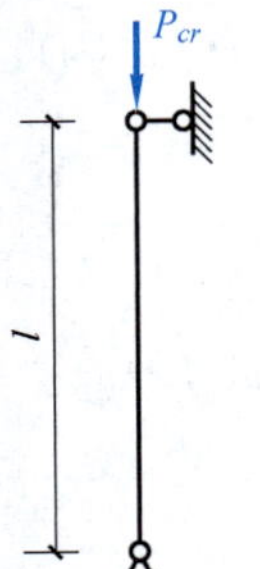 | 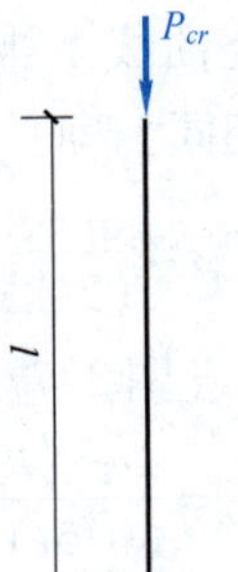 | 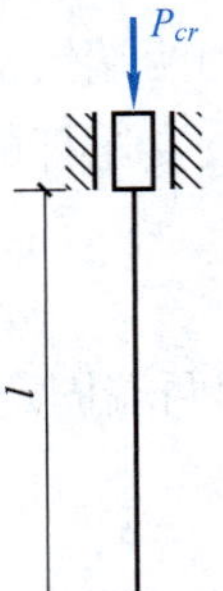 | 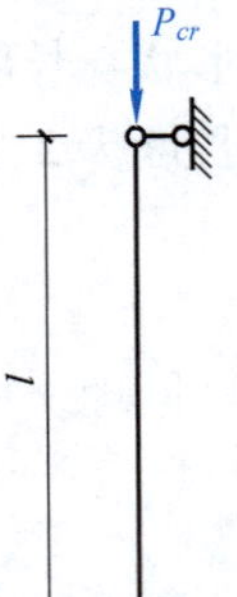 |

（续）

| 临界力 $P_{cr}$ | $\frac{\pi^2 EI}{l^2}$ | $\frac{\pi^2 EI}{(2l)^2}$ | $\frac{\pi^2 EI}{(0.5l)^2}$ | $\frac{\pi^2 EI}{(0.7l)^2}$ |
|---|---|---|---|---|
| 计算长度 | $l$ | $2l$ | $0.5l$ | $0.7l$ |
| 长度系数 $\mu$ | 1 | 2 | 0.5 | 0.7 |

**【例 2-28】** 一端固定、一端自由的受压柱，长 $l=1\text{m}$，材料弹性模量 $E=200\text{GPa}$。试计算图 2-78a、b 所示两种截面时柱子的临界力。

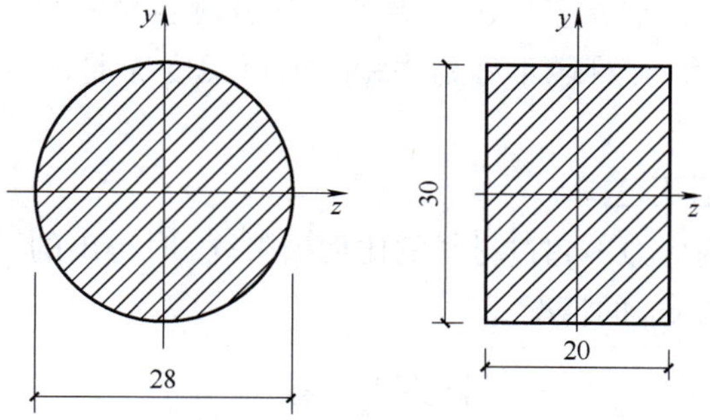


图 2-78 两种截面

**【解】** (1) 计算直径 $d=28\text{mm}$ 的圆截面柱的临界力。一端固定、一端自由的压杆，长度系数 $\mu=2$，截面惯性矩为：

$$I=\frac{\pi d^4}{64}=\frac{\pi\times 28^4}{64}=3.02\times 10^4\text{mm}^4$$

临界力为：

$$P_{cr}=\frac{\pi^2 EI}{(\mu l)^2}=\frac{\pi^2\times 200\times 10^3\times 3.02\times 10^4}{(2\times 10^3)^2}=14890\text{N}=14.89\text{kN}$$

(2) 计算 $b\times h=20\text{mm}\times 30\text{mm}$ 矩形截面柱的临界力。长度系数 $\mu=2$，截面惯性矩为：

$$I=\frac{hb^3}{12}=\frac{30\times 20^3}{12}=2\times 10^4\text{mm}^4$$

临界力为：

$$P_{cr}=\frac{\pi^2 EI}{(\mu l)^2}=\frac{\pi^2\times 200\times 10^3\times 2\times 10^4}{(2\times 10^3)^2}=9860\text{N}=9.86\text{kN}$$

**3. 欧拉公式的适用范围**

(1) 临界应力

在临界力作用下，压杆横截面上的平均正应力称为压杆的**临界应力**，用 $\sigma_{cr}$ 表示。如用 $A$ 表示压杆的横截面面积，则由欧拉公式所得到的临界应力为：

$$\sigma=\frac{P_{cr}}{A}=\frac{\pi^2 EI}{(\mu l)^2 A}=\frac{\pi^2 E}{\left(\frac{\mu l}{i}\right)^2}$$

上式中，$i=\sqrt{\frac{I}{A}}$为压杆横截面对中性轴的惯性半径。

令 $\lambda=\frac{\mu l}{i}$，则压杆临界应力的欧拉公式为：

$$\sigma_{cr}=\frac{\pi^2 E}{\lambda^2}$$

上式中，$\lambda$ 为压杆的柔度或长细比，是一个无量纲的量，它综合反映了压杆的长度、支承情况、截面形状及尺寸等因素对临界应力的影响。由公式可知，压杆的柔度 $\lambda$ 越大，表示压杆越细长，临界应力 $\sigma_{cr}$ 就越小，压杆越容易失稳；反之 $\lambda$ 越小，压杆越粗短，临界应力就越大，压杆越不容易失稳。所以柔度 $\lambda$ 是压杆稳定计算中一个重要的参数。

（2）欧拉公式的适用范围

欧拉公式是在杆内应力不超过材料的比例极限 $\sigma_P$ 时得出的，因此，欧拉公式只适用于应力小于比例极限 $\sigma_P$ 的情况。

即：

$$\sigma_{cr}=\frac{\pi^2 E}{\lambda^2}\leqslant\sigma_P$$

若用柔度来表示，则欧拉公式的适用范围为：

$$\lambda=\lambda_P=\sqrt{\frac{\pi^2 E}{\sigma_P}} \tag{2-45}$$

式中　$\lambda$——压杆的实际柔度；

$\lambda_P$——$\sigma_{cr}$ 等于比例极限 $\sigma_P$ 时的柔度值。

工程中把 $\lambda\geqslant\lambda_P$ 的压杆称为细长杆或大柔度杆，只有这种细长杆才能应用欧拉公式计算临界力或临界应力。例如：Q235 钢，$E=206\text{GPa}$，$\sigma_P=200\text{MPa}$，代入公式（2-45）得：

$$\lambda_P=\sqrt{\frac{\pi^2 E}{\sigma_P}}=\sqrt{\frac{\pi^2\times 206\times 10^3}{200}}=100$$

所以 Q235 钢制成的压杆，只有在 $\lambda\geqslant 100$ 时，才可应用欧拉公式。

**【例 2-29】** 一根中心受压柱，长 $l=8\text{m}$，为矩形截面，$b\times h=120\text{mm}\times 200\text{mm}$，柱的支承情况是：在最大刚度平面内弯曲时（中性轴为 $y$ 轴），两端铰支，如图 2-79a 所示。在最小刚度平面内弯曲时（中性轴为 $z$ 轴），两端固定，如图 2-79b 所示。材料的弹性模量 $E=10\text{GPa}$，$\lambda_P=110$，试求柱的临界应力和临界力。

**【解】**（1）计算最大刚度平面内的临界应力和临界力：

矩形截面的惯性半径 $i=\frac{h}{\sqrt{12}}=\frac{200}{\sqrt{12}}\text{mm}=57.7\text{mm}$，在此平面内，柱子两端为铰支座，所以长度系数 $\mu=1$，柔度为：

$$\lambda_y=\frac{\mu l}{i_y}=\frac{1\times 8\times 10^3}{57.7}=139>110$$

所以柱为细长压杆，可用欧拉公式。

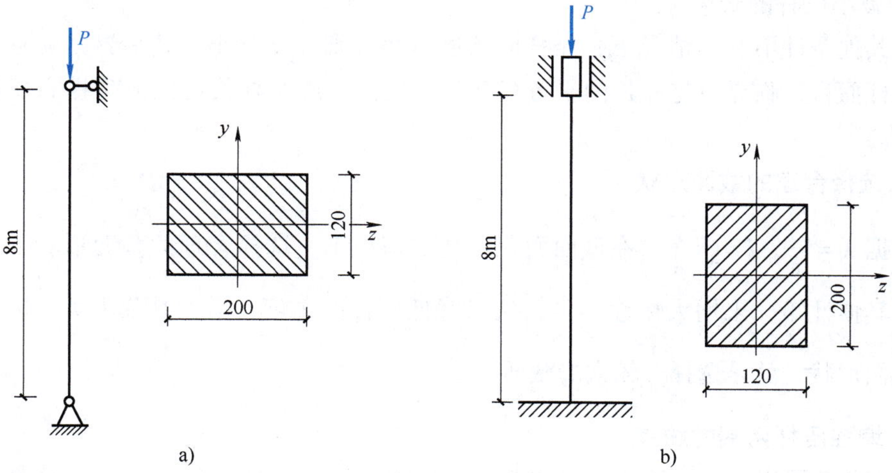


图 2-79 中心受压柱

临界应力为：

$$\sigma_{cr}=\frac{\pi^2 E}{\lambda_y^2}=\frac{\pi^2\times 10\times 10^3}{139^2}\text{N/mm}^2=5.10\text{N/mm}^2=5.10\text{MPa}$$

临界力为：

$$P_{cr}=A\sigma_{cr}=120\times 200\times 5.1=122.4\times 10^3\text{N}=122.4\text{kN}$$

（2）计算最小刚度平面的临界应力和临界力：

惯性半径 $i_z=\frac{b}{\sqrt{12}}=\frac{120}{\sqrt{12}}\text{mm}=34.6\text{mm}$

在此平面内，柱子两端固定，所以 $\mu=0.5$，柔度为：

$$\lambda_z=\frac{\mu l}{i_z}=\frac{0.5\times 8\times 10^3}{34.6}=115.6>110$$

用欧拉公式计算临界应力为：

$$\sigma_{cr}=\frac{\pi^2 E}{\lambda_z^2}=\frac{\pi^2\times 10\times 10^3}{115.6^2}\text{MPa}=7.38\text{MPa}$$

临界力 $P_{cr}=\sigma_{cr}A=120\times 200\times 7.38=177.1\times 10^3\text{N}=177.1\text{kN}$

（3）讨论

计算结果表明，受压柱的最大刚度平面内临界力比最小刚度平面内临界力小，将先失稳。

此例说明，当压杆在两个方向平面内支承情况不同时，不能光从刚度来判断，而应分别计算后才能确定在哪个方向先失稳。

## 2.4.3 提高压杆稳定性的措施

通过上述2.4.1～2.4.2 的内容可知，影响压杆稳定性的因素主要有：压杆的长度、截面形状及尺寸、两端的支承情况、材料等。因此，提高压杆稳定性主要从以下四个方面入手。

**1. 减小压杆的长度**

在其他条件不变的情况下，压杆的长度越小，则柔度越小，其临界力就越大。对于细长杆而言，临界力与杆长的平方成反比，因此，减小杆长可以显著提高压杆的承载能力。

**2. 选择合理的截面形状**

根据 $\lambda=\frac{\mu l}{i}$，$i=\sqrt{\frac{I}{A}}$，在截面面积不变的情况下，选择合理的截面形状，可以通过增大其惯性矩，来增大惯性半径，从而降低压杆的柔度，增大其临界力。因此，合理的截面形状，就是选择$\frac{I}{A}$较大的截面。

**3. 增强压杆两端的约束**

从表 2-7 可以看出，压杆两端的约束越稳固，长度系数 $\mu$ 就越小，则柔度 $\lambda$ 也越小，其临界力越大。因此，加强压杆两端的约束可以提高压杆的稳定性。

**4. 合理选用材料**

由欧拉公式可知，压杆的临界力与材料的弹性模量成正比，因此，在其他条件均相同的情况下，选用弹性模量 $E$ 较大的材料，可以提高细长压杆的承载能力。

**颗粒素养**

中国基建，在国际上早已打出了赫赫的名头。特别是中国的桥梁建设，更是让世人惊叹。北盘江第一桥便是其一，它位于泥猪河之上，大桥全长 1341.4m，桥面至江面距离 565.4m，其相对高度相当于两百层楼的高度，刷新了吉尼斯世界纪录，被称为世界第一高桥。如此高的桥梁仍能保持其压杆稳定性，足以证明我国在桥梁设计、建设、施工方面的高超技术。因此，学好压杆稳定，打好力学基础在未来的桥梁建设中将大有可为！

## 思考与练习题

1. 试计算图 2-80 所示截面的形心位置，图中尺寸的单位为 mm。

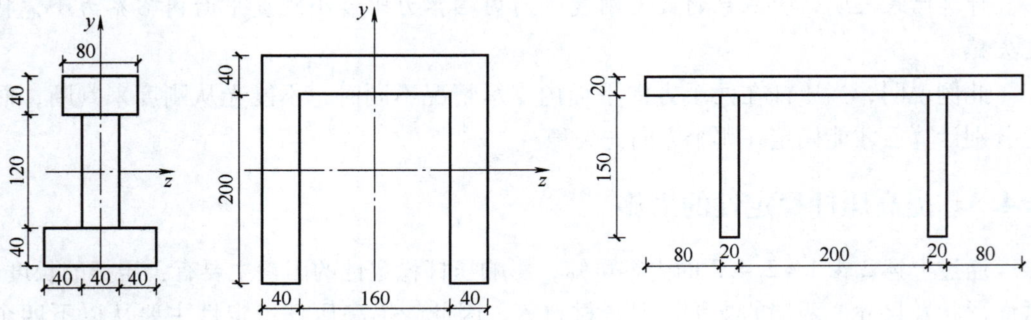


图 2-80 思考题 1 图

2. 计算图2-81所示矩形截面（实线部分）对形心轴 $z$ 的惯性矩；若保持面积不变，将矩形截面改成工字形（如图中虚线所示），此时对形心轴 $z$ 的惯性矩有何变化？

3. 求图2-82所示各杆1-1和2-2截面上的轴力。

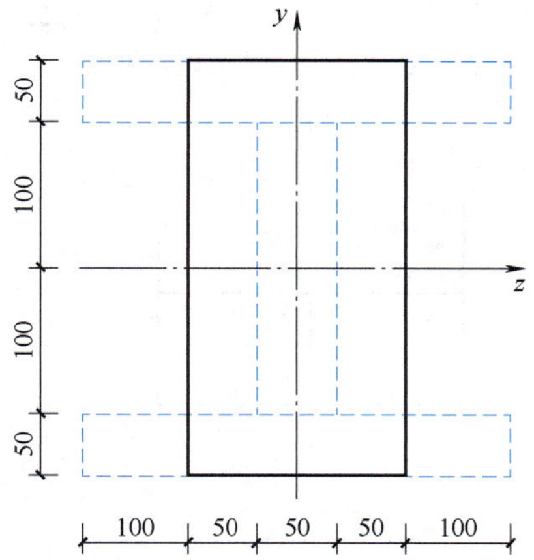


图2-81　思考题2图

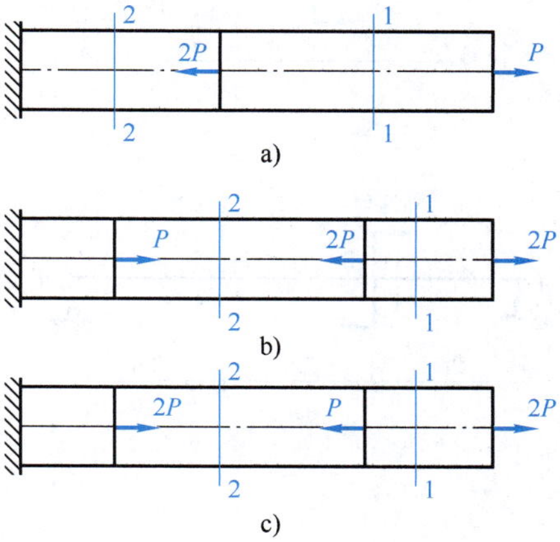


图2-82　思考题3图

4. 试用截面法计算图2-83所示杆件各段的轴力，并画轴力图。

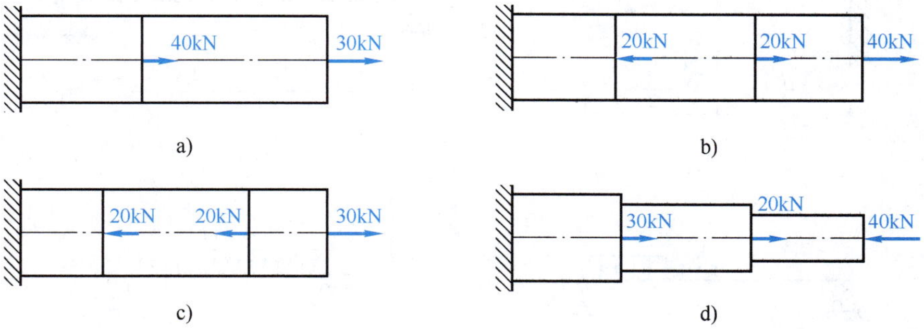


图2-83　思考题4图

5. 如图2-84所示，截面为正方形的阶梯形砖柱上柱高 $H_1=3\text{m}$，截面积 $A=240\times240\text{mm}^2$，下柱高 $H_2=4\text{m}$，截面积 $A_2=370\times370\text{mm}^2$，承受的外荷载 $P=40\text{kN}$，砖的弹性模量 $E=3\text{GPa}$，不考虑砖柱的自重，试计算：

（1）上、下柱的应力。

（2）上、下柱的应变。

（3）$A$ 截面与 $B$ 截面的位移。

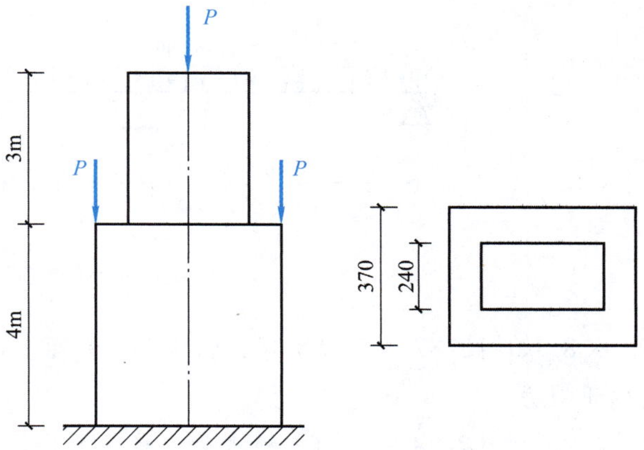


图2-84　思考题5图

6. 用截面法求图 2-85 中各梁指定截面的剪力和弯矩。

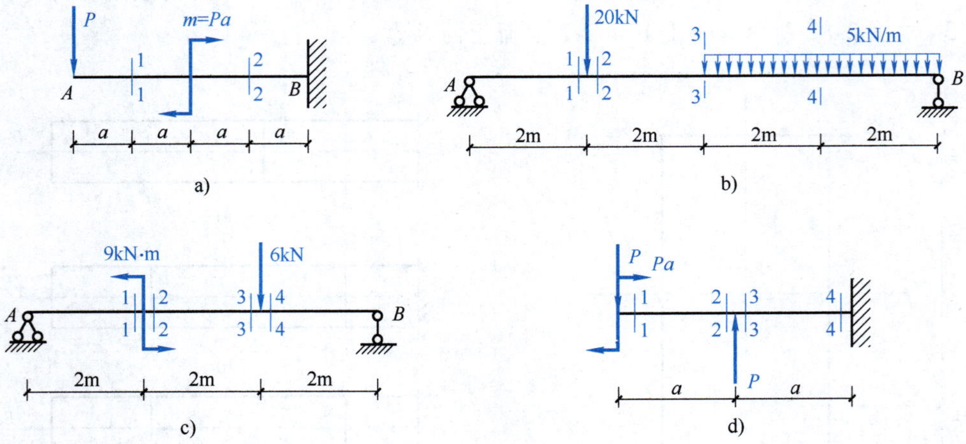


图 2-85　思考题 6 图

7. 列出图 2-86 中各梁的剪力方程和弯矩方程，并画出 $Q$ 图和 $M$ 图。

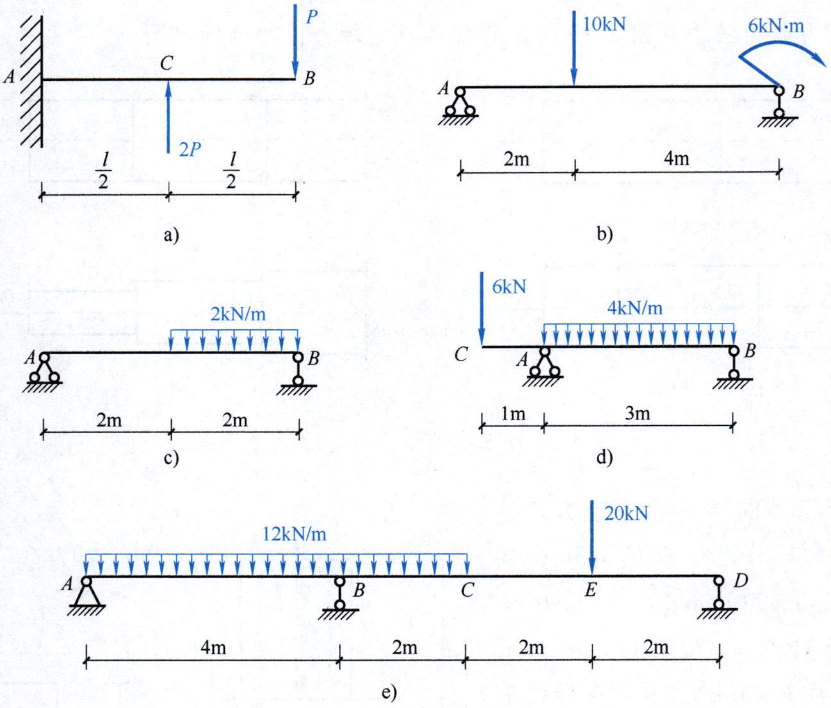


图 2-86　思考题 7 图

8. 如图 2-87 所示简支梁，试求 1-1 截面上 $a$、$b$、$c$、$d$ 四点处的正应力及梁内最大的正应力。

9. 如图 2-88 所示简支松木梁，材料的许用应力 $[\sigma]=10\text{MPa}$，不考虑自身重力，试确定许可均布荷载 $[q]$。

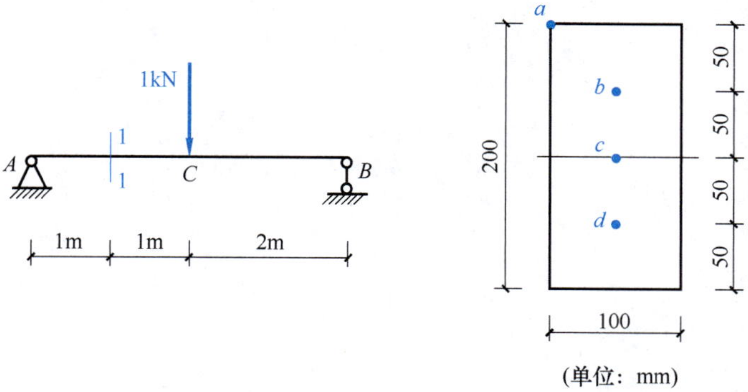


图 2-87　思考题 8 图

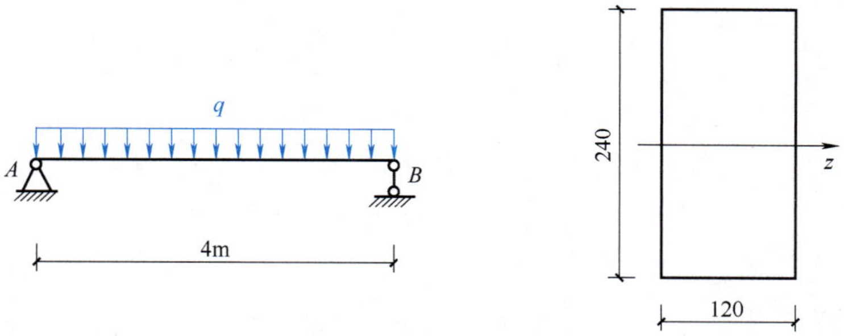


图 2-88　思考题 9 图

10. 如图 2-89 所示外伸圆木梁，已知 $P=4\text{kN}$，$q=2\text{kN/m}$。材料的许用正应力 $[\sigma]=10\text{MPa}$。试选择梁的直径 $d$。

11. 悬臂木梁的受力如图 2-90 所示。$P_1=0.8\text{kN}$，$P_2=1.6\text{kN}$，矩形截面 $b\times h=90\text{mm}\times 180\text{mm}$。试求梁的最大拉应力和最大压应力，并指出分别发生在何处。

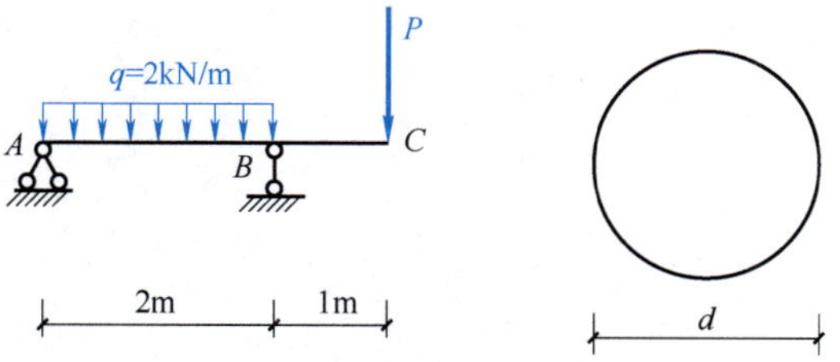


图 2-89　思考题 10 图

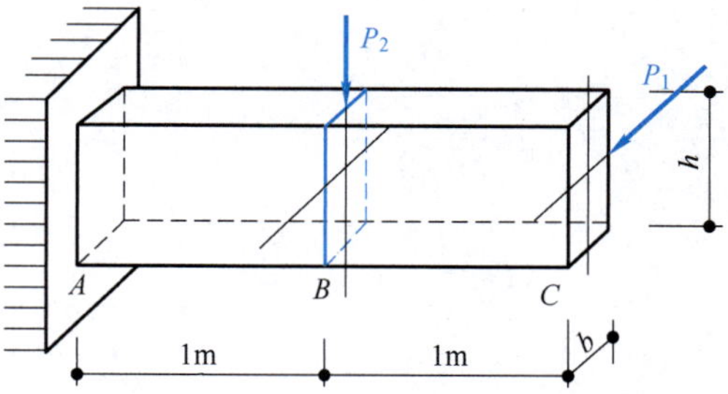


图 2-90　思考题 11 图

12. 一细长压杆，两端铰支，横截面面积均为 $A=6\text{cm}^2$，杆长 $l=1\text{m}$，弹性模量 $E=200\text{GPa}$，试用欧拉公式计算不同截面杆（圆形截面；空心圆形截面，内外直径比 $a=0.5$）的临界应力，并加以比较。

# 模块 3
# 结构力学基础

## 知识目标

● 了解几何组成分析的目的，刚片、约束等概念。

● 理解自由度的概念，几何不变体系与几何可变体系的概念、组成规律及受力特点，静定、超静定结构的概念，简支梁支座反力影响线、剪力影响线、弯矩影响线的画法，影响线的应用，内力包络图的概念及应用。

● 掌握平面杆系几何组成分析的分析方法，结构影响线的概念，最不利荷载位置的确定方法。

## 能力目标

● 能熟练应用平面杆系结构的组成规律解决简单的几何组成分析问题。

● 能正确判断静定、超静定结构。

● 能通过影响线初步确定结构的最不利荷载位置，以解决工程实际问题。

## 素养目标

● 增强学生的安全、责任意识；提高其求真务实、勇于创新的职业精神。

## 模块概述

本模块先从几何分析的角度分析结构。进行结构的几何构造分析，目的在于将杆件结构看成一个杆件体系，检查它是否为几何不变体系，保证结构的安全性。前两个模块主要是对平面杆件体系的讨论，其荷载都是固定荷载，作用点的位置固定不变，但有些结构需要承担移动荷载，例如，桥梁上作用的车辆，吊车梁上移动的吊车等，进而需讨论移动荷载作用下内力计算问题。本模块后面部分简要介绍移动荷载作用下内力变化的规律以及影响线的应用。

# 3.1 平面杆系的几何组成分析

## 3.1.1 几何组成分析的几个概念

结构是由若干根杆件通过结点间的连接及与约束连接而组成的。结构是用来承受荷载的，因此必须保证结构的几何构造是不可变的。

**1. 几何不变体系和几何可变体系**

如果一个结构受到一个任意荷载作用，若不考虑受力后由于材料产生的微小变形，能保持几何形状和位置不变的，我们就将它称为**几何不变体系**，反之称为**几何可变体系**（图3-1）。

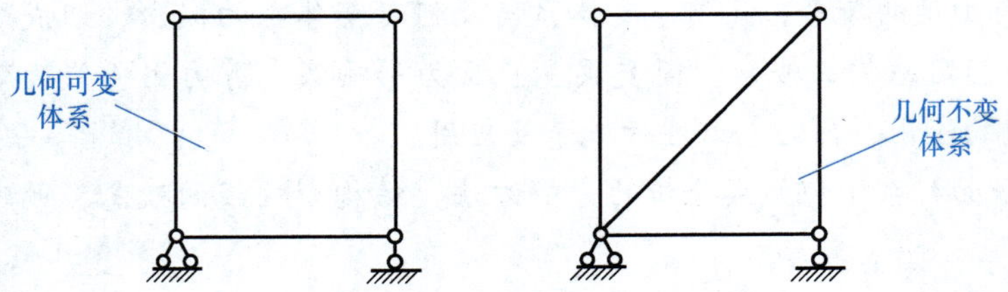


图3-1　几何可变体系和几何不变体系

显然工程中只有几何不变体系可作为受力结构，而几何可变体系是不可以作为受力结构的。因此在选择或组成一个结构时必须掌握几何不变体系的组成规律。

**2. 自由度**

判断一个体系是否可变，涉及体系运动的自由度问题。体系在运动时，完全确定其在平面内位置所需的独立坐标的数目，称为结构体系的自由度，简称**自由度**。

（1）点的自由度

点在平面内的自由度为2，如图3-2所示。

（2）刚片的自由度

刚片就是几何尺寸和形状都不变的平面刚体。由于我们在讨论体系的几何构造时是不考虑材料变形的，因此我们可以把一根梁、一根柱、一根链杆，甚至体系中已被确定为几何不变的部分都看作是一个刚片。

刚片在平面内的自由度为3，如图3-3所示。

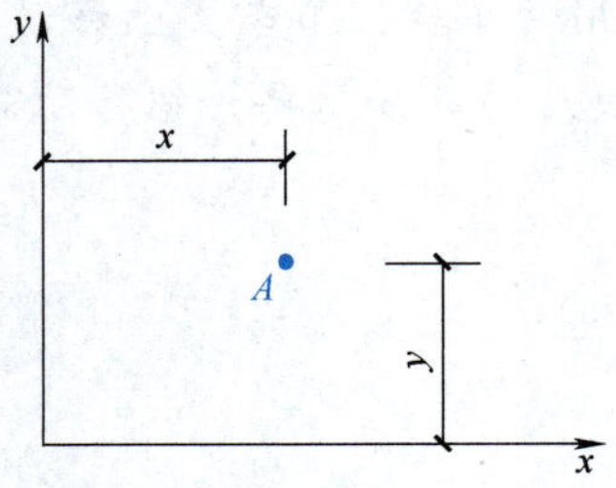


图3-2　平面内的点

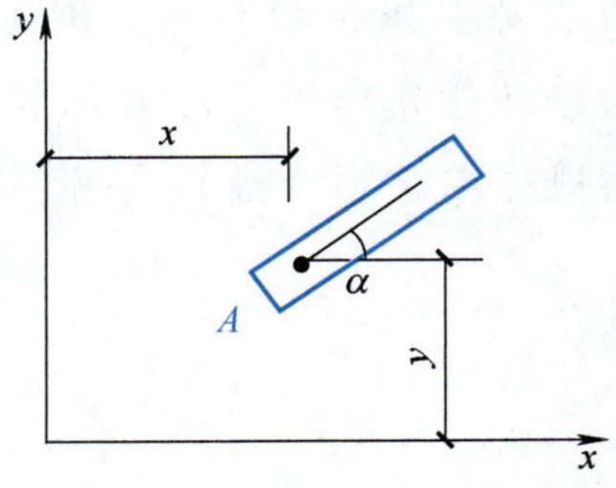


图3-3　平面内的刚片

**3. 约束**

结构是由各种构件通过某些装置组合成不变体系的，它的自由度应该等于或小于零。那种能减少刚片自由度的装置就称为**约束**。

自由度和约束

约束装置的类型有：链杆、单铰、复铰和刚结点。

链杆可减少一个自由度，相当于一个约束。一个单铰可以减少两个自由度，相当于两个约束。复铰是指连接两个以上刚片的铰。连接 $n$ 个刚片的复铰，相当于 $n-1$ 个单铰。一个刚结点能减少三个自由度，相当于三个约束。

## 3.1.2　几何不变体系的组成规律

几何不变体系的基本组成规则

**1. 一个点与一个刚片之间的联结方式**

如图 3-4 所示的体系，由于两链杆在点 $A$ 处的运动方向不一致，因此这个体系是不可变的。两根不在一条直线上的链杆用一个铰连接后，称为二元体，如图 3-5 所示。

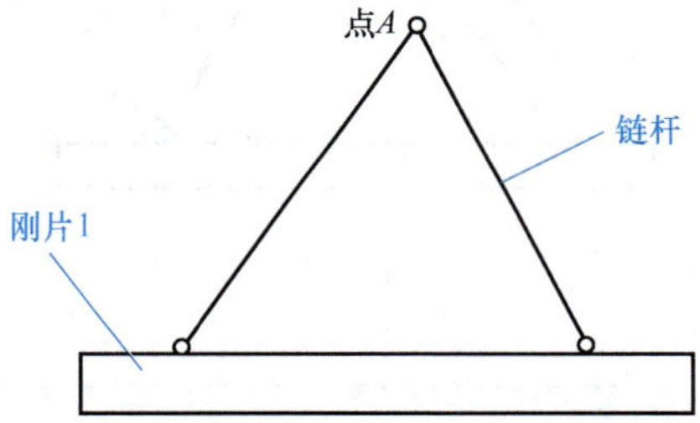

图 3-4　链杆与刚片连接示意图

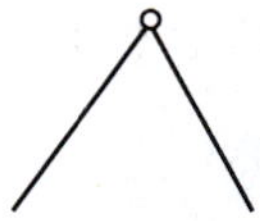
图 3-5　链杆连接示意图

**规律 1（二元体规则）：** 一个刚片与一个点用两根链杆相连，且 3 个铰不在同一直线上，则组成几何不变体系，并且没有多余约束。也可以这样叙述：在一个体系上加上或去掉一个二元体，不会改变体系原来的性质。

利用规律 1，可以组成所需的不变体系，如在刚片 1 上不断地搭接上二元体，组成了一个内部不变体，如图 3-6 所示。

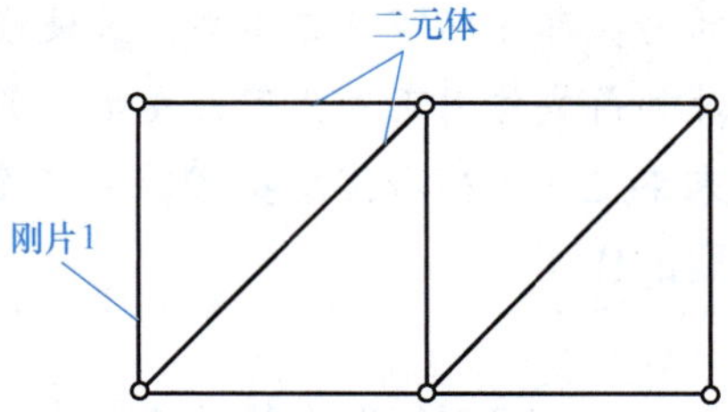

图 3-6　内部不变体

**2. 两个刚片之间的联结方式**

**规律 2（两刚片规则）：** 两个刚片用一个铰和一根链杆相联结，且 3 个铰不在一条直线上，则组成几何不变体系，并且无多余约束，如图 3-7 所示。

一根链杆相当于一个约束，一个单铰相当于两个约束，因此一个单铰可以用两根链杆来代替，得出规律 2 的另一种表述：两个刚片用 3 根不全交于一点，也不

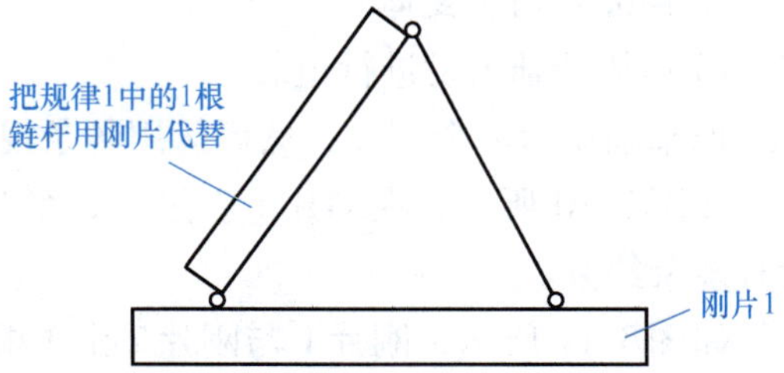

图 3-7　几何不变体系

完全平行的链杆相连，则组成几何不变体系，并且无多余约束，如图 3-8 所示。铰可以分为实铰和虚铰，两根链杆直接相交形成的铰，称为**实铰**；两根链杆的延长线相交，或者两根平行的链杆在无穷远处相交形成的铰，称为**虚铰或瞬铰**。

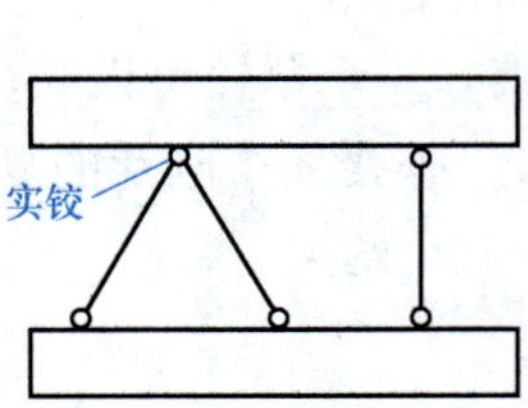


图 3-8　实铰与虚铰

**3. 三个刚片之间的联结方式**

**规律 3（三刚片规则）：** 3 个刚片用三个铰两两相连，且 3 个铰不在一条直线上，则组成几何不变体系，并且无多余约束，如图 3-9 所示。

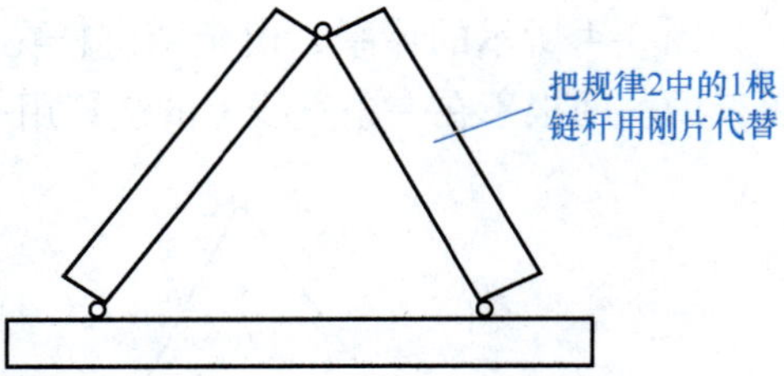


图 3-9　三刚片

以上三条规律实际上可以归纳为一个基本规律：三角形不变规律。

**颗粒素养**

2014 年 5 月 13 日桂林市临桂县某公共租赁房项目，在浇筑北侧楼梯间顶棚混凝土时发生模板坍塌事故，事故导致 5 人死亡、2 人重伤。经调查，事故的主要原因为：部分环节施工不当，致使模板或主体结构体系变成几何可变体系，该体系在外加荷载作用下发生了大变形，最后导致事故的发生。为此，**学好力学知识，对于未来工作中指导工程实践，建造稳固的结构工程，保护人民的生命财产起着至关重要的作用。**

## 3.1.3　几何构造分析方法

利用以上规律，我们可以组成各种各样的几何不变体系，也可以对已组成的体系进行几何构造分析。

**1. 组装几何不变体系**

（1）从基础出发进行组装

把基础作为一个刚片，然后运用各条规律把基础和其他构件组装成一个不变体系。

如图 3-10 所示，在刚片 1 上搭了 5 个二元体，因此组成的是几何不变体系，并且没有多余约束。

如图 3-11 所示，刚片 1 与刚片 2 由 3 根不交于一点的链杆（1、2、3）连接，组成了没有多余约束的几何不变体系，然后在这个不变体上加上了两个二元体，因此整个体系是几何不变的，且没有多余约束。

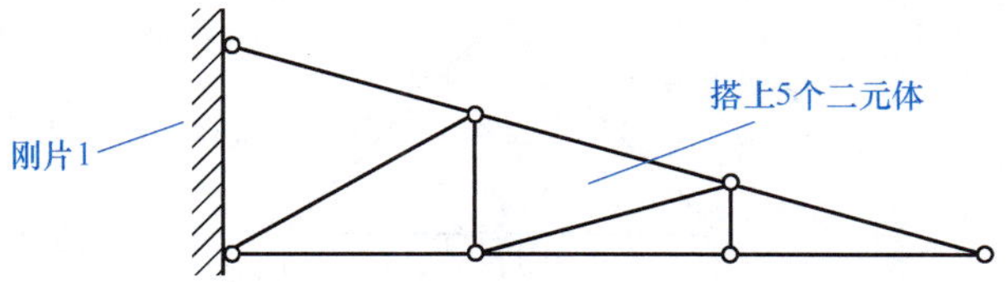


图 3-10　刚片与二元体示意图（1）

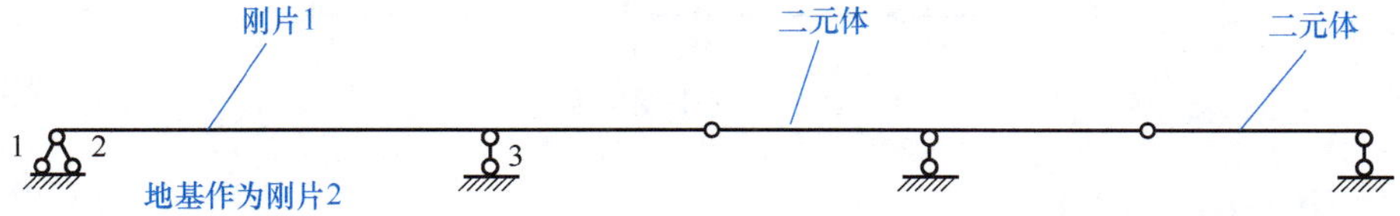


图 3-11　刚片与二元体示意图（2）

如图 3-12 所示，3 个刚片由 3 个不在一条线上的铰（1、2、3）连接，组成了不变体，然后在这个不变体上搭上一个二元体，因此整个体系是几何不变的，且没有多余约束。

（2）从上部体系出发进行组装

先运用各条规律把上部结构组装成一个几何不变体系，然后运用规律 2 将它与基础相连。

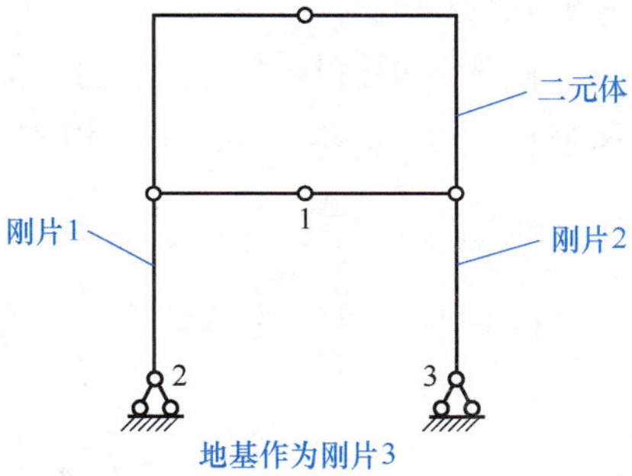


图 3-12　几何不变体系（1）

如图 3-13 所示，3 个刚片之间由 3 个不在一条线上的铰（1、2、3）连接，因此组成的是内部不变体系，然后把它看成一个大刚片，它与地基之间由 3 根不在一条直线上的链杆连接，因此整个体系是几何不变的，且没有多余约束。

**2. 分析已组成的体系**

如图 3-14 所示，在刚片 1 上搭上了 4 个二元体，因此上部体系是几何不变的，这个大刚片与地基之间由 3 根不在一条直线上的链杆连接，因此整个体系是几何不变的，且没有多余约束。

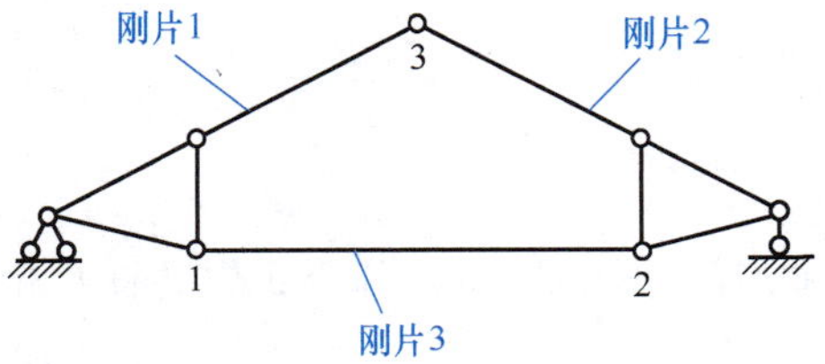


图 3-13　几何不变体系（2）

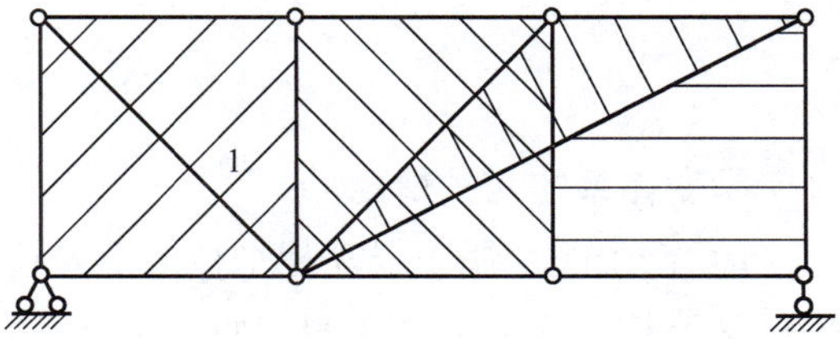


图 3-14　几何不变体系（3）

如图 3-15 所示，刚片 1 与刚片 2 由 1 根链杆 2 和一个铰 1 连接，且 3 个铰不在一条直线上，因此组成的是几何不变体系，且没有多余约束。但这个体系相对地基来说还有 3 个自由度。

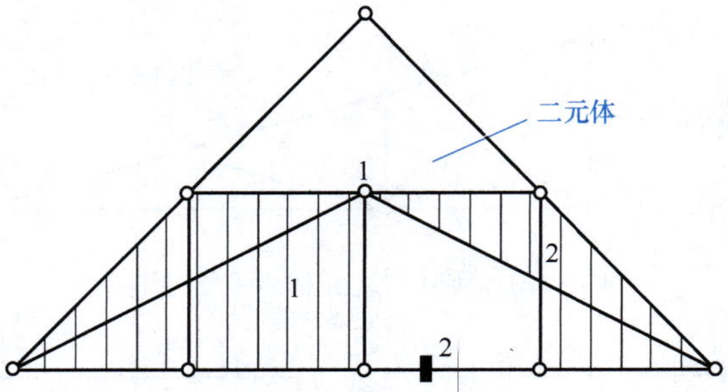


图 3-15 几何不变体系（4）

## 3.1.4 瞬变体系

如图 3-16 所示，两个刚片用 3 根互相平行但不等长的链杆联结，我们来分析一下它的几何构造。

假设 3 根链杆的底部不动，但它们顶部的运动趋势是一致的，因此运动是可能的。但当两刚片发生了微小的相对运动后，3 根链杆就不再平行了，也不交于一点 $\left(\alpha_1=\dfrac{\Delta}{L_1},\ \alpha_2=\dfrac{\Delta}{L_2},\ \alpha_3=\dfrac{\Delta}{L_3},\ \alpha_1\neq\alpha_2\neq\alpha_3\right)$，故体系就变成了不可变的了。这种在短暂的瞬间是几何可变的体系称为瞬变体系。

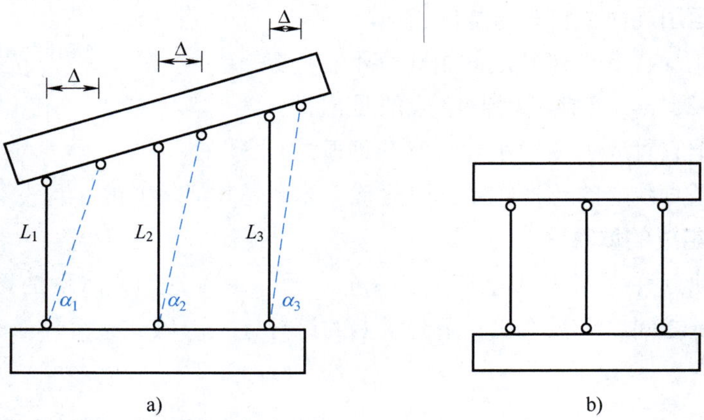


图 3-16 瞬变体系

**瞬变体系的几种情况**

1）两个刚片用 3 根互相平行但不等长的链杆联结（图 3-16a）。如果 3 根链杆互相平行又等长，体系是可变的，如图 3-16b 所示。

2）两个刚片用 3 根其延长线交于一点的链杆联结，如图 3-17a 所示。3 根链杆的延长线交于点 $O$，两刚片在瞬间就会发生绕 $O$ 点的相对转动，但是在短暂的运动发生以后，3 根链杆的延长线就不再交于一点，体系就变成了不可变体系。$O$ 点为虚铰或瞬铰。如果 3 根链杆直接交于 $O$ 点（图 3-17b），则组成的是可变体系，$O$ 为实铰。

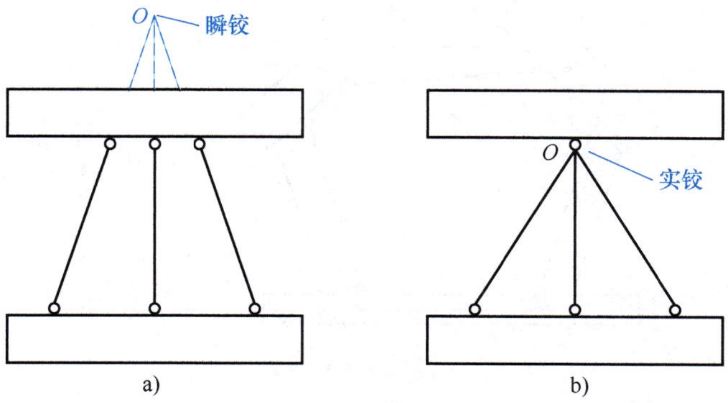


图 3-17　瞬铰与实铰

3）三刚片用 3 个在一条直线上的铰两两联结。在中间铰处两刚片有共同的运动趋势，因此它们可沿公共切线做微小的运动，但一旦运动以后，3 个铰就不再共线，体系变成了不可变体系，如图 3-18 所示。

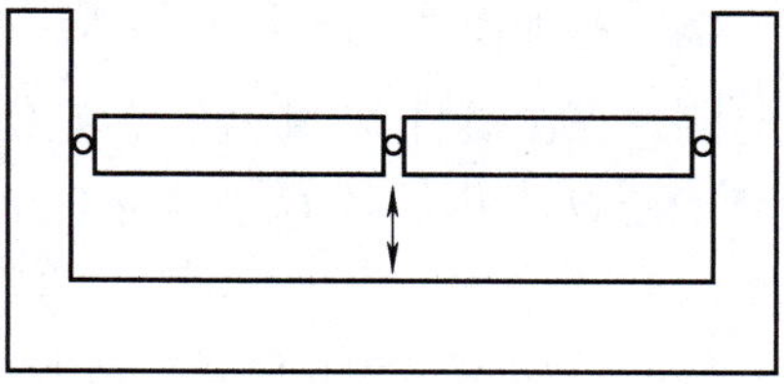

图 3-18　刚片连接

4）三刚片用三对链杆联结

① 一对平行链杆。两虚铰的连线与组成无穷远铰的链杆平行，体系是瞬变的（图 3-19a）。若两虚铰变成两实铰，且连线与组成无穷远铰的链杆平行，体系也是瞬变的（图 3-19b）。若两虚铰的连线与组成无穷远铰的链杆不平行，体系是不变的。

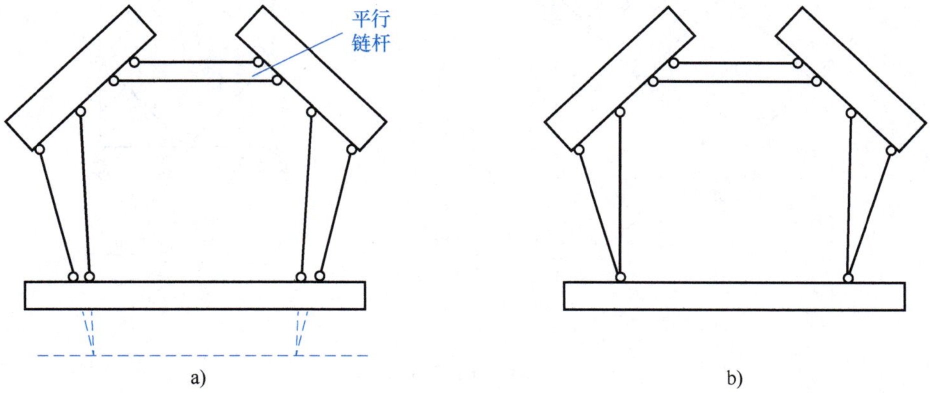


图 3-19　平行链杆

② 两对平行链杆。组成无穷远铰的两对链杆互相平行，体系是瞬变的。组成无穷远铰的两对链杆互相不平行，体系是不变的（图 3-20）。组成无穷远铰的两对链杆互相平行又等长，体系是可变的。

③ 三对平行链杆体系是瞬变的。

**注意：瞬变体系不可作为结构使用。**

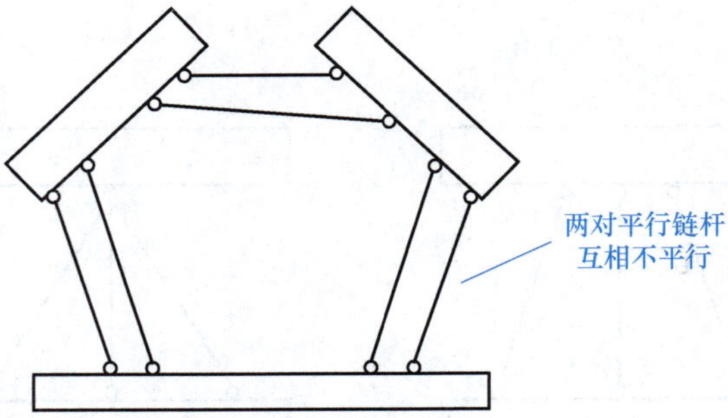


图 3-20　平行链杆

## 3.1.5　几何构造分析举例

例一：如图 3-21a 所示，刚片一与刚片二由杆 1、2 连接，交于无穷远铰 $O_1$，刚片二与刚片三由链杆 3、4 连接，它们交于铰 $O_2$，刚片一与刚片三由链杆 5、6 连接，它们交于铰 $O_3$。由于铰 $O_1$、$O_2$ 的连线与杆 1、杆 2 平行，因此体系是无多余约束的瞬变体系。

例二：如图 3-21b 所示，刚片一与刚片二由杆 1、2 连接，交于无穷远，刚片二与刚片三由杆 3、4 连接，它们也交于无穷远，刚片一与刚片三由链杆 5、6 连接，它们交于 6 点。杆 1、2 与杆 3、4 不平行，因此该体系是无多余约束的几何不变体系。

静定结构与
超静定结构

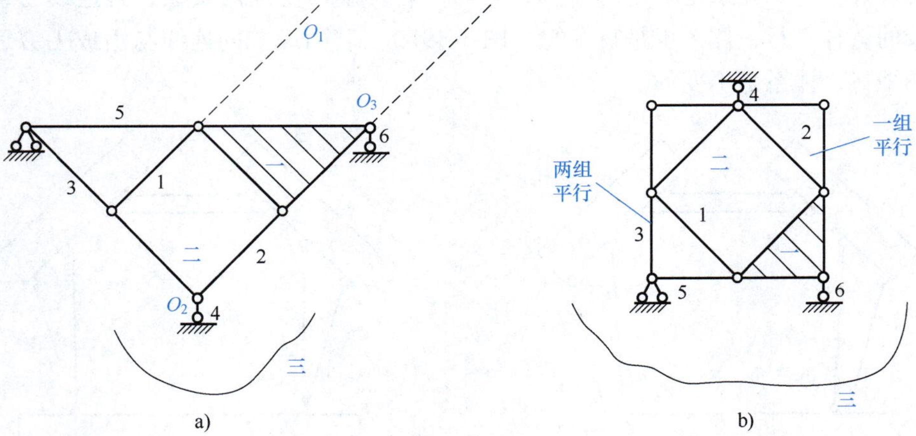


图 3-21　几何构造体系

a）瞬变体系　b）几何不变体系

## 3.1.6　静定与超静定

平面杆系结构分为静定结构与超静定结构两种。仅用静力平衡方程可以求得全部内力和约束反力的几何不变结构，称为**静定结构**，如图 3-22a 所示。在静定结构中，未知力的数目恰好等于结构中所能列出的独立的平衡方程的数目，因此，通过平衡方程能求出静定结构中的全部约束反力。常见的静定结构的桥型有简支体系桥型、悬臂体系桥型、三铰拱桥。这些类桥型如果去掉一个约束，物体会失去平衡，在外力作用下就会发生运动变成几何可变体系，这样的约束是必要约束。如果去掉一个约束，物体仍保持平衡，体系仍保持几何不变，这样的约束是多余约束。

有多余约束，用静力平衡方程无法求得全部内力和约束反力的几何不变结构，称为**超静定结构**，如图 3-22b 所示。将超静定结构中多余约束的数目，称为超静定次数。如图 3-22b 所示为 1 次超静定结构。常见的超静定结构桥型有连续体系桥型、连续刚构桥、悬索桥、斜拉桥、两铰拱桥、无铰拱桥等。

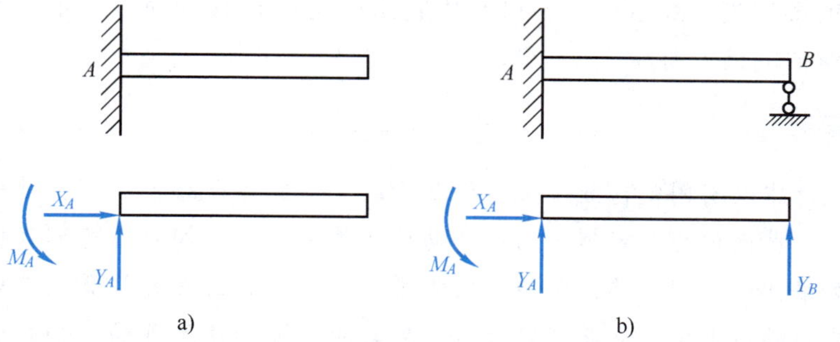


图 3-22 静定结构体系

a）静定结构 b）超静定结构

## 3.2 影响线

前面讨论结构的内力时，其荷载的作用位置是固定不变的，称为固定荷载。当结构承受的荷载，其作用位置在结构上可移动时，称为移动荷载。例如，桥梁承受行驶的列车、汽车等荷载，厂房中的吊车梁承受吊车荷载，结构承受的人群、临时设备、水压力和风压力等荷载都是可移动的荷载。结构在移动荷载作用下，其反力和内力将随着荷载位置的不同而发生变化。

### 3.2.1 影响线的概念

结构在移动荷载作用下，反力和不同截面的内力变化规律各不相同，在同一截面上的不同内力（如弯矩、剪力等）的变化规律也不相同。例如图 3-23 所示简支梁，当汽车由左向右行驶时，反力 $R_A$ 将逐渐减小，而反力 $R_B$ 将逐渐增大。因此，一次只能研究一个反力或某一个截面的某一项内力的变化规律。显然，在移动荷载作用下，要求出某一反力或某一内力的最大值，就必须先确定产生这一最大值的荷载位置，这一荷载位置称为最不利荷载位置。

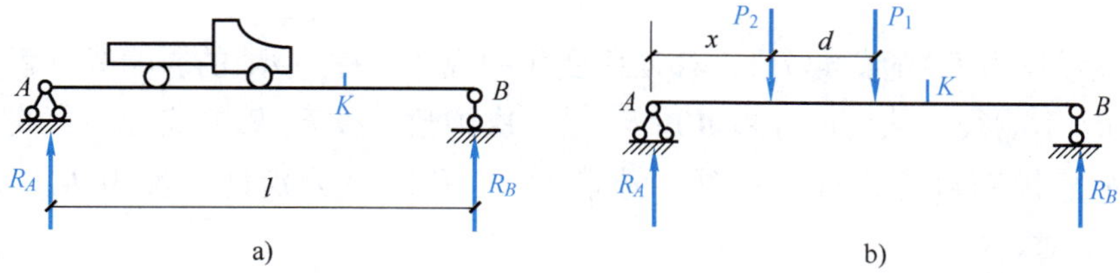


图 3-23 梁上移动荷载

工程实际中的移动荷载类型多种多样，我们不可能逐一加以研究。为此，可先研究一种最简单的荷载，即一个竖向单位集中荷载 $P=1$ 沿结构移动时，对某一指定量值（例如某一反力或某一截面的某一内力或位移等）所产生的影响，然后根据叠加原理就可进一步研究各种移动荷载对该量值的影响。

**当一个指向不变的竖直向下单位集中荷载 $P=1$ 沿结构移动时，表示某一指定量值沿结构变化规律的图形，称为该量值的影响线。**

某量值的影响线一经绘出，就可利用它来确定某种移动荷载的最不利荷载位置，从而求出该量值的最大值。

**颗粒素养**

结构设计中既有固定荷载，又有移动荷载。在固定荷载作用下，结构内力与位移是确定的，截面内力是定值。而在移动荷载作用下，结构内力随荷载位置的变化而变化，如果按照常规思路，需要多次假设移动荷载的位置并计算相应效应值，最终取各效应值的最大值，从而确定最不利荷载的位置和危险截面。如此大大增加了计算量，并易产生差错。我们不妨换一个思路看问题，先找出目标效应值随移动荷载位置变化而变化的规律，确定移动荷载的最不利位置，再求出目标效应值。社会发展变化了，我们就要多考虑能不能换一种思路，能不能从另一个角度思考，改变固有的做法。**不断调整自己的思想，不要把自己固定在一种模式里，你就可能找到出路，就可能取得成功。**

### 3.2.2 简支梁的影响线

参照绘制内力图的方法，我们可以绘制出影响线，这种方法称静力法。先把集中荷载 $P=1$ 放在梁上任意位置，以梁轴线为 $x$ 轴，梁左端点为坐标原点，$y$ 轴向上为正。以 $x$ 表示集中荷载 $P=1$ 作用点的横坐标，然后运用静力平衡方程求出所研究的量值与荷载（$P=1$）的位置（$x$）关系，表示这种关系的方程称为影响线方程。根据影响线方程即可作出影响线。

现以图 3-24a 所示简支梁为例来说明影响线的画法。

（1）画反力 $R_B$ 影响线

将荷载 $P=1$ 作用于距左支座（坐标原点 $A$）为 $x$ 处，由此可得反力 $R_B$ 的表达式为：

$$R_B=\frac{x}{l}P=\frac{x}{l}\quad(0\leqslant x\leqslant l)$$

上式表示反力 $R_B$ 随荷载 $P=1$ 移动而变化的规律，称为 $R_B$ 的影响线方程。将它绘成图就是 $R_B$ 影响线。从所得方程可知 $R_B$ 是一次函数，故 $R_B$ 影响线为一直线。因此只需定出两个竖标即可绘出此影响线。选取梁 $A$、$B$ 两点分别计算反力 $R_B$：$x=0$ 时，$R_B=0$；$x=l$ 时，$R_B=1$。

横坐标 $x$ 表示移动荷载的作用位置，画出的 $R_B$ 影响线如图 3-24b 所示。

（2）画反力 $R_A$ 影响线

$$R_A=\frac{l-x}{l}P=\frac{l-x}{l}\quad(0\leqslant x\leqslant l)$$

$R_A$ 是一次函数，故 $R_A$ 影响线仍为一直线。选取梁 $A$、$B$ 两点分别计算反力 $R_A$：$x=0$ 时，$R_A=1$；$x=l$ 时，$R_A=0$。

画出的 $R_A$ 影响线如图 3-24c 所示。

（3）画剪力 $Q_C$ 影响线

仍以 $A$ 点为坐标原点，当 $P=1$ 在 $AC$ 段移动时，可取 $CB$ 段为研究对象，由平衡条件，可得影响线方程为：

$$Q_C=-R_B=-\frac{x}{l}\quad(0\leqslant x<a)$$

当 $P=1$ 在 $CB$ 段移动时，可取 $AC$ 段为研究对象，由平衡条件，可得影响线方程为：

$$Q_C=R_A=\frac{l-x}{l}\quad(a\leqslant x\leqslant l)$$

由 $Q_C$ 的影响线方程可见，当 $P=1$ 作用于 $AC$ 段时，剪力 $Q_C$ 的变化与支座反力 $R_B$ 在 $AC$ 段的变化规律相同，但符号相反；当 $P=1$ 作用于 $CB$ 段时，剪力 $Q_C$ 的变化与支座的反力 $R_A$ 在 $CB$ 段的变化规律完全一致。因此，画 $AC$ 段剪力 $Q_C$ 的影响线时，只要将 $R_B$ 的影响线反号并截取其中对应于 $AC$ 段的部分，即得剪力 $Q_C$ 影响线的左直线；画 $CB$ 段 $Q_C$ 的影响线时，只要截取 $R_A$ 影响线的 $CB$ 部分即可，即得剪力 $Q_C$ 影响线的右直线，如图 3-24d 所示。

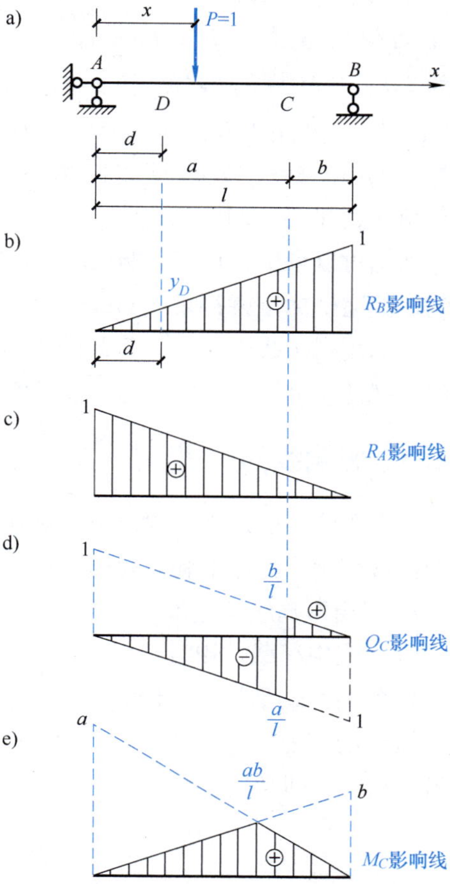

图 3-24　简支梁的反力和内力影响线

由图 3-24d 可见，剪力影响线由两条平行线组成，按比例可求得 $C$ 点左侧的竖标最大负值为 $a/l$，$C$ 点右侧的竖标最大正值为 $b/l$。

（4）画弯矩 $M_C$ 影响线

仍以 $A$ 点为坐标原点，当 $P=1$ 在 $AC$ 段移动时，可取 $CB$ 段为研究对象，由平衡条件，可得影响线方程为：

$$M_C=R_Bb=\frac{bx}{l}\quad(0\leqslant x\leqslant a)$$

当 $P=1$ 在 $CB$ 段移动时，可取 $AC$ 段为研究对象，由平衡条件，可得影响线方程为：

$$M_C=R_Aa=\frac{a(l-x)}{l}\quad(a\leqslant x\leqslant l)$$

由 $M_C$ 影响线方程可见，$AC$ 段 $M_C$ 影响线的纵坐标是支座 $B$ 处的反力 $R_B$ 影响线纵坐标的 $b$ 倍。$CB$ 段 $M_C$ 影响线的纵坐标是支座 $A$ 处的反力 $R_A$ 影响线纵坐标 $a$ 倍。因此，作 $AC$ 段的影响线时，可以利用 $R_B$ 影响线扩大 $b$ 倍，然后保留其中 $AC$ 部分，即为 $M_C$ 影响线的 $AC$ 段。利用 $R_A$ 影响线扩大 $a$ 倍，然后保留其中 $CB$ 部分，即为 $M_C$ 影响线的 $CB$ 段。$M_C$ 影响线如图 3-24e 所示。

当 $P=1$ 作用于 $C$ 点时，由 $AC$、$CB$ 两部分的 $M_C$ 影响线方程均可以算出，影响线在 $C$ 点的纵坐标是 $ab/l$，即此时 $M_C$ 是最大值。因此，该弯矩影响线是一个顶点在 $C$ 点的三角形，如图 3-24e 所示。

由图可以看出，在作影响线时，假定 $P=1$ 是无量纲的值，反力 $R_A$、$R_B$ 和剪力 $Q$ 影响线的纵坐标也就都是无量纲的值；弯矩 $M$ 影响线的纵坐标的量纲是米（m）。但是，当利用影响线研究实际荷载的影响时，要将影响线的纵坐标乘以实际荷载，这时再将荷载的量纲计入，便可得到该量值的实际量纲。

### 3.2.3　影响线的应用

根据影响线的定义，我们可以利用影响线计算某个量值，也可以利用影响线确定移动荷载作用时的最不利荷载位置。

**1. 利用影响线求量值**

（1）集中荷载作用时

如图 3-25a 所示的简支梁，在一组位置确定的集中荷载 $P_1$、$P_2$、$P_3$ 的作用下，要求截面 $C$ 的剪力值 $Q_C$。显然，用求静定结构内力的截面法可以求出结果。现在可以通过另一途径，即利用影响线来求解。

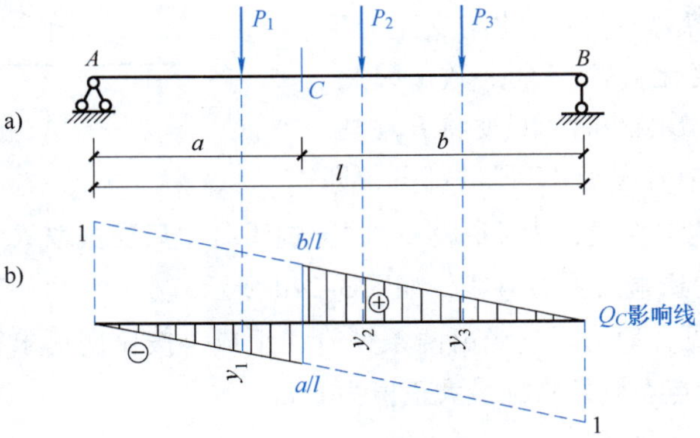


图 3-25　集中荷载作用时利用影响线求 $Q_C$

首先，作出 $Q_C$ 影响线，如图 3-25b 所示，其在荷载作用点的竖标依次是 $y_1$、$y_2$、$y_3$。根据影响线竖标的含义，应用叠加原理，可求得这组集中荷载作用下的 $Q_C$ 值为：

$$Q_C = P_1y_1 + P_2y_2 + P_3y_3 = \sum P_iy_i$$

一般而言，若结构上承受一组位置固定的 $n$ 个集中荷载 $P_1$，$P_2$，…，$P_n$ 的作用，某截面某一量值 $S$ 的影响线在各荷载作用点处相应的竖标依次为 $y_1$，$y_2$，…，$y_n$，则在 $n$ 个集中荷载共同作用下，该量值为：

$$S = P_1y_1 + P_2y_2 + \cdots + P_ny_n = \sum P_iy_i \tag{3-1}$$

在应用时要注意上式为代数和。对于梁来说，荷载以向下为正，影响线竖标 $y$ 在基线上方为正。

（2）均布荷载作用时

当均布荷载位于图 3-26a 所示简支梁中的 $DE$ 段时，若要求截面 $C$ 的剪力 $Q_C$，可将均布荷载沿其分布长度分成许多无穷小的微段 d$x$，视每一微段上的荷载 $q$d$x$ 为一集中力，其对应的 $Q_C$ 影响线图 3-26b 上的竖标为 $y$，则微段集中力 $q$d$x$ 作用下截面 $C$ 的剪力值为 $q$d$xy$，沿均布荷载分布范围积分，即得到整段分布荷载作用下的 $Q_C$ 值。

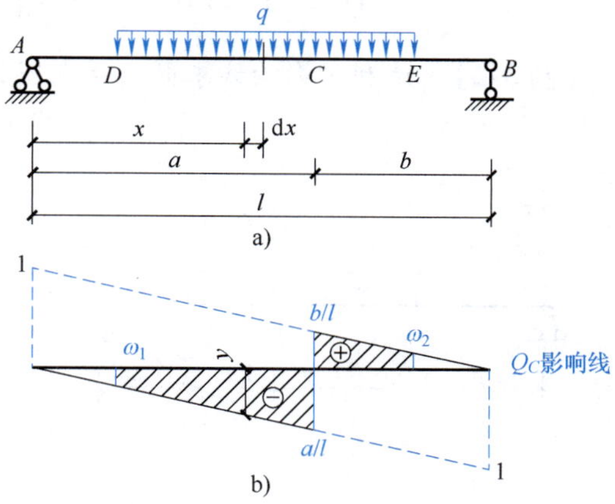

图 3-26　均荷载作用时利用影响线求 $Q_C$

$$Q_C = \int_D^E q\mathrm{d}xy = q\int_D^E y\mathrm{d}x = q\omega$$

式中，$\omega$ 表示影响线在荷载分布范围内的面积，即图 3-26b 中阴影部分面积。需注意，$\omega$ 应为图中正、负两部分面积的代数和。

由此可知，在均布荷载作用下，某一量值的大小 $S$ 等于荷载集度 $q$ 与该量值影响线在荷载分布范围内的面积 $\omega$ 的乘积，即：

$$S = q\sum\omega_i \tag{3-2}$$

**【例 3-1】** 图 3-27a 所示简支梁，当汽车轮压作用于图中所示位置时，利用影响线求跨中截面 $C$ 的弯矩和剪力。

**【解】**（1）绘出 $M_C$ 和 $Q_C$ 影响线，分别如图 3-27b、c 所示。

（2）分别算出 $P_1$、$P_2$ 作用点处的 $M_C$ 和 $Q_C$ 影响线上相应竖标。

$M_C$ 影响线上相应竖标为：

$$y_1 = \frac{1.5}{6.0} \times 3 = 0.75$$

$$y_2 = \frac{0.5}{6.0} \times 3 = 0.25$$

$Q_C$ 影响线上相应竖标为：

$$y_1 = \frac{1.5}{3.0} \times 0.5 = 0.25$$

$$y_2 = \frac{0.5}{3.0} \times (-0.5) = -\frac{1}{12}$$

（3）计算弯矩和剪力 $M_C$、$Q_C$：

由式 3-1 得这组集中荷载作用下的 $M_C$ 和 $Q_C$ 值分别为：

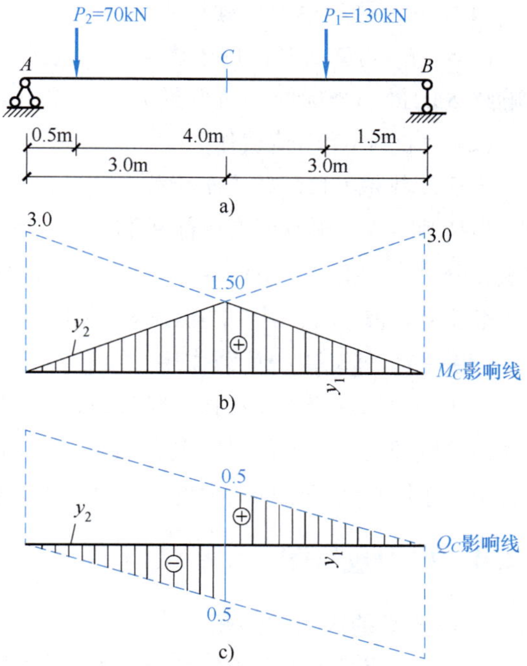

图 3-27　简支梁示意图

$$M_C=(130\times0.75+70\times0.25)\text{kN}\cdot\text{m}=115\text{kN}\cdot\text{m}$$

$$Q_C=\left[130\times0.25+70\times\left(-\frac{1}{12}\right)\right]\text{kN}=26.67\text{kN}$$

【例 3-2】 试利用影响线求简支梁在图 3-28a 所示荷载作用下的剪力 $Q_C$。

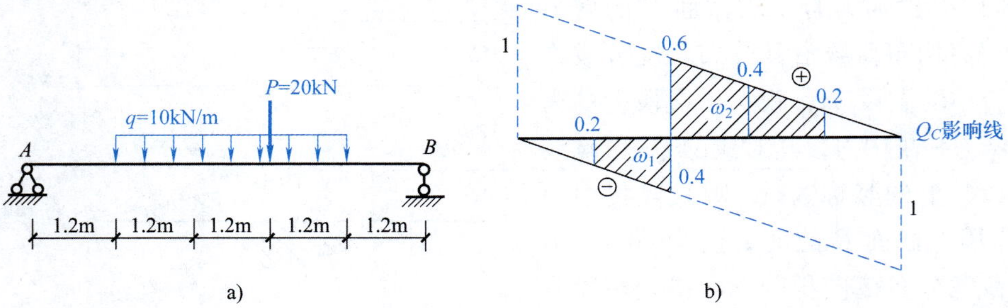


图 3-28　简支梁示意图

【解】 (1) 作出 $Q_C$ 影响线，如图 3-28b 所示。

(2) 计算 $P$ 作用点处及 $q$ 作用范围边缘所对应的影响线图上的纵坐标 $y$ 值如图 3-28a、b 所示。

(3) 计算剪力 $Q_C$ 值：

$$Q_C=Py_D+q(\omega_1-\omega_2)$$

$$=20\times0.4\text{kN}+10\times\left[\frac{1}{2}\times(0.2+0.6)\times2.4-\frac{1}{2}\times(0.2+0.4)\times1.2\right]\text{kN}=14\text{kN}$$

**2. 最不利荷载位置的确定**

(1) 一个移动集中荷载作用

由 $S=Py$ 可知，$P$ 作用于影响线 $S$ 的最大竖标处时将引起最大量值 $S_{max}$，$P$ 作用于影响线 $S$ 的最小竖标处（负值最大）时将引起最小量值 $S_{min}$。

(2) 均布移动活荷载作用

当活荷载是可移动的均布荷载，且可以是任意布置（如人群荷载）时，由 $S=q\omega$ 可知，当荷载布满影响线所有正面积部分时，产生最大量值 $S_{max}$，当荷载布满影响线所有负面积部分时，产生最小量值 $S_{min}$。例如，欲求图 3-29a 所示外伸梁中 $C$ 截面的弯矩最大值 $M_{max}$ 和最小值 $M_{min}$ 时，其 $M_C$ 影响线及相应的最不利荷载位置如图 3-29b、c、d 所示。

(3) 一组移动集中荷载作用

对于一组移动集中荷载作用时，由式 $S=\sum P_iy_i$ 可知，当 $\sum P_iy_i$ 为最大值时，即相应的荷载位置即为量值 $S$ 的最不利荷载位置。由此推断，最不利荷载位置必然发生在荷载位置密集于影响线竖坐标最大处，并且可进一步论证必有一集中荷载位于影响线顶点。

## 3.2.4 内力包络图

**1. 简支梁的内力包络图**

设计移动荷载作用下的简支梁时，需要知道各截面的内力最大值。反映简支梁各截面可能产生内力最大值范围的图形称为简支梁的内力包络图。

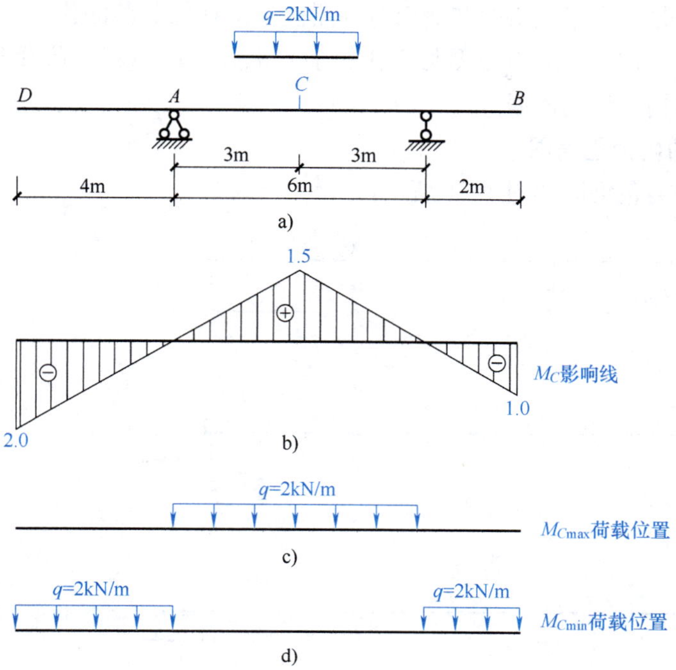


图 3-29　移动均布荷载作用下最不利位置

绘制简支梁的内力包络图时，一般将梁等分为 6 ~ 10 等份，作出各等分点截面上弯矩和剪力的影响线，然后分别计算出各等分点截面上的最大（最小）弯矩值和剪力值。依据计算的结果，按一定的比例，将各截面的最大（最小）弯矩值、剪力值分别标在图上，并连以曲线，该曲线即为弯矩包络图和剪力包络图。如图 3-30 所示为移动荷载作用下的简支梁的弯矩和剪力包络图。

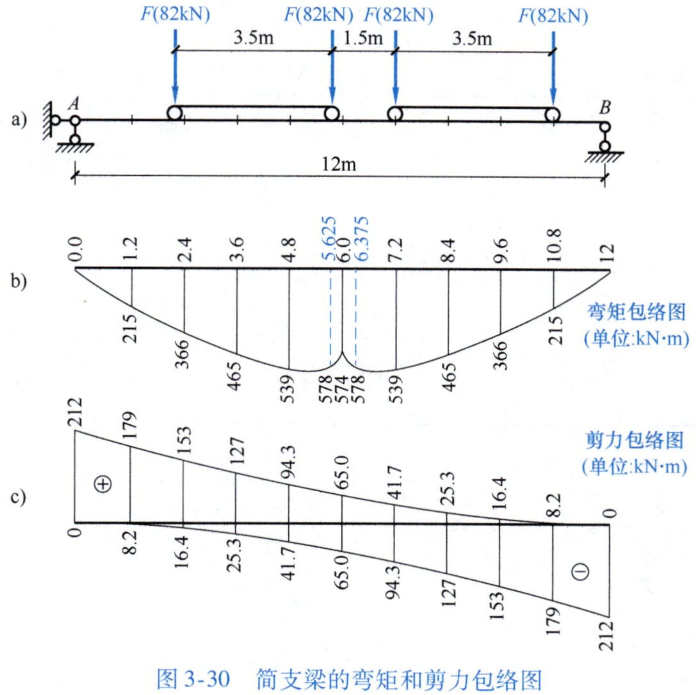


图 3-30　简支梁的弯矩和剪力包络图

需要指出的是，弯矩包络图和剪力包络图仅考虑移动荷载的作用，在结构设计时，还需将其永久荷载作用下的内力图与之相叠加。永久荷载与可变荷载共同作用下的内力包络图才是结构设计的依据。

**2. 连续梁的内力包络图**

连续梁的内力包络图如图 3-31 所示。

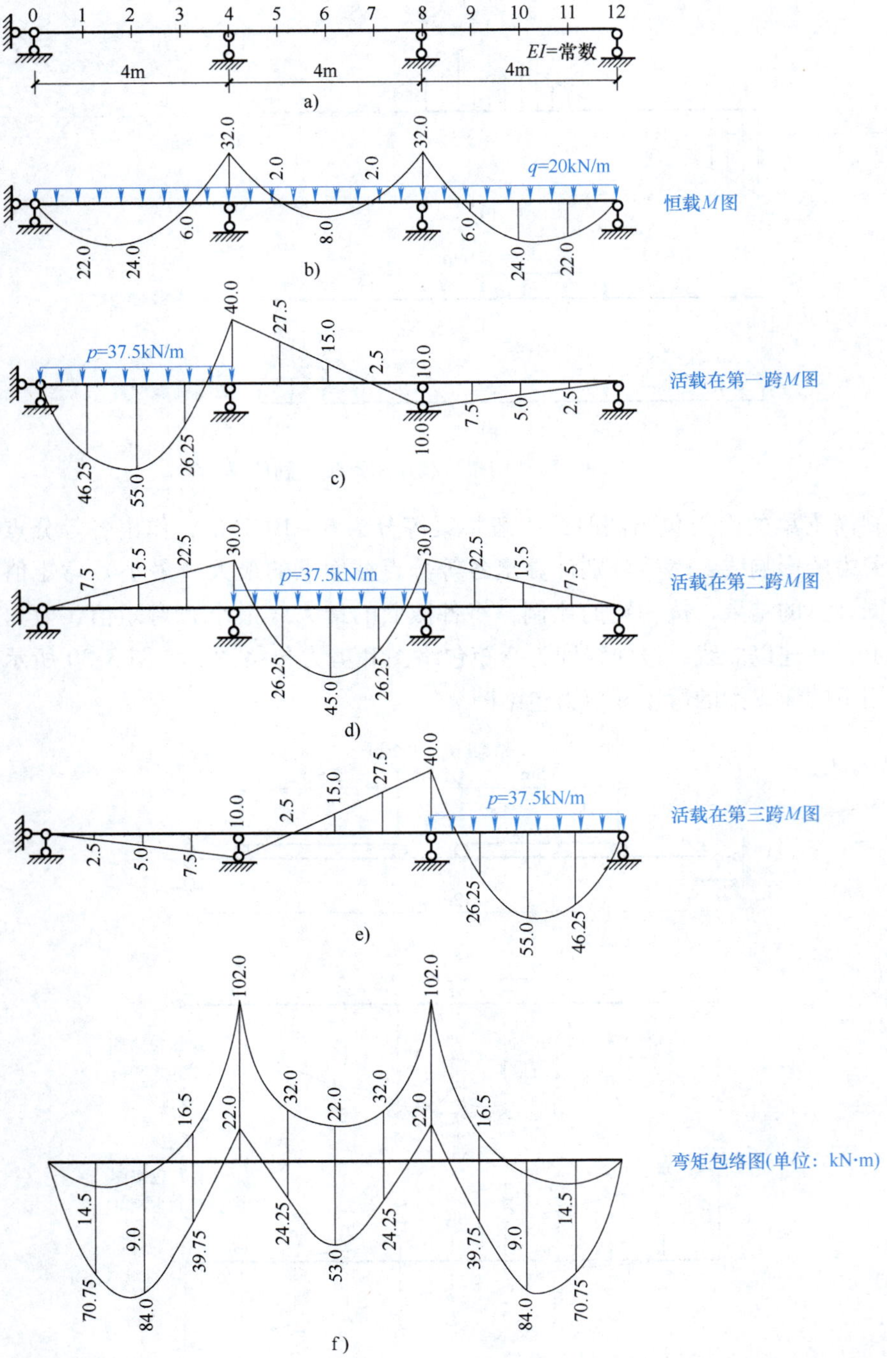


图 3-31　移动荷载作用下连续梁内力包络图示例

## 思考与练习题

1. 影响线上任一点的横坐标和纵坐标各代表什么意义？
2. 作某内力影响线和在固定荷载下求该内力有何异同？
3. 试作图3-32所示梁指定截面 $C$ 的内力影响线。

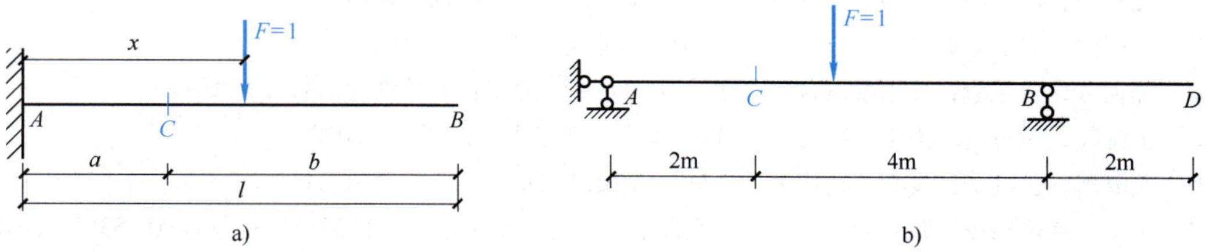


图3-32　思考题3图

4. 利用影响线求图3-33所示梁的支座反力 $R_B$ 和截面 $C$ 的弯矩 $M_C$ 和剪力 $Q_C$。

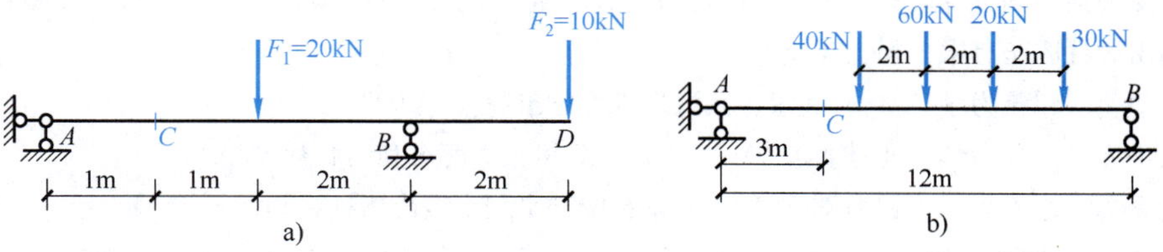


图3-33　思考题4图

5. 分析下列各图的几何组成（图3-34）。

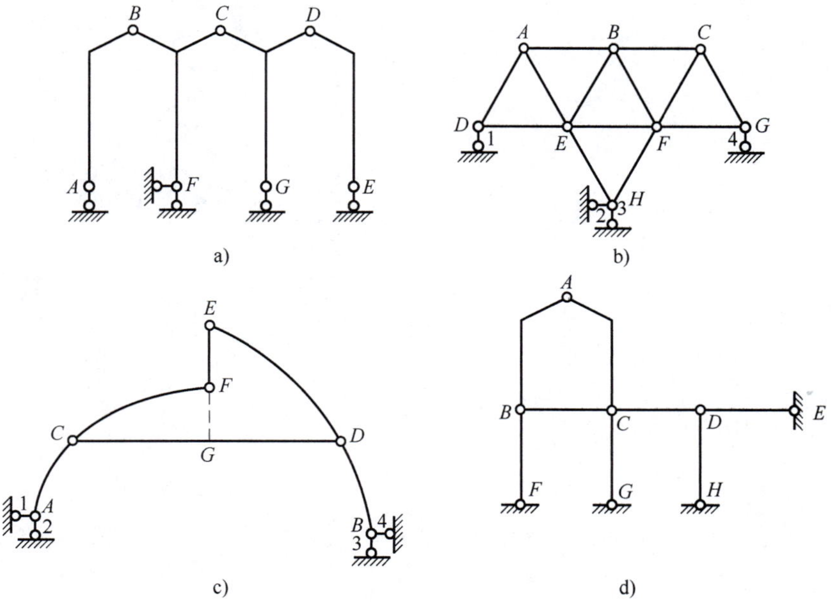


图3-34　思考题5图

# 参考文献


[1] 陈建芳，李双蓓，滕晓丹. 理论力学 [M]. 北京：机械工业出版社，2020.

[2] 沈养中，孟胜国. 结构力学 [M]. 5 版. 北京：科学出版社，2016.

[3] 满广生. 力学与结构 [M]. 北京：中国水利水电出版社，2019.

[4] 孙训方，方孝淑，吴来泰. 材料力学 [M]. 6 版. 北京：高等教育出版社，2019.

[5] 金舜卿，李蔚英. 土木工程力学 [M]. 南京：南京大学出版社，2018.

[6] 龙驭球，包世华，袁驷. 结构力学 [M]. 4 版. 北京：高等教育出版社，2018.

[7] 中交公路规划设计院有限公司. 公路钢筋混凝土及预应力混凝土桥涵设计规范：JTG 3362—2018 [S]. 北京：人民交通出版社股份有限公司，2018.

[8] 江怀雁，陈春梅. 建筑力学 [M]. 北京：机械工业出版社，2018.

[9] 张新占. 材料力学（少学时）[M]. 北京：人民交通出版社股份有限公司，2016.

[10] 中交公路规划设计院有限公司. 公路桥涵设计通用规范：JTG D60—2015 [S]. 北京：人民交通出版社股份有限公司，2015.

[11] 赵爱明. 建筑力学 [M]. 武汉：武汉理工大学出版社，2007.

[12] 张美元. 工程力学（土建类）[M]. 2 版. 郑州：黄河水利出版社，2010.

[13] 杨恩福，徐玉华. 工程力学 [M]. 北京：中国水利水电出版社，2005.

[14] 梁枢平，邓训，薛根生. 材料力学题解 [M]. 武汉：华中科技大学出版社，2004.

[15] 屈本宁，张属红. 工程力学 [M]. 北京：科学出版社，2003.

[16] 范磷. 材料力学习题精选精解 [M]. 上海：同济大学出版社，2001.

[17] 苏翼林. 材料力学 [M]. 天津：天津大学出版社，2001.

# 工程力学·学习工作页

学　校________________

学　院________________

专　业________________

学　号________________

教　师________________

姓　名________________

机 械 工 业 出 版 社

# 目　录

# 模块 1
# 理论力学基础

| 1.1　力学基本概念 | | | 1.1-1　学习导航 | | | | |
|---|---|---|---|---|---|---|---|
| 班级 | | 姓名 | | 学号 | | 日期 | |

**学习目标**

1. 掌握力的概念、平衡的概念。
2. 掌握力矩和力偶的概念和性质。

**重点与难点**

1. 重点：力矩及力偶矩的性质。
2. 难点：力矩的计算；力偶的计算；力臂和力偶臂的确定。

**基本公式**

$$M_O(F) = \pm Fd$$

上式中，$O$ 点称为转动中心，简称矩心。矩心 $O$ 到力作用线的垂直距离 $d$ 称为力臂。正负号表示力矩的转向，力矩使物体绕矩心作逆时针方向转动时，力矩为正，反之为负。力矩单位为 N · m 或 kN · m。

**解题指南**

力矩的求解要点：

1. 由垂直距离确定力臂的大小。
2. 由公式计算力矩，并判断正负号。

| 1.1　力学基本概念 | | | 1.1-2　技能提升 | | | | |
|---|---|---|---|---|---|---|---|
| 班级 | | 姓名 | | 学号 | | 日期 | |

## 一、单项选择题

1. 力偶矩的大小取决于（　　）。

A. 力偶合力的大小　　B. 力偶臂的大小

C. 力偶在其平面的位置及方向　　D. 力偶中任一力与力偶臂乘积的大小

2. 下列说法正确的是（　　）。

A. 平衡指的是物体不发生转动

B. 平衡指的是物体不受外力作用

C. 物体处于平衡的充分必要条件是作用在物体上的力系的合力为零

D. 作用力与反作用力是一对平衡力系

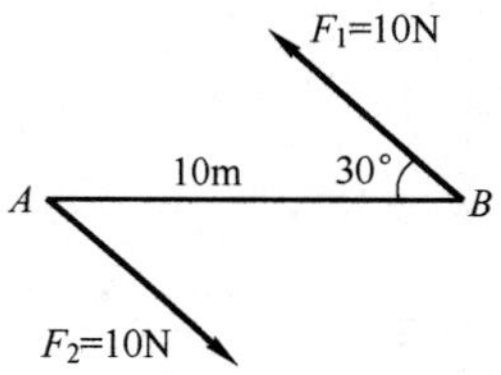


图　1-1

3. 如图 1-1 所示，力偶矩为（　　）。

A. 86.6N·m　　B. －86.6N·m

C. 50N·m　　D. －50N·m

4. 如图 1-2 所示，力偶矩等于（　　）。

A. 12.5kN·m　　B. －12.5kN·m

C. 10kN·m　　D. －10kN·m

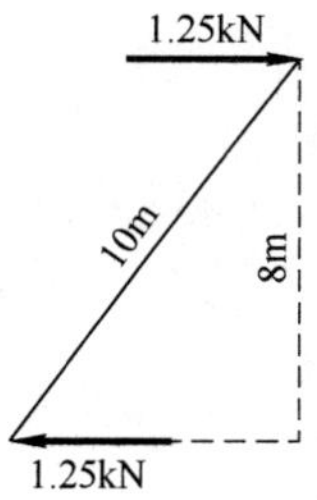


图　1-2

5. 下列说法正确的是（　　）。

A. 物体之间的作用力与反作用力是一个平衡力系

B. 力偶可以用一个力来平衡

C. 平衡是指物体相对地球处于静止或者匀速直线运动的状态

D. 力和力矩的单位是一样的

6. 下列说法错误的是（　　）。

A. 力矩越大证明物体转动越慢

B. 力可以改变物体的运动状态

C. 力偶矩的大小与矩心无关

D. 力矩和力偶矩的正负号规定、单位是一样的

7. 构件保持平衡的充分必要条件是（　　）。

A. 合力 $F'_R=0$，合力矩 $M_O$ 可以不为 0

B. 合力 $F'_R=0$，合力矩 $M_O=0$

C. 合力矩 $M_O=0$，合力 $F'_R$ 可以不为 0

D. 合力矩 $M_O$、合力 $F'_R$ 都可以不为 0

8. 下列说法正确的是（　　）。

A. 力只会使得物体的运动状态发生变化

B. 在工程力学中我们把所有的物体都抽象为刚体

| 1.1 力学基本概念 | | | | 1.1-2 技能提升 | | | |
|---|---|---|---|---|---|---|---|
| 班级 | | 姓名 | | 学号 | | 日期 | |

C. 力不一定会成对出现

D. 平衡是指物体相对地球处于静止或者匀速直线运动的状态

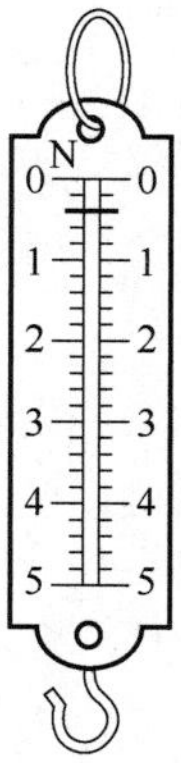

图 1-3

9. 如图1-3所示某弹簧测力计指针刻度未归零，起点刻度指针为0.5N，用该测力计测一物体读数为6N，该物体实际重量为（　　）。

A. 6N　　B. 5N

C. 5.5N　　D. 0.5N

10. 作用力与反作用力的特点是（　　）。

A. 两个力等大、反向、共线

B. 两个力等大、反向、不共线

C. 两个力等大、反向、平行

D. 两个力等大、同向、平行

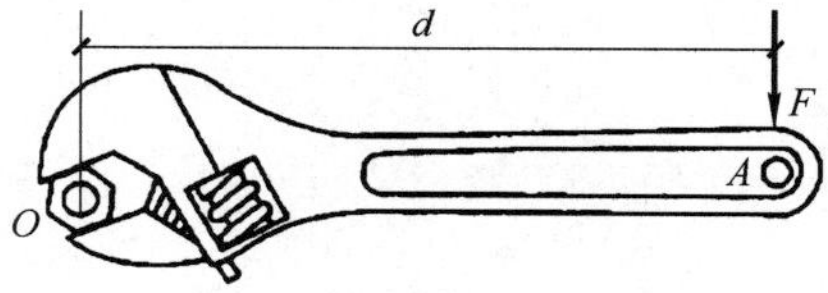

图 1-4

11. 如图1-4所示，若图中$F=8\text{kN}$，$d=4\text{m}$，则力$F$对$O$点之矩$M_O(F)$为（　　）。

A. $-32\text{kN/m}$

B. $32\text{kN}\cdot\text{m}$

C. $-32\text{kN}\cdot\text{m}$

D. $32\text{kN/m}$

12. 下列关于力偶和力矩的说法中，正确的是（　　）。

A. 力矩的大小随矩心位置变化而变化

B. 力偶矩的大小随矩心位置变化而变化

C. 力矩的正负号规定和力偶矩的正负号规定不一样

D. 力矩的单位和力偶矩的单位不一样

13. 力矩的计算公式$M_O=\pm Fd$中，$d$指的是（　　）。

A. 两个平行力间的垂直距离　　B. 矩心$O$到力的作用点的距离

C. 矩心$O$到力的作用线的垂直距离　　D. 两个平行力的作用点的距离

14. 物体转动平衡的充分必要条件是（　　）。

A. 物体受到的外力都在一条直线上　　B. 合力矩等于零

C. 物体受到的集中力相加减等于零　　D. 物体不受到集中力

15. 力矩和力偶的作用效果都是（　　）。

A. 使物体发生水平方向的移动　　B. 使物体发生竖直方向的移动

C. 使物体发生旋转　　D. 使物体保持平衡

16. 如图1-5所示，图中大小相同的力$F$在不同作用点对同一物体的作用效果（　　）。

A. 都相同　　B. a）图和b）图相同

| 1.1　力学基本概念 | | 1.1-2　技能提升 | | | | | |
|---|---|---|---|---|---|---|---|
| 班级 | | 姓名 | | 学号 | | 日期 | |

C. b）图和 c）图相同　　　　　　　　D. 都不相同

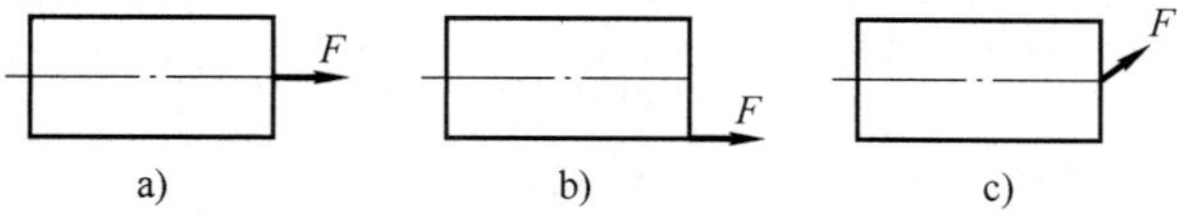

图　1-5

17. 下列关于力矩性质的说法中，正确的是（　　）。

A. 力 $F$ 对矩心 $O$ 的矩的大小只和力 $F$ 的大小有关系

B. 力 $F$ 在其作用线上移动，其对 $O$ 点的力矩 $M_O(F)$ 会发生改变

C. $F_1$ 和 $F_2$ 是一对平衡力，则它们对同一个点 $O$ 的力矩的代数和等于零

D. $F$ 的作用线经过 $O$ 点，则力 $F$ 对 $O$ 点的力矩不一定等于零

18. 如图 1-6 所示，$F$ 可以分解为 $F_1$ 和 $F_2$ 两个分力，$O$ 为物体右下角的点，则有（　　）。

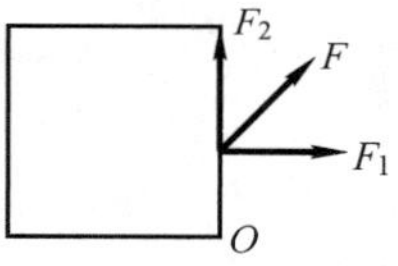

图　1-6

A. 合力 $F$ 对 $O$ 的矩等于分力 $F_1$ 对 $O$ 点的力矩和 $F_2$ 对 $O$ 点的力矩的代数和

B. 合力 $F$ 对 $O$ 的矩大于分力 $F_1$ 对 $O$ 点的力矩和 $F_2$ 对 $O$ 点的力矩的代数和

C. 合力 $F$ 对 $O$ 的矩等于分力 $F_1$ 对 $O$ 点的力矩和 $F_2$ 对 $O$ 点的力矩的乘积

D. 合力 $F$ 对 $O$ 的矩小于分力 $F_1$ 对 $O$ 点的力矩和 $F_2$ 对 $O$ 点的力矩的代数和

## 二、填空题

1. 两个物体相互作用时，其作用力和反作用力总是____________________________________________。

2. 平面力偶系的特点为________________________________________。

3. 力偶对物体的转动效应取决于____________、____________、____________。

4. 互为平衡的两个力对同一个点之矩的代数和等于____________。

5. 力矩正负号的规定为：力使物体绕矩心顺时针旋转时为________，反之为________。

6. 作用在同一物体上大小相等、方向相反、作用线相互平行的两个力称为________，记为 $m(F,F')$。

7. 如图 1-7 所示的力矩 $M_O(F)$ 为____________。

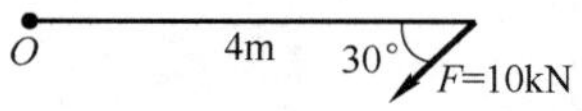

图　1-7

8. 某合力 $F$ 可以分解成两个分力 $F_1$ 和 $F_2$。已知 $F$ 对 $O$ 点产生的矩为 $-20\text{kN}\cdot\text{m}$，$F_1$ 对 $O$ 点产生的矩为 $10\text{kN}\cdot\text{m}$，则 $F_2$ 对 $O$ 点产生的矩为____________。

| 1.1　力学基本概念 | | | | 1.1-2　技能提升 | | | |
|---|---|---|---|---|---|---|---|
| 班级 | | 姓名 | | 学号 | | 日期 | |

**三、判断题**

1. 刚体指的是在力的作用下发生较大变形的物体。(　　)
2. 物体的平衡状态指的是物体一定处于静止状态。(　　)
3. 物体的合力矩为零时，物体一定处于转动平衡状态。(　　)
4. 力矩和力偶的单位和正负号规定相同。(　　)
5. 力 $F$ 沿其作用线发生移动时，其对同一点 $O$ 产生的矩 $M_O(F)$ 发生改变。(　　)
6. 一个物体受到的合力矩等于零时，则其不发生移动。(　　)
7. 力偶的大小随着矩心的变化而发生变化。(　　)
8. 合力对某一点的矩等于其所有分力对该点之矩的代数和。(　　)
9. 如图 1-8 所示，$O$ 点为物体右下角的点。则 $F_2$ 对 $O$ 点的矩等于零。(　　)
10. 力偶和力矩的作用效果都是使物体发生水平移动或者竖直移动。(　　)

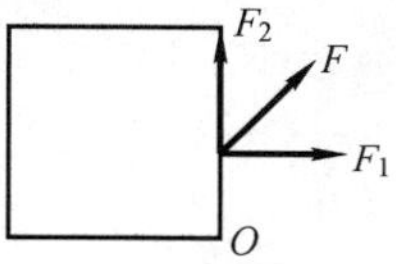


图　1-8

| 1.2　力学基本公理及定理 | | | 1.2-1　学习导航 | | | | |
|---|---|---|---|---|---|---|---|
| 班级 | | 姓名 | | 学号 | | 日期 | |

**学习目标**

1. 掌握力的作用力与反作用力定理。
2. 掌握二力平衡公理。
3. 掌握力的加减平衡力系公理。
4. 掌握力的平行四边形公理。
5. 掌握三力平衡汇交定理。
6. 掌握力的平移定理。

**重点与难点**

1. 重点：力的分解与合成；根据相关定理确定力的方向、力的大小。

2. 难点：力的分解与合成，二力构件的判定与受力特点；三力汇交定理确定力的方向。

**解题指南**

1. 分析力的性质。
2. 根据相关公理及定理、推论确定力的方向。

| 1.2　力学基本公理及定理 | | | 1.2-2　技能提升 | | | | |
|---|---|---|---|---|---|---|---|
| 班级 | | 姓名 | | 学号 | | 日期 | |

## 一、单项选择题

1. 加减平衡力系公理适用于（　　）。

A. 刚体　　B. 变形体

C. 任意物体　　D. 由刚体和变形体组成的系统

2. 力的可传性原理适用于（　　）。

A. 一个刚体　　B. 多个刚体

C. 变形体　　D. 由刚体和变形体组成的系统

3. 关于二力杆的说法正确的是（　　）。

A. 只在一个点受力而处于平衡的杆件

B. 只在三个点受力而处于平衡的杆件

C. 作用在二力杆上的两个力等大、反向、相互平行

D. 作用在二力杆上的两个力等大、反向、共线

4. 力的可传性原理是指作用于刚体上的力在不改变对刚体作用效果下（　　）。

A. 平行其作用线移到刚体上任一点

B. 垂直其作用线移到刚体上任一点

C. 沿其作用线移到刚体上任一点

D. 任意移动到刚体上任一点

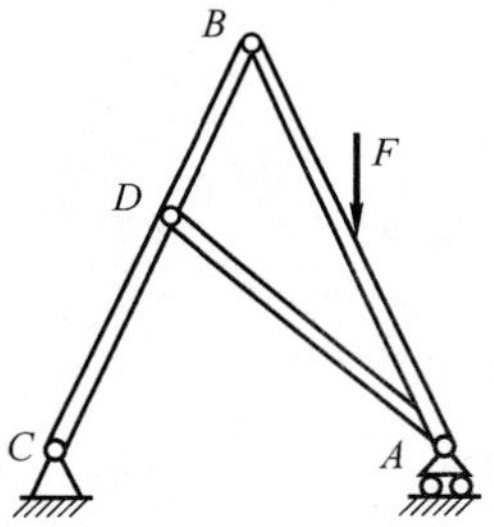


图　1-9

5. 图1-9中哪根杆是二力杆？（　　）

A. *AD* 杆　　B. *AB* 杆

C. *BC* 杆　　D. 无二力杆

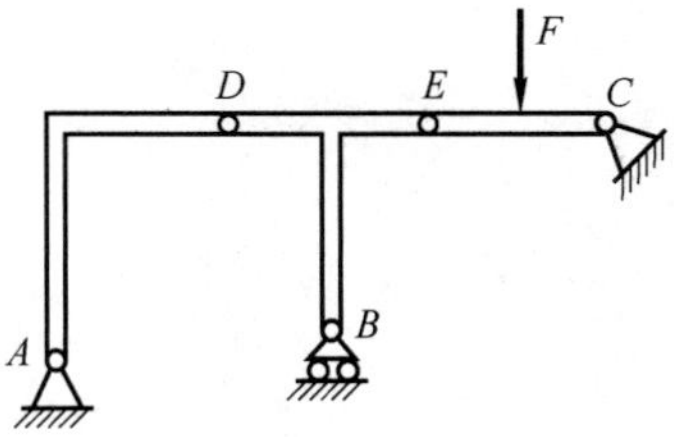


图　1-10

6. 图1-10中哪根杆件是二力杆？（　　）

A. *AD* 杆　　B. *EC* 杆

C. *DE* 杆　　D. 无二力杆

7. 图1-11中哪根杆是二力杆？（　　）

A. *AD* 杆　　B. *AB* 杆

C. *BC* 杆　　D. 无二力杆

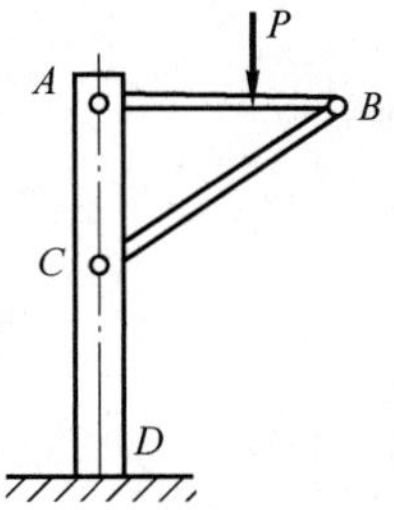


图　1-11

8. 关于二力构件的说法正确的是（　　）。

A. 只在一个点受力而处于平衡的刚体叫二力构件

B. 作用在二力构件上的两个力等大、反向、共线

C. 只在三个点受力而处于平衡的刚体叫二力构件

D. 作用在二力构件上的两个力等大、反向、相互平行

9. 关于静力学公理，下列说法正确的是（　　）。

| 1.2　力学基本公理及定理 | | | | 1.2-2　技能提升 | | | |
|---|---|---|---|---|---|---|---|
| 班级 | | 姓名 | | 学号 | | 日期 | |

A. 在刚体上加上一个平衡力系会改变原力系对刚体的作用

B. 两个相互接触的刚体 $A$ 和 $B$，当力 $F$ 沿着其作用线从 $A$ 移动到 $B$ 时，不会改变力 $F$ 对 $A$ 的作用效应

C. 力 $F$ 沿着其作用线在同一个刚体 $A$ 上移动，不会改变力 $F$ 对 $A$ 的作用效应

D. 刚体受共面的三个力的作用而平衡时，这三个力的作用线必汇交于一点

10. 加减平衡力系公理适用于（　　）。

A. 变形体　　B. 刚体　　C. 柔性物体　　D. 任意物体

11. 下列关于作用力和反作用力的说法中，错误的是（　　）。

A. 作用力和反作用力大小相等、方向相反

B. 作用力和反作用力作用在同一个物体上

C. 作用力和反作用力的作用线在同一条直线上

D. 作用力和反作用力总是同时存在，又同时消失

12. 如图 1-12 所示，$F_1$、$F_2$、$F_3$、$F_4$ 作用在刚体上，其中 $F_1$、$F_2$、$F_3$ 是一组平衡力系，下列说法中正确的是（　　）。

A. $F_4$ 对刚体的作用效果和 $F_1$、$F_2$、$F_3$、$F_4$ 的作用效果一样

B. $F_4$ 对刚体的作用效果和 $F_1$、$F_2$、$F_3$ 的作用效果一样

C. $F_3$ 对刚体的作用效果和 $F_1$、$F_2$ 的作用效果一样

D. $F_1$ 对刚体的作用效果和 $F_3$ 的作用效果一样

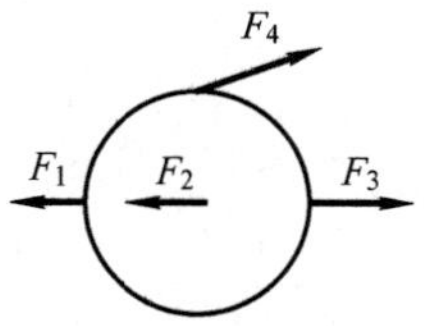

图　1-12

13. 如图 1-13 所示，$A$、$B$、$C$ 是力 $F$ 作用线上的点，$A$ 点在刚体外，$B$、$C$ 在刚体外上。下列说法中正确的是（　　）。

A. 保持方向不变，把力 $F$ 的作用点从 $C$ 移动到 $A$，则其对刚体的作用效果不会改变

B. 保持方向不变，把力 $F$ 的作用点从 $C$ 移动到 $B$，则其对刚体的作用效果会改变

C. 改变力 $F$ 的方向，作用点从 $C$ 移动到 $B$，则其对刚体的作用效果不会改变

D. 改变力 $F$ 的方向，作用点从 $C$ 移动到 $B$，则其对刚体的作用效果会改变

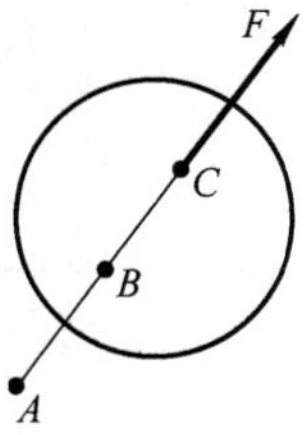

图　1-13

14. 作用于刚体上的力 $F$ 可以平移到同一个物体上的任意一个点，但要（　　）。

A. 同时附加上与它相平衡的力

B. 同时附加上一对平衡力

C. 同时附加上一力偶，其力偶矩等于原来的力对新作用点的矩

D. 同时附加上一力偶，其力偶矩等于原来的力对原作用点的矩

| 1.2　力学基本公理及定理 | | | | 1.2-2　技能提升 | | | |
|---|---|---|---|---|---|---|---|
| 班级 | | 姓名 | | 学号 | | 日期 | |

## 二、填空题

1. 作用力与反作用力定理：作用在两个相互作用的物体上的两个力，大小________、方向________、作用在________。

2. 刚体受共面而不平行的三个力作用而平衡时，这三个力的作用线必____________。

3. 任意力系平衡的充分必要条件是________________________________。

4. 平面力系平衡的充分必要条件为________________________________。

5. 力的平移定理：作用于刚体上的力，均可________到刚体上任一点，但必须同时附加一个____________，其大小为________________________。

6. 如图 1-14 所示，宽为 2m 的柱子顶部受到中心力 $F=12\text{kN}$ 的作用。若将 $F$ 平行移动到柱顶的 $A$ 点，要使 $F$ 移动后的作用效果不发生变化，须附加上力偶 $m=$____________。

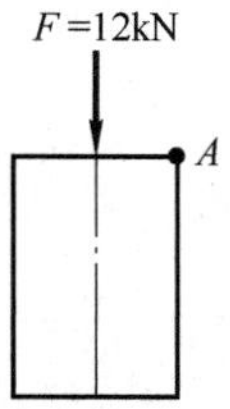


图　1-14

## 三、判断题

1. 二力平衡的两个力大小相等、方向相反、作用在同一条直线上、作用在不同的物体上。(　　)

2. 如图 1-15 所示，刚体受到 $F_1$、$F_2$ 的作用处于平衡状态，则 $F_1$、$F_2$ 互为作用力和反作用力。(　　)

3. 在刚体上增加互为平衡的两个力，不会改变刚体的运动状态。(　　)

4. 刚体上的力可以在刚体上平行移动而不会改变其对刚体的作用效应。(　　)

5. 如图 1-16 所示，$F_1$、$F_2$、$F_3$ 头尾相连，则 $F_3$ 是 $F_1$ 和 $F_2$ 的合力。(　　)

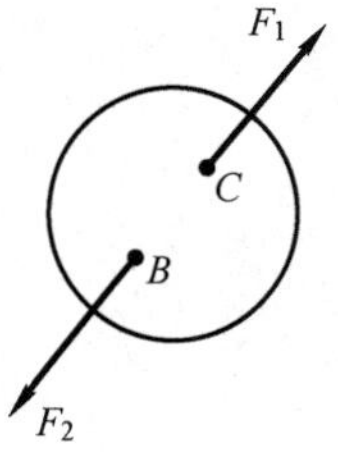


图　1-15

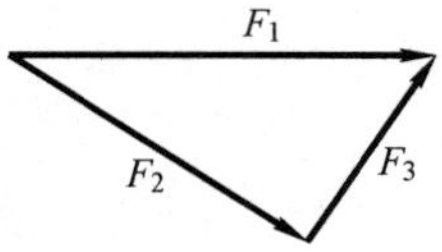


图　1-16

| 1.3 约束与约束反力 | | | 1.3-1 学习导航 | | | | |
|---|---|---|---|---|---|---|---|
| 班级 | | 姓名 | | 学号 | | 日期 | |

**学习目标**

1. 掌握不同约束与约束反力的特点。
2. 掌握不同支座类型及其反力的特点。

**重点与难点**

1. 重点：掌握柔体约束、光滑接触面约束、活动支座、固定支座等反力特点。
2. 难点：根据约束反力特点绘受力图。

**解题指南**

1. 分析约束类型。
2. 根据约束类型的特点，分析约束反力受力性质。

| 1.3　约束与约束反力 | | | 1.3-2　技能提升 | | | | |
|---|---|---|---|---|---|---|---|
| 班级 | | 姓名 | | 学号 | | 日期 | |

## 一、单项选择题

1. 关于约束的说法错误的是（　　）。

A. 柔体约束的约束反力，沿着柔体约束的中心线且为拉力

B. 圆柱铰链的约束反力在垂直于销钉轴线的平面内，通过销钉中心，但指向未定

C. 光滑接触面约束，约束反力方向沿接触点处的切线，指向未定

D. 链杆的约束反力方向沿着链杆中心线，指向未定

2. 光滑支承面对物体的约束力作用于接触点，其方向沿接触面的公法线（　　）。

A. 指向受力物体，为压力　　B. 指向受力物体，为拉力

C. 背离受力物体，为压力　　D. 背离受力物体，为拉力

3. 选项中杆的重量为 $P$，放置在直角槽内。杆与槽为光滑面接触，$A$、$B$、$C$ 为三个接触点，则该杆的正确受力图是（　　）。

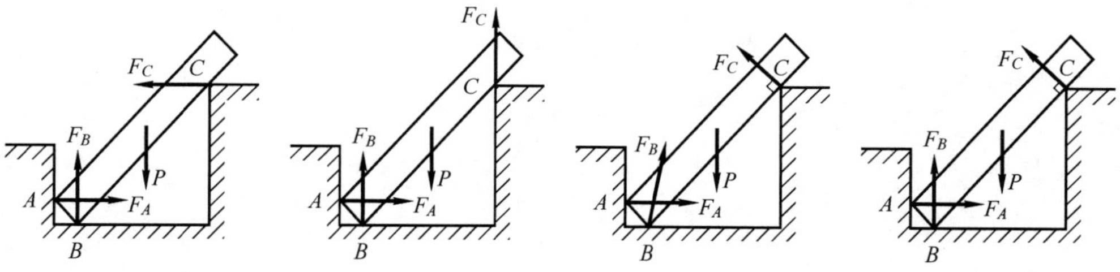


A.　　B.　　C.　　D.

4. 下列关于约束反力的说法，正确的是（　　）。

A. 柔体约束反力为压力，方向已知　　B. 柔体约束反力为拉力，方向已知

C. 固定铰支座约束反力方向已知　　D. 可动铰支座约束反力方向已知

5. 下列属于固定端支座特点的是（　　）。

A. 只能限制构件移动　　B. 只能限制构件转动

C. 不能限制构件移动或者转动　　D. 能限制构件移动和转动

6. 下列关于约束的说法中正确的是（　　）。

A. 光滑接触面约束反力为压力，方向未知

B. 柔体约束反力为拉力，方向未知

C. 圆柱铰链约束反力通过销钉中心，指向未定

D. 链杆约束反力为压力，指向未定

7. 下列属于活动铰支座特点的是（　　）。

A. 只能限制构件某一方向移动　　B. 只能限制构件转动

C. 不能限制构件移动或者转动　　D. 能限制构件移动和转动

<table>
<tr><td colspan="3">1.3　约束与约束反力</td><td colspan="5">1.3-2　技能提升</td></tr>
<tr><td>班级</td><td></td><td>姓名</td><td></td><td>学号</td><td></td><td>日期</td><td></td></tr>
</table>

8. 如图 1-17 所示，杆件 *AB* 受到的约束情况是（　　）。

A. 杆件 *A* 端和 *B* 端都受到可动铰支座约束

B. 杆件 *A* 端和 *B* 端都受到固定铰支座约束

C. 杆件 *A* 端受到可动铰支座约束，*B* 端受到固定铰支座约束

D. 杆件 *B* 端受到可动铰支座约束，*A* 端受到固定端支座约束

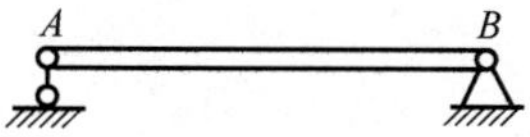


图　1-17

9. 下列选项中不属于固定铰支座的特点的是（　　）。

A. 其作用点通过支座中心但指向未定

B. 限制构件的移动

C. 完全阻止构件的转动

D. 其约束性能与圆柱铰链约束相同

## 二、填空题

1. 约束是限制物体运动的周围物体，约束对物体的作用力则称为____________。

2. 将结构物或构件连接在墙、柱、基础、桥墩等支承物上的装置（约束）称为____________。

3. 柔性约束对物体只有沿____________的____________力。

4. 铰链约束分为____________________和____________________。

5. 光滑接触面约束力必经过____________沿____________，并指向____________的物体。

## 三、判断题

1. 约束反力是研究对象给周围物体的力。(　　)

2. 柔体约束的约束反力方向沿着柔体约束的中心线且为拉力。(　　)

3. 光滑接触面约束限制被约束物体在接触点处沿公法线方向压入支承面的运动，约束反力是压力。(　　)

4. 圆柱铰链约束的约束反力是压力。(　　)

5. 链杆约束的约束反力作用线沿着链杆中心线。(　　)

6. 固定端支座只限制构件的旋转。(　　)

7. 活动铰支座限制构件垂直于支承面的移动。(　　)

8. 固定铰支座和固定端支座的约束性能相同。(　　)

| 1.4　受力图 | | | | 1.4-1　学习导航 | | | |
|---|---|---|---|---|---|---|---|
| 班级 | | 姓名 | | 学号 | | 日期 | |

**学习目标**

1. 掌握单个物体的受力分析。
2. 掌握物体系统的受力分析。

**重点与难点**

1. 重点：根据物体的受力特点，对物体进行受力分析。
2. 难点：根据约束类型绘制受力分析图。

**解题指南**

1. 确定研究对象并取分离体。根据题意要求，确定研究对象，单独画出分离体的简图。研究对象可以是一个物体、几个物体的组合或物体整个系统。

2. 真实地画出作用于研究对象上的全部主动力（荷载）。

3. 根据约束类型画约束反力。对于柔体约束、光滑接触面、链杆、可动铰支座等，可直接根据约束类型画出约束反力的方位（指向未定的先假设）。但对于固定铰支座，其反力常用两个相互垂直的分力表示，指向任意假设，固定端支座则需在此基础上，再附加一个反力偶。

4. 受力图上要清楚地表示每个力的作用位置、方位及指向、名称。同一个力在不同的受力图上的表示要完全一致。

5. 注意受力图上只画研究对象的简图和所受的全部外力，不画已被解除的约束。每画一个力要有来源，不能只根据主动力的方向做简单推断。力既不能多画也不能漏画。

| 1.4 受力图 | | | | 1.4-2 技能提升 | | | |
|---|---|---|---|---|---|---|---|
| 班级 | | 姓名 | | 学号 | | 日期 | |

## 一、单项选择题

1. 下列关于受力图的说法错误的是（　　）。

A. 受力图不一定是针对单个杆件来画的

B. 画受力图前一定要确定研究对象

C. 受力图画的都是研究对象所受到的内力

D. 受力图画的都是研究对象所受到的外力

2. 画受力图过程中，脱离体或分离体指的是（　　）。

A. 研究对象

B. 研究对象之外的物体

C. 某个杆件

D. 所有构件组成的系统整体

3. 如图 1-18 所示，不计杆件 *AB* 和 *CD* 的自重，当画 *AB* 杆件的受力图时，下列说法中错误的是（　　）。

A. 把 *AB* 当成研究对象

B. 杆 *CD* 对杆 *AB* 的力属于内力，不属于 *AB* 杆件受力图的范畴

C. 力 $F_1$ 和 $F_2$ 是研究对象 *AB* 杆件上的主动力，属于 *AB* 杆件受力图的范畴

D. 不能把 *CD* 当成研究对象

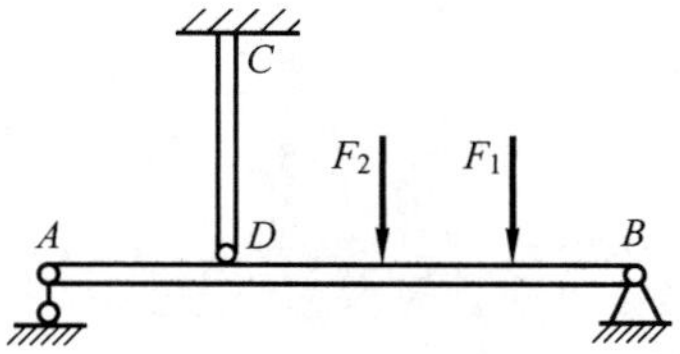


图 1-18

4. 关于多跨静定梁的说法中，错误的是（　　）。

A. 结构中本身能独立维持静止平衡的部分称为基本部分

B. 需要依靠其他部分的支承才能保持静止的部分称为附属部分

C. 作用于附属部分上的荷载，只能使附属部分产生支座反力和内力，不会使基本部分产生力

D. 作用于基本部分上的荷载，只能使基本部分产生支座反力和内力，不会使附属部分产生力

5. 画受力图的过程中经常会用到二力杆的受力特点，关于二力杆的受力特点的说法中，错误的是（　　）。

A. 二力杆可以简化为受到两个力

B. 二力杆受到的两个力大小相等

C. 二力杆受到的两个力的作用线不一定在同一条直线上

D. 二力杆受到的两个力方向相反

| 1.4　受力图 | | | 1.4-2　技能提升 | | | | |
|---|---|---|---|---|---|---|---|
| 班级 | | 姓名 | | 学号 | | 日期 | |

## 二、填空题

1. 在分离体上画出周围物体对它的全部作用力，这样的图形称为该脱离体的____________。

2. ____________是多跨梁中最简单的结构形式，它是由若干单跨梁用铰联结而成的静定结构，用来跨越几个相连的跨度。

3. 当计算多跨静定梁时，应先计算____________部分，再计算____________部分。

4. 画受力图时，凡去掉一个约束就必须用相应的____________来代替。

## 三、判断题

1. 画单个构件的受力图时，把周围的物体都画上。(　　)

2. 两个构件组成的系统中必然存在作用力与反作用力。(　　)

3. 分析两构件组成的系统中各构件的受力，需要取出各构件作为分离体。(　　)

4. 画受力图时，重力不是主动力。(　　)

5. 画受力图时，不要漏画约束反力，也不要多画力。(　　)

6. 受平面内不平行的三个力作用而处于平衡状态，则此三力作用线必汇聚一点。(　　)

7. 同一约束反力，在各受力图中假设的指向可以不一致。(　　)

8. 如果取若干个物体组成的系统为研究对象时，系统内各物体间相互作用的内力也要画出。(　　)

## 四、画图题

1. 如图 1-19 所示，各杆自重不计，试画出 *AB* 杆、*BC* 杆及整个系统的受力图。

2. 如图 1-20 所示，各杆自重不计，试画出 *AB* 杆、*BC* 杆及整个系统的受力分析图。

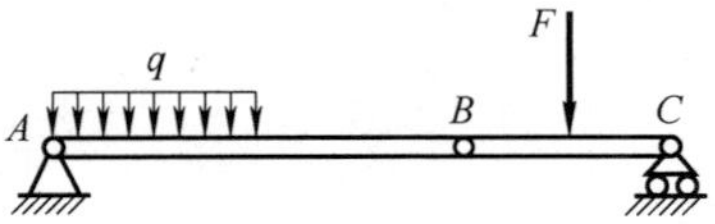


图　1-19

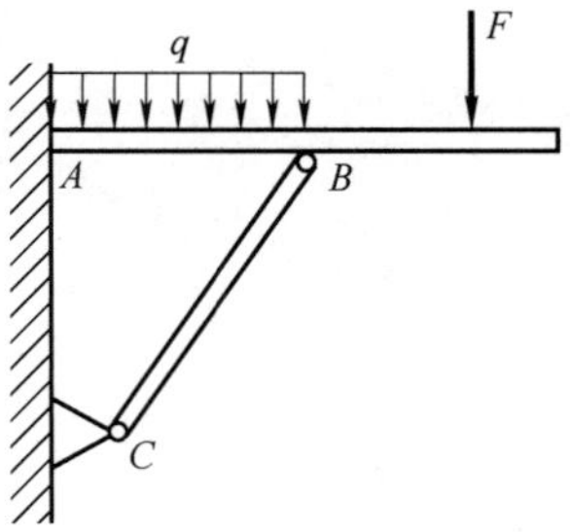


图　1-20

| 1.4 受力图 | | | 1.4-2 技能提升 | | | | |
|---|---|---|---|---|---|---|---|
| 班级 | | 姓名 | | 学号 | | 日期 | |

3. 如图 1-21 所示，支架中 *A*、*B*、*C* 处都是铰链连接。在杆 *BC* 中点受到竖直向上的集中力 *F* 作用，各杆自重不计，试画出 *AB* 杆、*BC* 杆及整个支架的受力图。

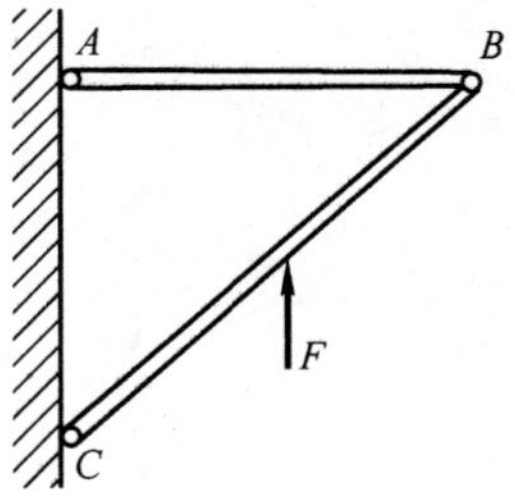


图 1-21

4. 如图 1-22 所示，支架中 *A* 是铰链连接，*B*、*C* 两处为固定铰支座。在杆 *AC* 中点受到水平向左的集中力 *F* 作用，各杆自重不计，试画出 *AB* 杆、*AC* 杆及整个支架的受力图。

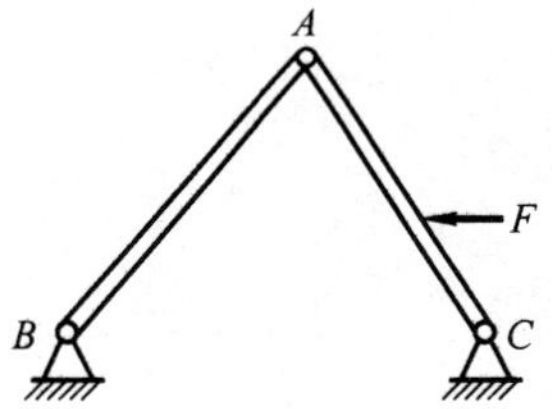


图 1-22

| 1.5　平面一般力系的平衡方程 | | | 1.5-1　学习导航 | | | | |
|---|---|---|---|---|---|---|---|
| 班级 | | 姓名 | | 学号 | | 日期 | |

**学习目标**

1. 理解平面力系简化的概念。
2. 掌握平面力系向某点简化的方法。
3. 掌握平面一般力系平衡中的一般式、二矩式和三矩式。
4. 掌握支座反力的求法和步骤。
5. 理解叠加原理求支座反力。

**重点与难点**

1. 重点：平面一般力系平衡中的一般式、二矩式和三矩式。
2. 难点：支座反力的求法和解题步骤。

**基本公式**

1. 平面一般力系向作用面内任意一点简化

（1）主矢 $R'$等于平面汇交力系 $F_1$，$F_2$，…，$F_n$ 的矢量和，即：

$$R' = F_1' + F_2' + \cdots + F_n' = F_1 + F_2 + \cdots + F_n = \sum F$$

若以 $O$ 点为坐标原点，在力系平面内建立直角坐标系 $xOy$，则矢量在两个坐标轴上的投影分别为：

$$R_x' = X_1' + X_2' + \cdots + X_n' = X_1 + X_2 + \cdots + X_n = \sum X$$
$$R_y' = Y_1' + Y_2' + \cdots + Y_n' = Y_1 + Y_2 + \cdots + Y_n = \sum Y$$

（2）$R'$的大小和方向为：

$$\left.\begin{aligned} R' &= \sqrt{R_x'^2 + R_y'^2} = \sqrt{(\sum X)^2 + (\sum Y)^2} \\ \tan\alpha &= \frac{|R_y'|}{|R_x'|} = \frac{|\sum Y|}{|\sum X|} \end{aligned}\right\}$$

（3）主矩 $M_O'$等于附加的平面力偶系的合力偶，其力偶矩为：

$$M_O' = m_1 + m_2 + \cdots + m_n$$

也就是：

$$M_O' = M_O(F_1) + M_O(F_2) + \cdots + M_O(F_n) = \sum M_O(F) = \sum M_O$$

| 1.5 平面一般力系的平衡方程 | | | 1.5-1 学习导航 | | | | |
|---|---|---|---|---|---|---|---|
| 班级 | | 姓名 | | 学号 | | 日期 | |

2. 平面一般力系的平衡方程

（1）平衡方程的基本形式。平面一般力系的平衡条件为：

$$\left.\begin{aligned}\sum X&=0\\ \sum Y&=0\\ \sum M_O&=0\end{aligned}\right\}$$

三个方程彼此独立，可解三个未知力。

（2）平衡方程的二矩式：

$$\left.\begin{aligned}\sum X=0(\text{或}\sum Y&=0)\\ \sum M_A&=0\\ \sum M_B&=0\end{aligned}\right\}$$

上式中 $A$、$B$ 两点的连线不与投影轴垂直。

（3）平衡方程的三矩式：

$$\left.\begin{aligned}\sum M_A&=0\\ \sum M_B&=0\\ \sum M_C&=0\end{aligned}\right\}$$

上式中 $A$、$B$、$C$ 三点不在同一直线上。

**解题指南**

应用平面一般力系平衡方程解题的步骤如下：

（1）确定研究对象。根据题意分析已知力和未知力，选取适当的研究对象。

（2）画受力图。在研究对象上画出它受到的所有主动力和约束反力。约束反力根据约束类型来画。当约束反力的方向未定时，一般可用两个互相垂直的分力表示；当约束反力的指向未定时，可以先假设其指向。

（3）列平衡方程。选取适当的平衡方程形式、投影轴和矩心。选取哪种形式的平衡方程，取决于计算的方便与否。

（4）解平衡方程，求得未知量。

（5）校核。列出非独立的平衡方程，以检查解题的正确与否。

| 1.5　平面一般力系的平衡方程 | | | 1.5-2　技能提升 | | | | |
|---|---|---|---|---|---|---|---|
| 班级 | | 姓名 | | 学号 | | 日期 | |

## 一、单项选择题

1. 各力的作用线均汇交于同一点的平面力系，称为（　　）。

A. 平面汇交力系　　B. 平面平行力系

C. 平面力偶系　　D. 平面一般力系

2. 利用平面一般力系平衡方程，最多能求解（　　）个未知量。

A. 1　　B. 2　　C. 3　　D. 4

3. 平面力系平衡的充分必要条件是（　　）。

A. 力系中所有力在 $x$ 轴上的投影代数和为零

B. 力系中所有力在 $y$ 轴上的投影代数和为零

C. 力系中所有力在 $x$、$y$ 轴上的投影代数和为零

D. 力系中所有力在 $x$、$y$ 轴上的投影代数和为零，且主矩为零

4. 列平衡方程时，下列说法错误的是（　　）。

A. 力的投影方向，与坐标轴正方向一致时，取正号

B. 力的投影方向，与坐标轴正方向相反时，取负号

C. 力使物体沿顺时针方向转动时，力矩取正号

D. 力偶使物体沿顺时针方向转动时，力偶矩取负号

## 二、填空题

1. 力系平衡的充分必要条件是：该力系的________和对同一点的________都等于零。

2. 对平面一般力系，可列的独立方程数目为________个。

3. 当系统处于平衡状态时，组成该系统的每个物体都处于________状态。

4. 作用在刚体上的力可以平移到刚体上任意一个指定位置，但必须在该力和指定点所决定的平面内附加一个________。

## 三、判断题

1. 力的投影大小与坐标轴的选择无关。（　　）

2. 平面汇交力系的平衡方程是由直角坐标系导出的，但在实际运算中，可任选两个不垂直也不平行的轴作为投影轴，以简化计算。（　　）

3. 作用于同一点的两个力只能合成一个合力，反之一个合力也只能分解成为两个分力。（　　）

4. 力偶在任意轴上的投影恒为零。（　　）

5. 若平面力系对一点的主矩为零，则此力系不可能合成为一个合力。（　　）

6. 平面任意力系，只要主矢 $R \neq 0$，最后必可简化为一合力。（　　）

| 1.5　平面一般力系的平衡方程 | | | 1.5-2　技能提升 | | | | |
|---|---|---|---|---|---|---|---|
| 班级 | | 姓名 | | 学号 | | 日期 | |

**四、计算题**

1. 图 1-23 中三角支架由杆 *AB*，*AC* 铰接而成，在 *A* 处作用有力 *F*，求出图中杆 *AB*、*AC* 所受的力（不计杆自重）。

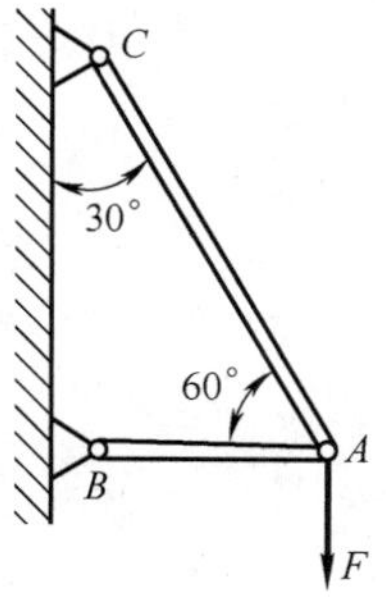


图　1-23

2. 电动机重 $P=10\text{kN}$，放在水平梁 *AC* 的中央，如图 1-24 所示。梁的 *A* 端以铰链固定，另一端以撑杆 *BC* 支撑，撑杆与水平梁的夹角为 30°。忽略撑杆与梁的重量，求铰支座 *A*、*B* 处的约束反力。

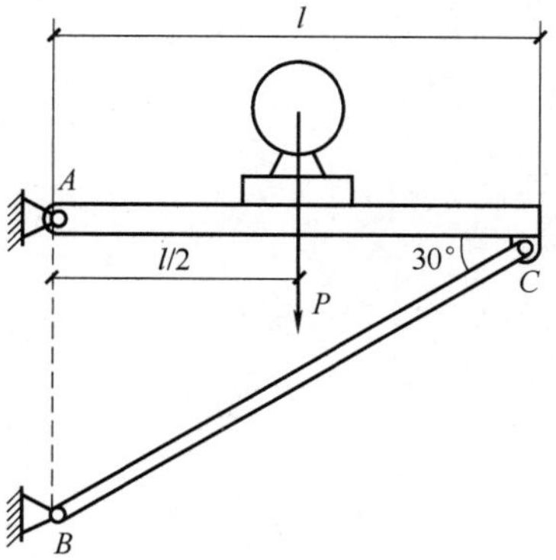


图　1-24

| 1.5　平面一般力系的平衡方程 | | | 1.5-2　技能提升 | | | | |
|---|---|---|---|---|---|---|---|
| 班级 | | 姓名 | | 学号 | | 日期 | |

3. 在四连杆机构 $ABCD$ 的铰链 $B$ 和 $C$ 上分别作用有力 $F_1$ 和 $F_2$，机构在图 1-25 所示位置平衡。求平衡时力 $F_1$ 和 $F_2$ 间的大小关系。

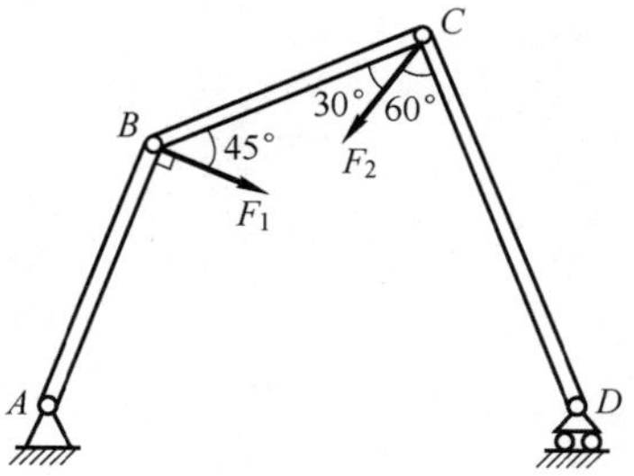


图　1-25

4. 如图 1-26 所示，分别列出竖直、水平方向的平衡方程；并列出各外力分别对于 $A$、$B$ 两点的合力矩方程。

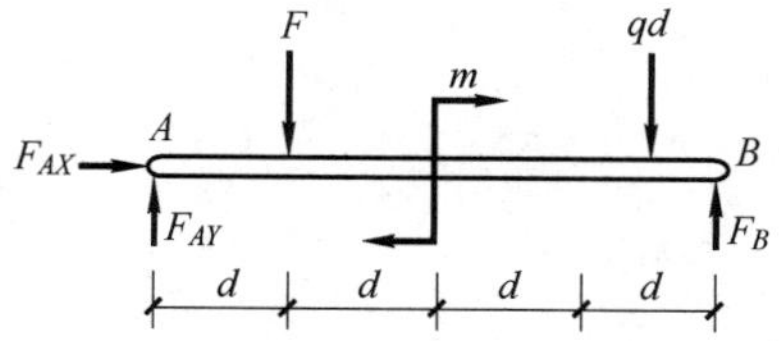


图　1-26

5. 计算图 1-27 中梁 $A$、$B$ 支座的支座反力。

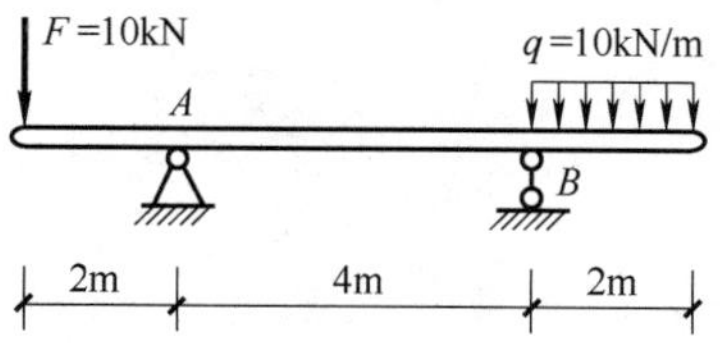


图　1-27

| 1.5 平面一般力系的平衡方程 | | | | 1.5-2 技能提升 | | | |
|---|---|---|---|---|---|---|---|
| 班级 | | 姓名 | | 学号 | | 日期 | |

6. 计算图 1-28 中梁 $A$、$D$ 支座的支座反力。

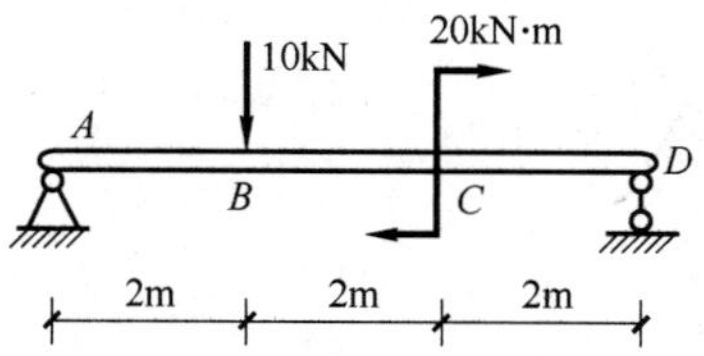


图 1-28

7. 试求图 1-29 所示各梁中的支座反力。设力的单位为 kN，力偶矩的单位为 kN · m，长度的单位为 m，均布荷载集度的单位为 kN/m。

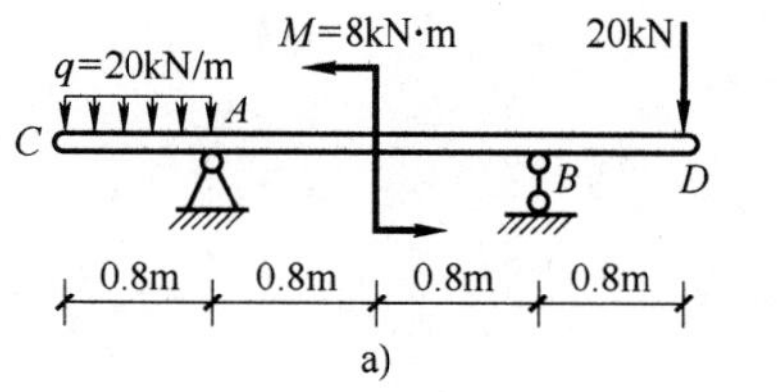


图 1-29

8. 试求图 1-30 中梁的支座反力。已知 $F=6\text{kN}$，$q=2\text{kN/m}$，$M=2\text{kN}\cdot\text{m}$，$a=1\text{m}$。

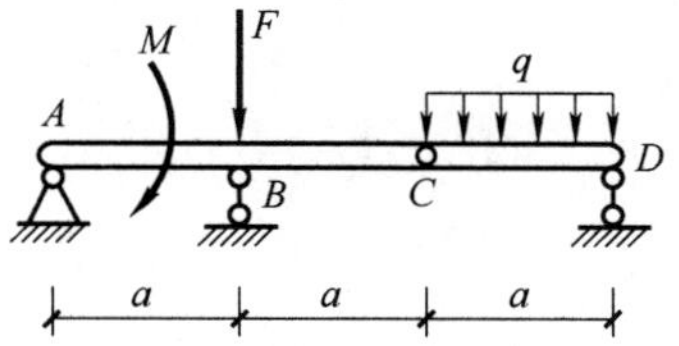


图 1-30

# 模块 2 材料力学基础

| 2.1　材料力学概述 | | | 2.1-1　学习导航 | | | | |
|---|---|---|---|---|---|---|---|
| 班级 | | 姓名 | | 学号 | | 日期 | |

**学习目标**

1. 理解结构材料的基本要求。
2. 理解强度、刚度、稳定性的概念。
3. 了解变形固体的概念及基本假设。
4. 掌握内力和外力的概念。
5. 掌握杆件变形的基本形式及产生的内力种类。
6. 掌握用截面法计算内力的思路及步骤。
7. 理解应力的概念。
8. 理解静矩、形心、惯性矩、惯性积、极惯性矩等截面几何性质的概念。
9. 理解重心的概念及坐标公式的计算方法。

**重点与难点**

1. 重点：内力与外力的区别、杆变形的基本形式及产生的内力形式、截面法。
2. 难点：应力的概念、截面几何性质的求法。

**基本公式**

1. 截面法求内力

用截面法求内力时，根据所选取的部分处于平衡状态可以列平衡方程：

$$\sum X = 0$$

$$\sum Y = 0$$

$$\sum M_O = 0$$

2. 应力 $p$ 的定义式：

$$p = \lim_{\Delta A \to 0}\frac{\Delta P}{\Delta A} = \frac{dP}{dA}$$

应力单位是 MPa，$1\text{MPa} = 1\text{N/mm}^2$。

| 2.1　材料力学概述 | | | 2.1-1　学习导航 | | | | |
|---|---|---|---|---|---|---|---|
| 班级 | | 姓名 | | 学号 | | 日期 | |

3. 静矩的定义式：

$$\left.\begin{aligned} S_y &= \sum S_{yi} = \sum_{i=1}^{n} A_i z_{Ci} \\ S_z &= \sum S_{zi} = \sum_{i=1}^{n} A_i y_{Ci} \end{aligned}\right\}$$

4. 形心的定义式：

$$\left.\begin{aligned} y_C &= \frac{S_z}{A} = \frac{\sum_{i=1}^{n} A_i y_{Ci}}{A} \\ z_C &= \frac{S_y}{A} = \frac{\sum_{i=1}^{n} A_i z_{Ci}}{A} \end{aligned}\right\}$$

5. 一般物体的重心公式：

$$\left.\begin{aligned} x_C &= \frac{\sum \Delta G x}{G} \\ y_C &= \frac{\sum \Delta G y}{G} \\ z_C &= \frac{\sum \Delta G z}{G} \end{aligned}\right\}$$

6. 常见截面的惯性矩：

矩形：$\begin{cases} I_z = \dfrac{bh^3}{12} \\ I_y = \dfrac{hb^3}{12} \end{cases}$

圆形：$I_z = I_y = \dfrac{\pi D^4}{64}$

7. 常见图形的形心位置：

直角三角形：$x_C = a/3$；$y_C = h/3$

半圆形：$x_C = 0$；$y_C = 4r/3\pi$

**解题指南**

1. 结构材料的基本要求

为确保结构能正常使用，各构件都必须满足强度要求、刚度要求和稳定性要求，而且首先必须满足强度要求。构件满足强度、刚度、稳定性要求的能力，统称为构件的承载能力。

| 2.1　材料力学概述 | | | 2.1-1　学习导航 | | | | |
|---|---|---|---|---|---|---|---|
| 班级 | | 姓名 | | 学号 | | 日期 | |

（1）强度：构件抵抗破坏的能力称为强度。

（2）刚度：构件抵抗变形的能力称为刚度。

（3）稳定性：构件维持原有平衡状态的能力称为稳定性。

2. 杆件中两部分之间的相互作用力称为内力；研究对象之外的物体给研究对象的力称为外力。

3. 杆件变形的 4 种基本形式及产生的内力：

（1）轴向拉伸或轴向压缩变形，产生的内力为轴力 $N$。

（2）剪切变形，产生的内力为剪力 $Q$。

（3）扭转变形，产生的内力为扭矩 $M_T$。

（4）弯曲变形，产生的内力为轴力 $N$、剪力 $Q$ 和弯矩 $M$。

4. 截面法求内力可归纳为两个步骤：

（1）显示内力：假想将杆件沿所需计算内力的截面截开，用内力代替两部分之间的相互作用。

（2）确定内力：取任一部分为研究对象，利用平衡条件求出内力。

5. 判定构件是否发生强度破坏，要比较实际受到的应力和材料的容许应力的大小关系：当实际受到的应力 $\sigma$ 大于材料容许应力［$\sigma$］时构件发生强度破坏，反之没有发生强度破坏。

6. 求某不规则截面的静矩和形心时，可以把该截面划分成几个规则的截面，然后按照下列公式叠加求静矩和形心：

$$\left.\begin{aligned} S_y &= \sum S_{yi} = \sum_{i=1}^{n} A_i z_{Ci} \\ S_z &= \sum S_{zi} = \sum_{i=1}^{n} A_i y_{Ci} \end{aligned}\right\} \qquad \left.\begin{aligned} y_C &= \frac{S_z}{A} = \frac{\sum_{i=1}^{n} A_i y_{Ci}}{A} \\ z_C &= \frac{S_y}{A} = \frac{\sum_{i=1}^{n} A_i z_{Ci}}{A} \end{aligned}\right\}$$

| 2.1　材料力学概述 | | 2.1-2　技能提升 | | | | | |
|---|---|---|---|---|---|---|---|
| 班级 | | 姓名 | | 学号 | | 日期 | |

**一、单项选择题**

1. 构件抵抗破坏的能力称为（　　）。

A. 强度　　B. 刚度　　C. 稳定性　　D. 承载能力

2. 如图 2-1 所示杆件，若以 $AB$ 杆为研究对象，则 $m$-$m$ 截面左侧部分给 $m$-$m$ 截面右侧部分的力属于__________；若以 $m$-$m$ 截面右侧部分为研究对象，则 $m$-$m$ 截面左侧部分给 $m$-$m$ 截面右侧部分的力属于________。（　　）

A. 内力，外力

B. 内力，内力

C. 外力，外力

D. 外力，内力

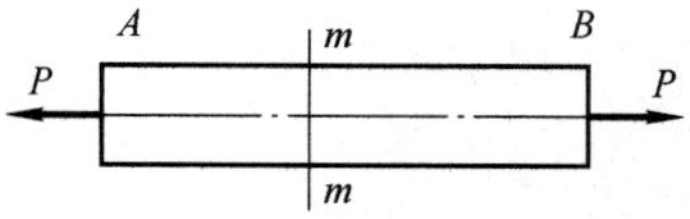


图　2-1

3. 图 2-2 中杆件发生的变形为________，产生的内力为________。（　　）

A. 弯曲变形，轴力、弯矩和剪力

B. 轴向拉伸变形，轴力

C. 扭转变形，扭矩

D. 剪切变形，剪力

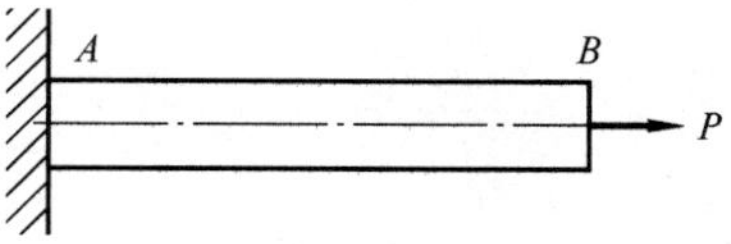


图　2-2

4. 杆件某截面上产生的实际应力为 $\sigma=100\text{MPa}$，已知材料的容许应力 $[\sigma]=120\text{MPa}$，则该截面（　　）。

A. 发生刚度破坏

B. 发生强度破坏

C. 没有发生强度破坏

D. 发生稳定性破坏

5. 如图 2-3 所示，用截面法求杆件在 $B$ 处截面上的轴力时，分别以 $AB$ 和 $BC$ 作为研究对象，求出的轴力（　　）。

A. 大小相等，方向相同

B. 大小不等，方向相同

C. 大小相等，方向相反

D. 大小不等，方向相反

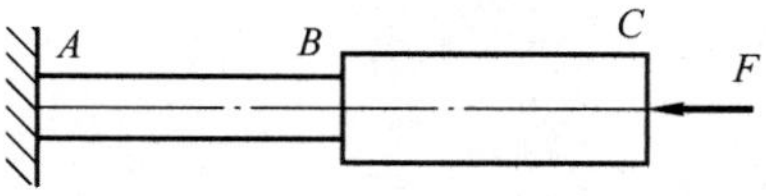


图　2-3

6. 梁发生平面弯曲变形时，其横截面上产生的内力有（　　）。

A. 轴力 $N$　　B. 剪力 $Q$

C. 扭矩 $M_T$　　D. 剪力 $Q$ 和弯矩 $M$

7. 要判定杆件是否会因强度不足而发生破坏，需要比较（　　）。

| 2.1　材料力学概述 | | | | 2.1-2　技能提升 | | | |
|---|---|---|---|---|---|---|---|
| 班级 | | 姓名 | | 学号 | | 日期 | |

A. 内力和外力的大小关系

B. 内力和应力的大小关系

C. 实际受到的应力和容许应力的大小关系

D. 外力和应力的大小关系

8. 某等直杆件截面为矩形，如图 2-4 所示，则该截面对 $z$ 轴惯性矩为（　　）$m^4$。

A. 180　　B. 240　　C. 360　　D. 500

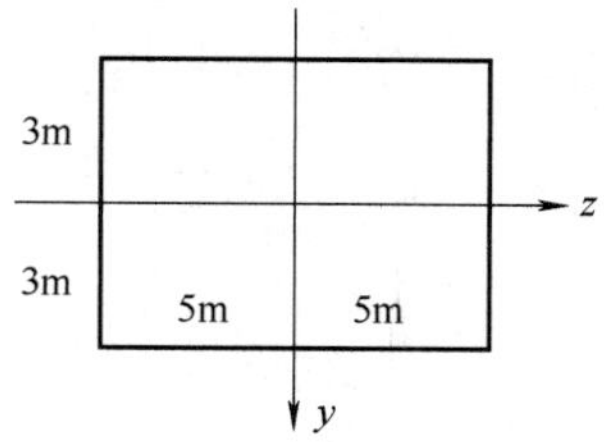


图　2-4

9. 下列关于静矩 $S$ 的说法中，不正确的是（　　）。

A. 同一截面对不同坐标轴的静矩不同

B. 静矩只能是正值

C. 截面对某一轴的静矩为零，则该截面一定通过该截面的形心

D. 截面对通过其形心的静矩恒等于零

10. 下列关于重心的说法中，不正确的是（　　）。

A. 匀质物体的重心位置取决于物体的几何形状

B. 匀质物体的重心和形心是重合的

C. 不均匀物体的重心和形心特殊情况下有可能重合

D. 只要物体的几何形状一样，重心位置一定一样

## 二、填空题

1. 构件抵抗变形的能力称为____________。

2. 不同构件对强度、刚度、稳定性的要求不同，但首先必须满足____________要求。构件满足强度、刚度、稳定性要求的能力，称为构件的________________。

3. 杆件中两部分之间的相互作用力称为________；研究对象之外的物体给研究对象的力称为____________。

4. 桥墩在竖向偏心荷载的作用下发生的变形是_________，产生的内力有_________。

5. 内力在一点处的集度称为_________，其国际单位是_________。

6. 如图 2-5 所示等腰三角形截面，高为 0.6m，则其形心位置 $O$ 点距离底边的垂直距离为____________ m。

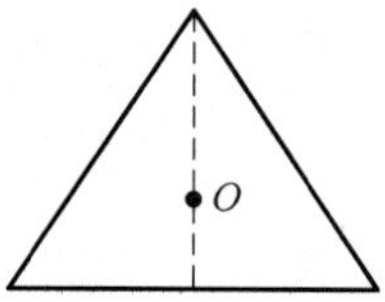


图　2-5

## 三、判断题

1. 构件的承载能力指的就是其抵抗破坏的能力。（　　）

2. 当构件某点受到的应力大于容许应力时，会发生稳定性破坏。（　　）

| 2.1　材料力学概述 | | | 2.1-2　技能提升 | | | | |
|---|---|---|---|---|---|---|---|
| 班级 | | 姓名 | | 学号 | | 日期 | |

3. 如图 2-6 所示简支梁，如果以 $m$-$m$ 截面左侧部分作为研究对象，则图中力 $F$ 属于其内力。(　　)

4. 弯曲变形产生的内力只有弯矩。(　　)

5. 应力在杆件同一个横截面上每一点都是相等的。(　　)

6. 在用截面法计算杆件内力的过程中，截开杆件之前不能使用力或力偶的可传性原理。(　　)

7. 应力的单位中，$1\mathrm{MPa} = 1\mathrm{N/m^2}$。(　　)

8. 构件变形中可能会存在几种基本变形的组合。(　　)

9. 用截面法不能直接求得杆件横截面上的应力。(　　)

10. 截面的惯性矩的大小会影响构件的抗弯能力。(　　)

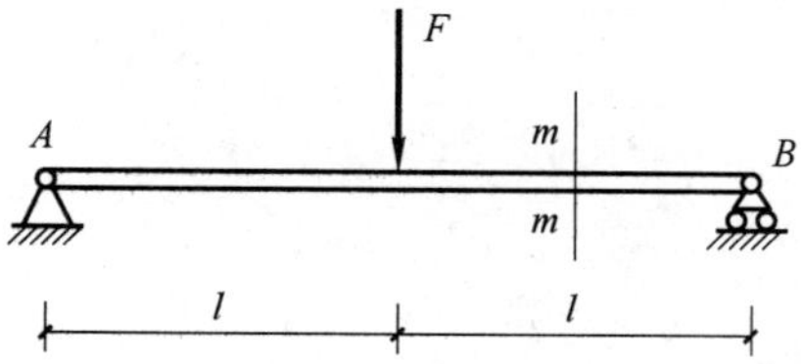

图　2-6

## 四、计算题

1. 用截面法求出图 2-7 中杆件 $m$-$m$ 截面上的内力。

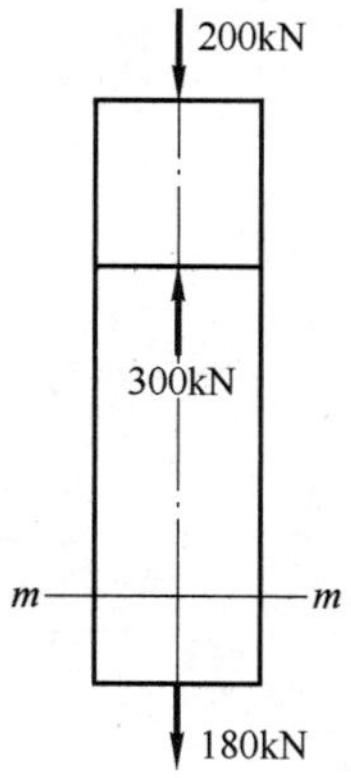

图　2-7

2. 计算图 2-8 中 T 形截面对 $z$ 轴的静矩及形心位置。(图中单位：mm)

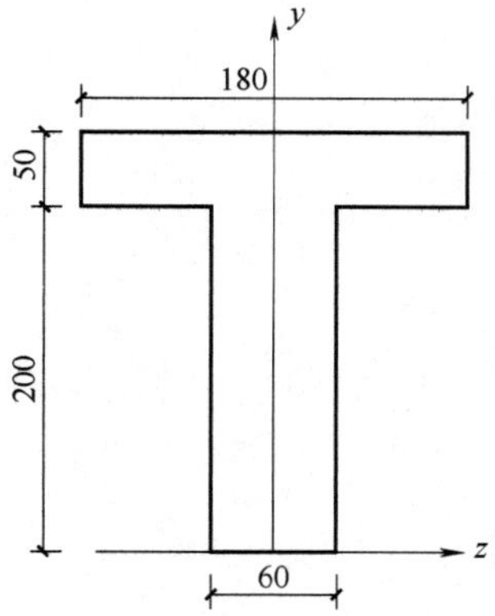

图　2-8

| 2.2　轴向拉伸与压缩 | | | | 2.2-1　学习导航 | | | |
|---|---|---|---|---|---|---|---|
| 班级 | | 姓名 | | 学号 | | 日期 | |

### 学习目标

1. 理解轴向拉压的概念。
2. 理解轴力的概念。
3. 掌握轴力正负号的规定。
4. 掌握轴力图概念。
5. 掌握截面法求轴力的计算方法。
6. 掌握画轴力图的步骤。
7. 掌握轴向拉压横截面上正应力的分布及计算。
8. 理解正应力公式的使用条件及应力集中的概念。
9. 掌握轴向拉压杆件强度的计算方法。
10. 掌握胡克定律计算轴向拉压变形的计算方法。

### 重点与难点

1. 重点：截面法求轴力、画轴向拉压杆件的轴力图、轴向拉压杆件的强度校核、胡克定律计算轴向拉压变形。

2. 难点：画轴向拉压杆件的轴力图、轴向拉压杆件的强度校核。

### 基本公式

1. 截面法求轴向拉压杆件的轴力

选取截面的左侧或者右侧所有部分作为研究对象，计算时先假设研究部分受到的轴力为正，然后列平衡方程：

$$\sum X = 0 \text{（当杆件轴向为横向时）}$$

$$\sum Y = 0 \text{（当杆件轴向为纵向时）}$$

2. 轴向拉压杆件横截面正应力的计算公式：

$$\sigma = \frac{N}{A}$$

3. 许用应力的定义式：

许用应力 $[\sigma]$ 等于极限应力 $\sigma^0$ 除以大于 1 的安全系数 $K$。

$$[\sigma] = \frac{\sigma^0}{K}$$

4. 轴向拉压杆件的强度校核公式：

$$\sigma = \frac{N}{A} \leqslant [\sigma]$$

| 2.2　轴向拉伸与压缩 | | | 2.2-1　学习导航 | | | | |
|---|---|---|---|---|---|---|---|
| 班级 | | 姓名 | | 学号 | | 日期 | |

5. 轴向拉压杆件横截面尺寸计算公式：

$$A \geqslant \frac{N}{[\sigma]}$$

6. 计算许用荷载计算公式：

$$[N] \leqslant A[\sigma]$$

7. 轴向拉压杆件的胡克定律：

$$\Delta l = \frac{Nl}{EA}$$

**解题指南**

1. 轴力的正负号规定：拉伸时受到的轴力为正值，压缩时受到的轴力为负值（拉正压负）。

2. 截面法求轴向拉压轴力的步骤：

（1）取截面左侧部分或者右侧部分作为研究对象。

（2）画研究对象的受力图（轴力假设为正值）。

（3）列平衡方程 $\sum X = 0$ 或 $\sum Y = 0$ 求轴力。

3. 画轴向拉压杆件轴力图的步骤：

（1）分段：以轴向外力的作用点为分界点对杆件进行分段。

（2）求轴力：用截面法求各段的轴力。

（3）画轴力：以拉正压负画出各段的轴力图。

（4）标值：在各段的轴力图中标出轴力的大小和正负号。

4. 轴向拉压杆件强度校核的步骤：

（1）求出各截面上的轴力。

（2）用公式 $\sigma = \frac{N}{A}$ 求出各截面的工作应力。

（3）比较工作应力 $\sigma$ 和许用应力 $[\sigma]$ 的大小，当 $\sigma \leqslant [\sigma]$ 时（$\sigma$ 取绝对值来比较大小），截面是安全的，反之截面是危险的。

5. 选择轴向拉压杆件横截面尺寸时，用公式 $A \geqslant \frac{N}{[\sigma]}$ 求出截面承受设计荷载需要的最小面积。

6. 计算轴向拉压的许用荷载时，用公式 $[N] \leqslant A[\sigma]$ 计算截面能够承受的最大荷载。

7. 用胡克定律计算杆件变形位移量的步骤：

（1）用截面法求出各段杆的轴力。

（2）用胡克定律 $\Delta l = \frac{Nl}{EA}$ 计算各段的形变量。

（3）把各段的形变量代数和相加得到总的形变量。

| 2.2　轴向拉伸与压缩 | | | | 2.2-2　技能提升 | | | |
|---|---|---|---|---|---|---|---|
| 班级 | | 姓名 | | 学号 | | 日期 | |

## 一、单项选择题

1. 如图 2-9 所示，*AB* 杆件发生的变形是________；产生的内力是________。(　　)

A. 偏心拉压，弯矩

B. 轴向压缩，剪力

C. 轴向拉伸，轴力

D. 轴向压缩，扭矩

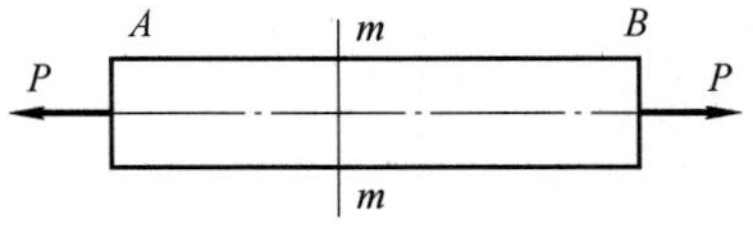


图　2-9

2. 关于轴向拉压变形的轴力 $N$ 的说法中，错误的是（　　）。

A. 轴力的的作用线和杆件的轴线一致

B. 若是杆件受压，截面上的轴力指向与截面外法线方向一致

C. 轴力正负号的规定为：拉伸时轴力用正号表示，压缩时轴力用负号表示

D. 轴力和应力的单位是相同的

3. 关于轴力图的说法中，错误的是（　　）。

A. 轴力图能反应各横截面上的轴力随横截面的位置变化情况

B. 轴力图中的单位是 N 或者 kN

C. 轴力图中负值表示杆段受拉，正值表示杆段受压

D. 轴力图中能够体现杆件受到的最大拉力和最大压力的杆段

4. 下列情况中，轴向拉压正应力的计算公式 $\sigma = \dfrac{N}{A}$ 不能适用的情况是（　　）。

A. 外力线作用线与杆件的轴线重合

B. 在杆件距外力的作用点较远部分

C. 在杆件距外力的作用点较近部分

D. 等截面直杆

5. 如图 2-10 所示，画 *AB* 杆件的轴力图时，可以按（　　）杆段来画。

A. 1　　　　B. 2

C. 3　　　　D. 4

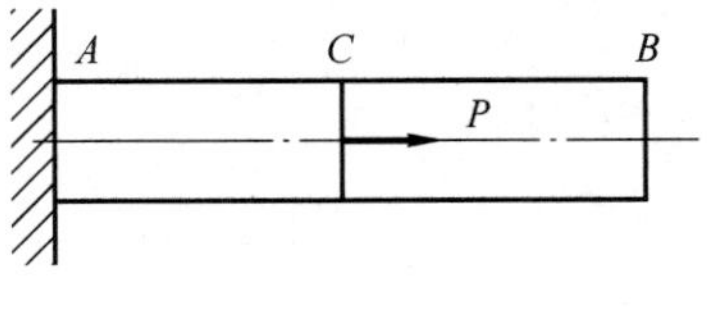


图　2-10

6. 如果杆件截面尺寸突然变化，在截面突变处会出现局部应力剧增现象，称为（　　）。

A. 应力集中　　　　B. 应力破坏

C. 应力平衡　　　　D. 应力突变

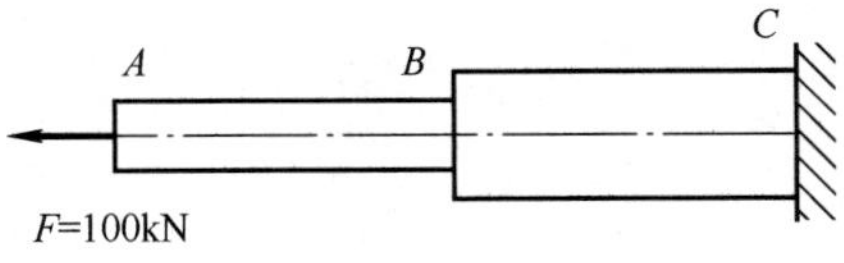


图　2-11

7. 杆件受力如图 2-11 所示，*AB* 段的横截面积小于 *BC* 段的横截面积，则有（　　）。

A. *AB* 段的轴力 $N_{AB}$ 小于 *BC* 段的轴力 $N_{BC}$

| 2.2　轴向拉伸与压缩 | | | 2.2-2　技能提升 | | | | |
|---|---|---|---|---|---|---|---|
| 班级 | | 姓名 | | 学号 | | 日期 | |

B. $AB$ 段的应力 $\sigma_{AB}$ 等于 $BC$ 段的应力 $\sigma_{BC}$

C. $AB$ 段的轴力 $N_{AB}$ 大于 $BC$ 段的轴力 $N_{BC}$

D. $AB$ 段的应力 $\sigma_{AB}$ 大于 $BC$ 段的应力 $\sigma_{BC}$

8. 实际工程中许多不利因素无法预计，为了杆件使用时的安全可靠，国家相关部门规定将许用应力作为衡量材料承载力的依据，许用应力 $[\sigma]$ 指的（　　）。

A. 实验测得的极限应力值 $\sigma^0$ 乘以大于 1 的安全系数 $K$

B. 实验测得的极限应力值 $\sigma^0$ 除以大于 1 的安全系数 $K$

C. 实验测得的极限应力值 $\sigma^0$ 乘以小于 1 的安全系数 $K$

D. 实验测得的极限应力值 $\sigma^0$ 除以小于 1 的安全系数 $K$

9. 某受拉杆件材料的极限应力为 120MPa，许用应力为 100MPa，工作中杆件受到的最大拉应力为 110MPa，则下列说法中正确的是（　　）。

A. 因为杆件工作应力小于极限应力，所以处于安全状态

B. 因为杆件工作应力大于许用应力，所以处于危险状态

C. 因为杆件工作应力小于极限应力，所以处于危险状态

D. 因为杆件工作应力大于许用应力，所以处于安全状态

10. 由胡克定律可知，与轴向拉压杆件的纵向变形 $\Delta l$ 成正比的是（　　）。

A. 只有杆件的横截面面积 $A$

B. 只有杆件的轴力 $N$

C. 杆件的轴力 $N$ 和杆的初始长度 $l$

D. 杆件的横截面面积 $A$ 和材料的弹性模量 $E$

## 二、填空题

1. 如图 2-12 所示，杆件由于变形产生的内力形式是____________，根据正负号规定，该杆件产生的应力为____________值。

2. 许用应力指的是____________和____________的比值。

3. 杆件发生轴向拉压变形处于安全状态时，则其极限应力 $\sigma^0$、许用应力 $[\sigma]$、工作应力 $\sigma$ 间的大小关系是________________________。

4. 杆件由于轴向拉压变形产生最大正应力的截面称为______________。

5. 杆件轴向拉压变形的胡克定律公式为________________________。

6. 杆件单位长度的变形称为____________。在比例极限范围内，杆件横向应变和纵向应变的比值称为____________。

7. 胡克定律公式中，$EA$ 称为杆件的抗拉（压）刚度，在其他条件相同时，$EA$ 越大，杆件抵抗变形的能力就越____________。

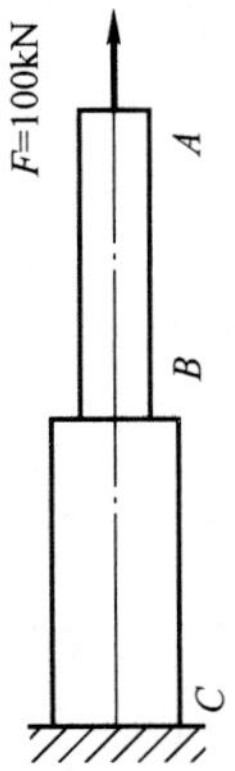


图　2-12

| 2.2　轴向拉伸与压缩 | | 2.2-2　技能提升 | | | | | |
|---|---|---|---|---|---|---|---|
| 班级 | | 姓名 | | 学号 | | 日期 | |

## 三、判断题

1. 轴向拉压杆件的外力方向与截面的外法线方向不在一条直线上。(　　)

2. 工程中规定压杆的轴力 $N$ 是负值，拉杆的轴力 $N$ 是正值。(　　)

3. 杆件如图 2-13 所示，已知 $AB$ 段和 $BC$ 段材料一样，$AB$ 段横截面积小于 $BC$ 段横截面积，则力 $F$ 增大时，两段轴力大小一样，但 $AB$ 段受到的应力较大，先发生破坏。(　　)

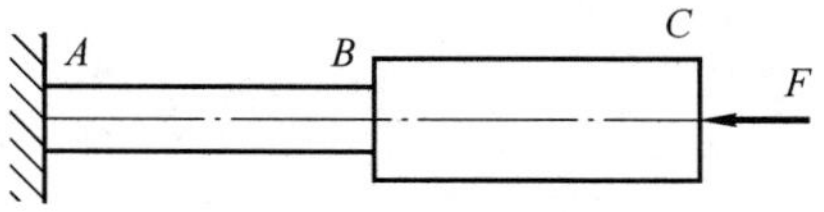


图　2-13

4. 轴向拉压变形中，杆件材料的弹性模量乘以横截面积 $EA$ 称为杆件的抗拉（压）强度，其他条件相同时，$EA$ 越大抗弯能力越好。(　　)

5. 轴向拉压杆件中，杆件同一个横截面上每一点的应力都不相等。(　　)

6. 工程中将试验所得的极限应力作为衡量材料承载能力的直接依据。(　　)

7. 用胡克定律计算轴向拉压杆件的变形时，当求得的变形是正值时表示杆件压缩。(　　)

8. 轴向拉压杆件横截面上的正应力计算公式适用于任何条件下。(　　)

9. 强度计算中的安全系数 $K$ 为大于 1 的系数。(　　)

10. 出现应力集中现象对杆件的安全性是有利的。(　　)

## 四、计算题

1. 如图 2-14 所示，试用截面法求出各杆件各段的轴力，并画轴力图。

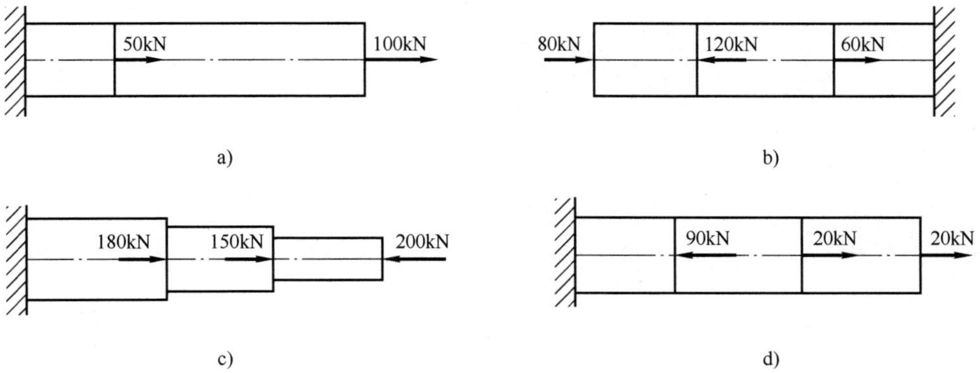


图　2-14

| 2.2 轴向拉伸与压缩 | | | 2.2-2 技能提升 | | | | |
|---|---|---|---|---|---|---|---|
| 班级 | | 姓名 | | 学号 | | 日期 | |

2. 杆件受力作用如图 2-15 所示，已知外力 $P_1=20\text{kN}$，$P_2=30\text{kN}$，$P_3=20\text{kN}$，不计该杆件的重力，杆件的截面积为 $A=0.002\text{m}^2$，材料许用拉应力为 $[\sigma_{拉}]=5\text{MPa}$，许用压应力为 $[\sigma_{压}]=-10\text{MPa}$，请完成以下内容：

（1）分别计算 $AB$、$BC$、$CD$ 三段的截面轴力，并画轴力图。

（2）分别计算 $AB$、$BC$、$CD$ 三段的应力。

（3）分别校核 $AB$、$BC$、$CD$ 三段的强度。

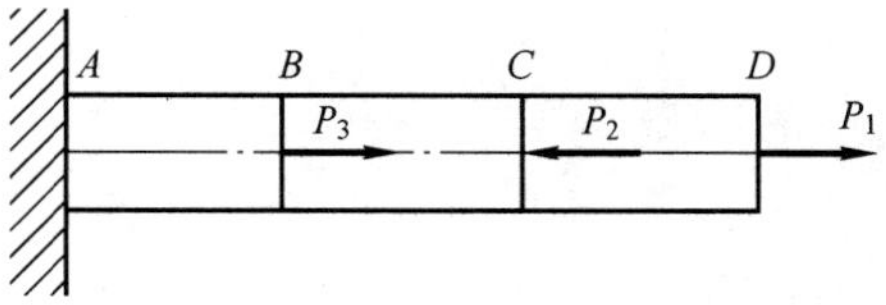


图 2-15

3. 圆形杆件中间范围为空心，如图 2-16 所示，两端杆件直径为 $D=20\text{mm}$，空心直径 $d=5\text{mm}$。杆件受轴向拉力 $F=15\text{kN}$ 作用。杆件的材料许用拉应力 $[\sigma_{拉}]=50\text{MPa}$，许用压应力为 $[\sigma_{压}]=-40\text{MPa}$，请完成以下内容：

（1）分别计算 1-1 截面和 2-2 截面的轴力。

（2）分别计算 1-1 截面和 2-2 截面的应力。

（3）分别校核 1-1 截面和 2-2 截面的强度。

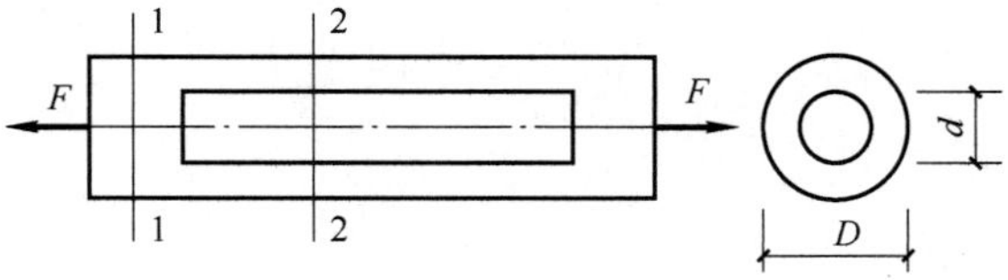


图 2-16

| 2.2　轴向拉伸与压缩 | | | 2.2-2　技能提升 | | | | |
|---|---|---|---|---|---|---|---|
| 班级 | | 姓名 | | 学号 | | 日期 | |

4. 圆截面构件的材料许用拉应力为 $[\sigma_{拉}]=10\text{MPa}$，许用压应力为 $[\sigma_{压}]=-16\text{MPa}$，受力如图 2-17 所示，不计杆件自重。试设计各段杆件的横截面直径。

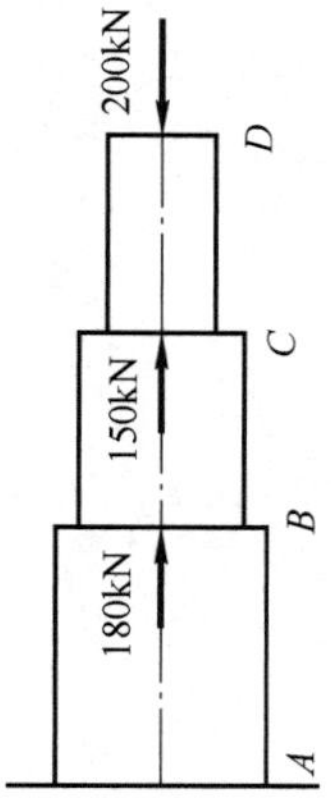


图　2-17

5. 等直杆件的横截面积 $A=0.004\text{m}^2$，受到两个拉力作用，如图 2-18 所示。已知构件的材料许用拉应力为 $[\sigma_{拉}]=12\text{MPa}$，试求在保证杆件安全的情况下 $P$ 的最大值。

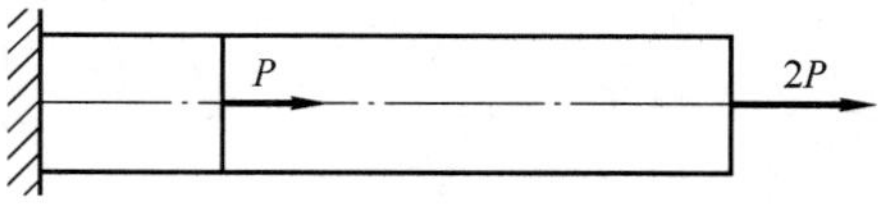


图　2-18

6. 如图 2-19 所示为阶梯型钢杆，已知 $P=10\text{kN}$，杆件 $AB$ 和杆件 $BC$ 的长度都为 400mm，材料的弹性模量 $E=200\text{GPa}$，$AB$ 段的横截面积 $A_1=100\text{mm}^2$。$BC$ 段的横截面积 $A_2=50\text{mm}^2$。试求 $AB$ 杆件的总变形。

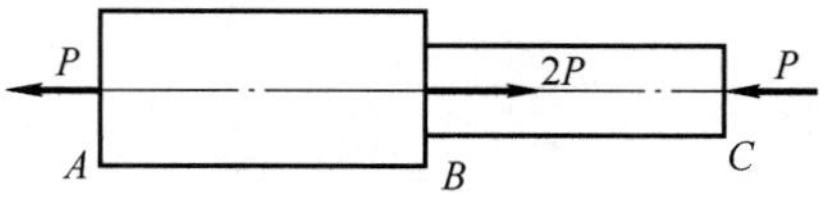


图　2-19

| 2.3　梁的弯曲 | | 2.3-1　学习导航 | | | | | |
|---|---|---|---|---|---|---|---|
| 班级 | | 姓名 | | 学号 | | 日期 | |

**学习目标**

1. 理解梁平面弯曲的概念及形式。
2. 掌握梁内力的概念及计算方法。
3. 掌握平面弯曲梁内力图的画法。
4. 掌握平面弯曲梁正应力的计算方法。
5. 掌握平面弯曲梁的强度判定方法。
6. 了解平面弯曲梁剪应力的概念及计算。
7. 了解弯曲变形的概念及计算。
8. 掌握提高梁强度和刚度的措施。

**重点与难点**

1. 重点：梁内力的概念及计算方法。
2. 难点：平面弯曲内力图的画法。

**基本公式**

1. 剪力方程和弯矩方程

用沿梁轴线的坐标 $x$ 来表示横截面的位置，则各横截面上的剪力和弯矩都表示为坐标 $x$ 的函数。

$$Q = Q(x) \qquad M = M(x)$$

2. 梁在纯弯曲时横截面上任一点的正应力计算公式为

$$\sigma = \frac{My}{I_z}$$

3. 中性轴为截面对称轴的梁，最大正应力为

$$\sigma_{\max} = \frac{M_{\max} \cdot y_{\max}}{I_z}$$

令 $W_z = I_z/y_{\max}$，则

$$\sigma_{\max} = \frac{M_{\max}}{W_z}$$

**解题指南**

1. 剪力和弯矩的正负号规定

为了使左、右两段梁在同一截面上的剪力 $Q$ 和弯矩 $M$ 具有一致的正负号，根据梁的变形情况，对其作如下规定：

（1）剪力：当横截面上的剪力使所选取的脱离体产生顺时针方向转动趋势时为正，反之为负。

（2）弯矩：当横截面上的弯矩使所选取的脱离体产生下凸（即下部受拉、上部受压）的变形时为正，反之为负。

| 2.3　梁的弯曲 | | | 2.3-1　学习导航 | | | | |
|---|---|---|---|---|---|---|---|
| 班级 | | 姓名 | | 学号 | | 日期 | |

2. 用截面法计算指定截面上的剪力和弯矩

用截面法计算指定截面的剪力和弯矩的步骤和方法如下：

(1) 计算支座反力。

(2) 用假想的截面在所求内力截面处将梁截开成两部分，取其中一部分作为研究对象。

(3) 画研究对象的受力图（一般都先假设截面上的内力为正剪力和正弯矩）。

(4) 建立平衡方程，求解内力。

当计算结果内力值为正值时，说明截面上的内力方向与假设一致，当计算结果内力值为负值时，说明截面上的内力方向与假设的相反。

3. 内力图存在一定的规律。可简要归纳如下：

| 荷载位置 | 剪　力　图 | 弯　矩　图 |
|---|---|---|
| 无荷载区段 | 水平的直线 | $Q=0$，为水平的直线<br>$Q>0$，为从左往右斜向下的直线<br>$Q<0$，为从左往右斜向上的直线 |
| 均布荷载向下区段 | 从左往右画，为斜向下的直线 | 下凸的二次抛物线<br>$Q=0$ 处，弯矩图有极值 |
| 均布荷载向上区段 | 从左往右画，为斜向上的直线 | 上凸的二次抛物线<br>$Q=0$ 处，弯矩图有极值 |
| 集中力作用处 | 从左往右画，突变的方向与 $F$ 一致<br>突变的大小等于集中力的大小 | 出现尖角<br>尖角方向与集中力 $F$ 一致 |
| 力偶作用处 | 无变化 | 发生突变<br>突变的大小等于力偶矩的大小<br>如从左往右画弯矩图<br>力偶顺时针转，向下突变<br>力偶逆时针转，向上突变 |

4. 简捷法

具体步骤如下：

(1) 计算支座反力（悬臂梁可以不求支座反力）。

(2) 将梁分成若干段（根据荷载分段，梁端截面、集中力、集中力偶作用截面、分布荷载起止截面都是梁分段时的界限截面）。

(3) 判断内力图的大致形状（根据各梁段的荷载情况判断）。

(4) 计算控制截面的内力值（控制截面一般选支座截面，集中力及集中力偶作用点两侧截面，均布荷载的两端及跨中截面等）。

(5) 逐段绘制出梁的剪力图和弯矩图。

5. 叠加法

方法如下：先将每个荷载单独作用下的剪力图和弯矩图绘出，然后再将相应的纵坐标叠加起来，从而得到全部荷载作用下的剪力图和弯矩图。

| 2.3 梁的弯曲 | | | | 2.3-2 技能提升 | | | |
|---|---|---|---|---|---|---|---|
| 班级 | | 姓名 | | 学号 | | 日期 | |

## 一、单项选择题

1. 杆件在外力作用下，其轴线由直线变为曲线的变形是（　　）。

A. 轴向拉伸变形　　B. 轴向压缩变形

C. 剪切变形　　D. 弯曲变形

2. 如图2-20所示，简支梁在均布载荷作用下，2-2截面剪力________1-1截面剪力，2-2截面弯矩________1-1截面弯矩。（　　）

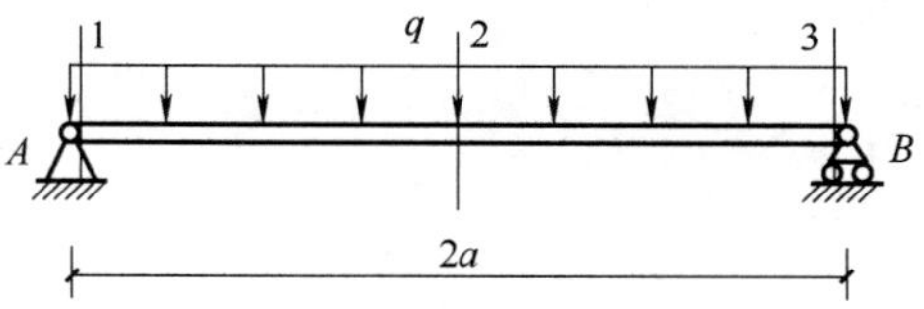


图 2-20

A. 小于，大于

B. 大于，大于

C. 等于，小于

D. 小于，小于

3. 图2-21中的4个截面中，其弯矩与其他截面弯矩不相等的是（　　）。

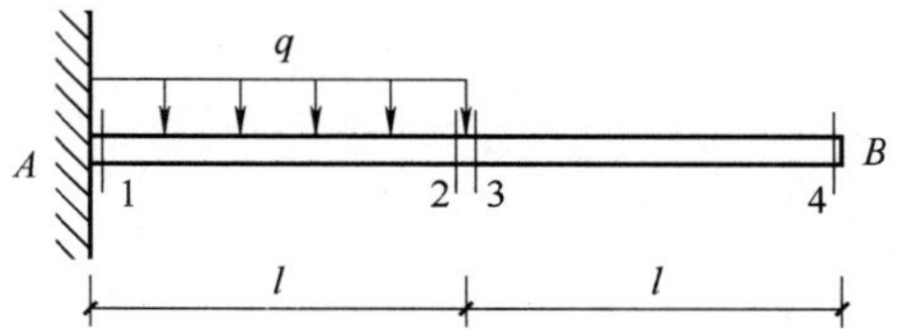


图 2-21

A. 1-1截面

B. 2-2截面

C. 3-3截面

D. 4-4截面

4. 悬臂梁受集中力作用发生弯曲变形，弯矩图是一条（　　）。

A. 水平线　　B. 竖直线　　C. 斜直线　　D. 抛物线

5. 弯曲变形的内力有剪力和弯矩，在集中力作用下，剪力图是两段（　　）。

A. 斜直线　　B. 水平线　　C. 竖直线　　D. 抛物线

6. 关于剪力与弯矩的正负号规定，下列说法正确的是（　　）。

A. 使分离体产生顺时针转动趋势的剪力为负

B. 使分离体产生逆时针转动趋势的剪力为正

C. 使分离体产生向下凸变形为负弯矩

D. 使分离体产生向下凸变形为正弯矩

7. 一端是固定铰支座，另一端是可动铰支座，且不伸出支座的梁是（　　）。

A. 简支梁　　B. 外伸梁　　C. 悬臂梁　　D. 无法确定

8. 在力偶作用处，其剪力图、弯矩图为（　　）。

A. 剪力图有突变，弯矩图无变化

B. 剪力图无变化，弯矩图有突变

C. 剪力图、弯矩图无变化

D. 剪力图、弯矩图均有突变

| 2.3　梁的弯曲 | | 2.3-2　技能提升 | | | | | |
|---|---|---|---|---|---|---|---|
| 班级 | | 姓名 | | 学号 | | 日期 | |

9. 弯曲变形杆件的内力有剪力和弯矩，图 2-22 中简支梁 3-3 截面的弯矩和（　　）截面相同。

A. 1-1

B. 2-2

C. 3-3

D. 4-4

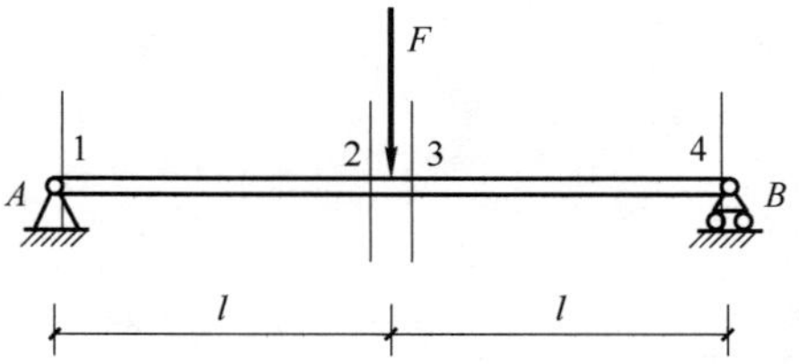


图　2-22

10. 图 2-23 中中性层以上的点都（　　）。

A. 受压

B. 受拉

C. 不受力

D. 受拉也受压

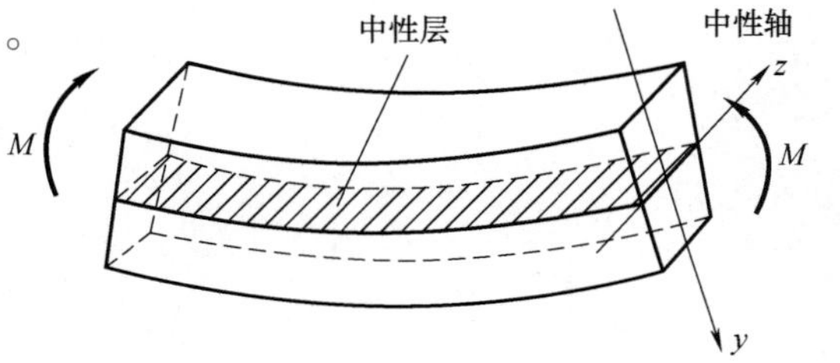


图　2-23

## 二、填空题

1. 两个人抬水，杆受力发生__________变形。

2. 以弯曲变形为主的杆件，称为____________。

3. 一端固定一端自由的梁，称为____________梁。

4. 梁弯曲时杆件的内力分别为________、________，计算内力的基本方法是________。

5. 在集中力作用处，其左、右两侧截面的剪力____________，弯矩____________；在集中力偶作用处，其左、右两侧截面的剪力____________，弯矩____________。

6. 梁发生弯曲变形时，横截面的位移可用____________和____________来衡量。

## 三、判断题

1. 在集中力作用处，剪力图发生突变，弯矩图只产生转折。（　　）

2. 由图 2-24 可以看出，弯矩图各段都是斜直线，梁上没有均布载荷作用。（　　）

3. 如图 2-25 所示，为了画简支梁的内力图，要先求出所有外力，即 $A$、$B$ 处的约束反力。（　　）

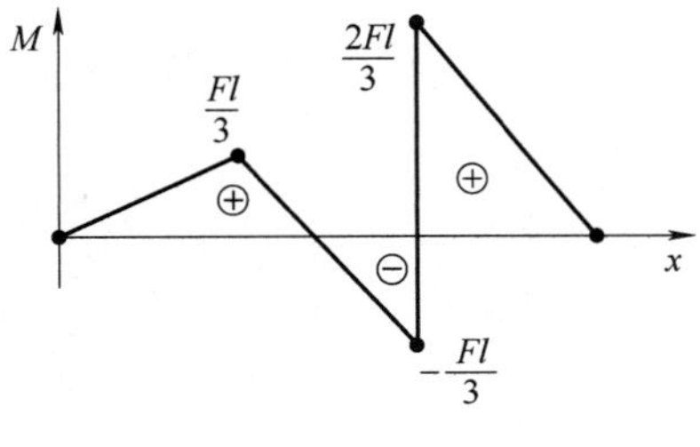


图　2-24

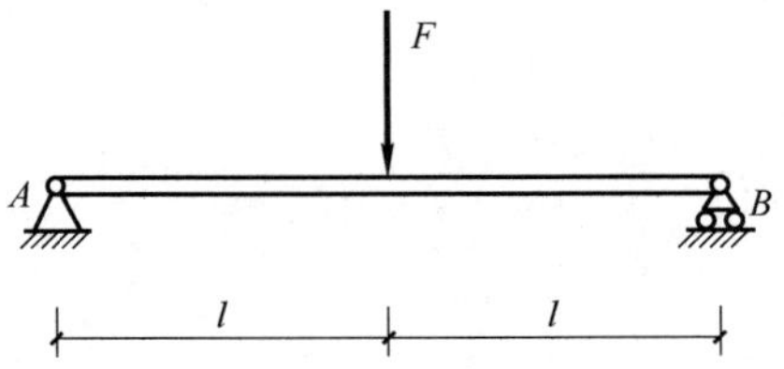


图　2-25

| 2.3　梁的弯曲 | | | | 2.3-2　技能提升 | | | |
|---|---|---|---|---|---|---|---|
| 班级 | | 姓名 | | 学号 | | 日期 | |

4. 梁发生弯曲时，剪力为零的截面处，弯矩取得极值。(　　)

5. 用绳子晾晒衣服，衣服集中挂在中间时绳子最不容易断。(　　)

6. 矩形截面梁弯曲时横截面上既有正应力，又有剪应力，截面上下边缘的正应力最大，截面中间的剪应力最大。(　　)

## 四、计算题

1. 试求图 2-26 中梁所标截面的剪力和弯矩。$q$、$a$ 均为已知。

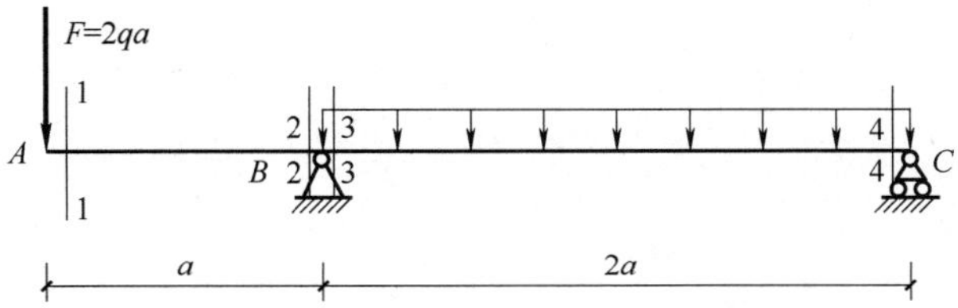


图　2-26

2. 试求图 2-27 中梁 1-1 截面和 2-2 截面上的剪力和弯矩。

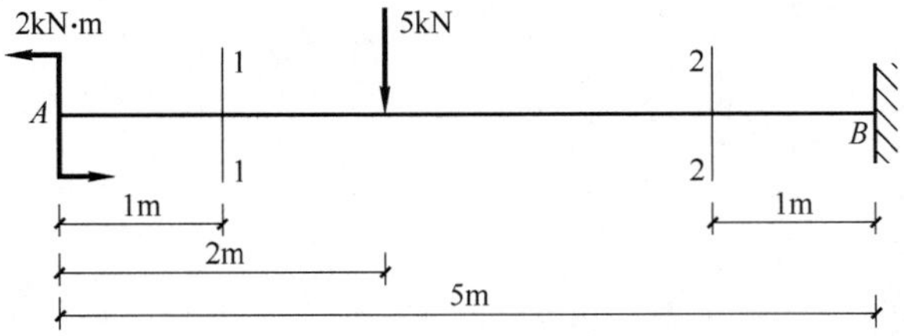


图　2-27

| 2.3　梁的弯曲 | | | 2.3-2　技能提升 | | | | |
|---|---|---|---|---|---|---|---|
| 班级 | | 姓名 | | 学号 | | 日期 | |

**五、画图题**

1. 外伸梁受力如图 2-28 所示，支座 $B$、$D$ 处约束反力分别为 $F_{BY}=17.5\text{kN}(\uparrow)$，$F_{DY}=2.5\text{kN}(\uparrow)$，试画出该外伸梁的剪力图和弯矩图。

2. 外伸梁受力如图 2-29 所示，支座 $A$、$C$ 处约束反力分别为 $F_{AY}=-10\text{kN}(\downarrow)$，$F_{CY}=30\text{kN}(\uparrow)$，试画出该外伸梁的剪力图和弯矩图。

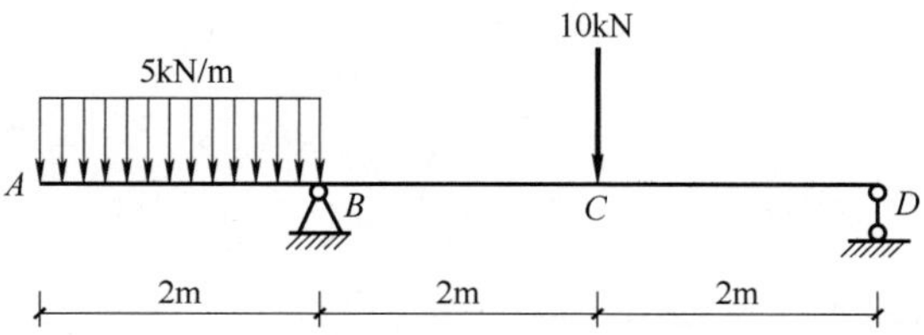


图　2-28

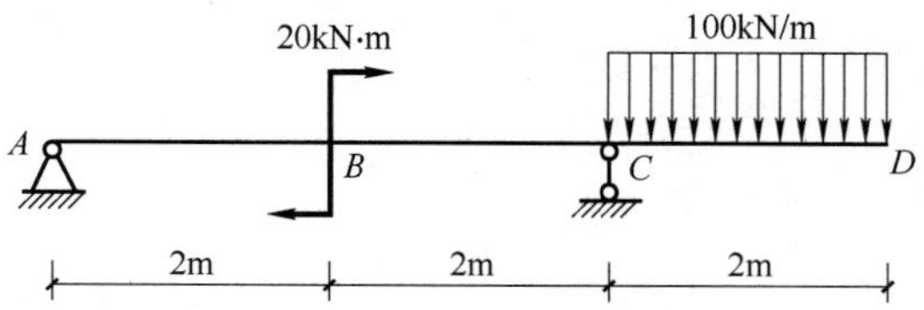


图　2-29

3. 简支梁受力如图 2-30 所示，支座 $A$、$D$ 处约束反力分别为 $F_{AY}=17.5\text{kN}(\uparrow)$，$F_{DY}=12.5\text{kN}(\uparrow)$，试画出该简支梁的剪力图和弯矩图。

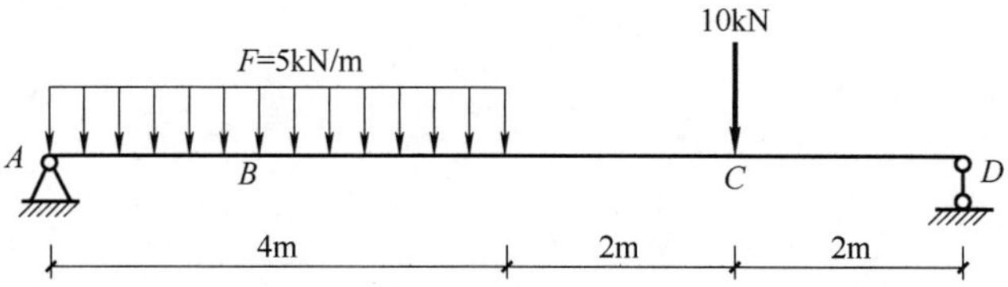


图　2-30

4. 简支梁受力如图 2-31 所示，支座 $A$、$D$ 处约束反力分别为 $F_{AY}=280\text{kN}(\uparrow)$，$F_{DY}=280\text{kN}(\uparrow)$，试画出该简支梁的剪力图和弯矩图。

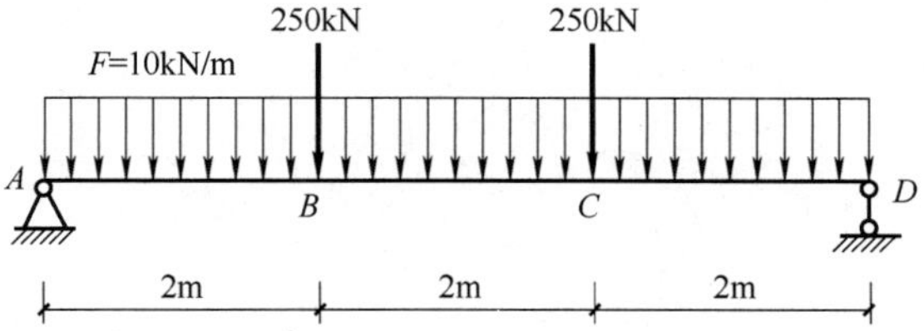


图　2-31

| 2.4 偏心拉压和压杆稳定 | | 2.4-1 学习导航 | | | | | |
|---|---|---|---|---|---|---|---|
| 班级 | | 姓名 | | 学号 | | 日期 | |

**学习目标**

1. 理解偏心拉压的概念。
2. 掌握偏心拉压正应力的计算方法及强度判定方法。
3. 理解压杆稳定的概念。
4. 掌握细长杆临界力、临界应力的计算。
5. 掌握提高压杆稳定性的措施。

**重点与难点**

1. 重点：偏心拉压的概念、细长杆临界力、临界应力的计算。
2. 难点：偏心拉压正应力的计算方法及其强度判定方法。

**基本公式**

1. 单向偏心压缩（拉伸）时的应力。

横截面 $m$-$n$ 上任一点 $k$（坐标为 $y$、$z$）的总应力为：

$$\sigma = \frac{P}{A} \pm \frac{M_z y}{I_z}$$

2. 双向偏心压缩（拉伸）时的应力

当偏心压力 $P$ 的作用线与柱轴线平行，但不通过截面任一形心主轴时，任一点 $K$（坐标为 $y$、$z$）的应力为

$$\sigma = \sigma_N + \sigma_{M_z} + \sigma_{M_y} = -\frac{P}{A} \pm \frac{M_z y}{I_z} \pm \frac{M_y z}{I_y}$$

弯矩 $M_z$、$M_y$ 引起的正应力的正负号仍然可根据 $K$ 点的位置来判定，当 $K$ 点处于弯曲变形的受压区时取负号，处于受拉区时取正号。

3. 压杆临界应力的欧拉公式为

$$\sigma_{cr} = \frac{\pi^2 E}{\lambda^2}$$

其中 $\lambda = \frac{\mu l}{i}$，$\lambda$ 为压杆的柔度或长细比，是一个无量纲的量，它综合反映了压杆的长度、支承情况、截面形状及尺寸等因素对临界应力的影响。

**解题指南**

1. 单向偏心压缩实际上就是轴向压缩和平面弯曲的组合。

2. 双向偏心压缩是轴向压缩和两个相互垂直的平面弯曲的组合，由此而产生的截面上任一点的应力，等于这三种基本变形下应力的叠加。

3. 压杆的柔度 $\lambda$ 越大，表示压杆细而长，临界应力 $\sigma_{cr}$ 就越小，压杆越容易失稳；反之 $\lambda$ 越小，压杆粗短，临界应力就大，压杆不容易失稳。所以柔度 $\lambda$ 是压杆稳定计算中一个重要的参数。

| 2.4　偏心拉压和压杆稳定 | | | 2.4-2　技能提升 | | | | |
|---|---|---|---|---|---|---|---|
| 班级 | | 姓名 | | 学号 | | 日期 | |

## 一、单项选择题

1. 偏心压缩属于轴向压缩变形和（　　）的组合变形。

A. 剪切变形　　B. 平面弯曲变形　　C. 扭转变形　　D. 轴向拉伸变形

2. 用欧拉公式计算临界力时，与临界力成正比的是（　　）。

A. 弹性模量　　B. 长度因数　　C. 压杆长度　　D. 压杆计算长度

3. 下列选项中比较容易产生失稳破坏的是（　　）。

A. 粗短杆　　B. 粗长杆　　C. 细长杆　　D. 细短杆

4. 细长压杆在轴向压力作用下保持其原有平衡状态的能力称为（　　）。

A. 强度　　B. 刚度　　C. 稳定性　　D. 扭度

5. 下列措施中，不能提高压杆稳定性的是（　　）。

A. 减小压杆长度　　B. 增加杆端支承

C. 减小压杆的轴向荷载　　D. 选择合理的压杆截面

6. 在材料相同的情况下，随着工作柔度的增大，（　　）。

A. 细长杆的临界压力下降，中粗杆的临界压力不变

B. 细长杆的临界压力不变，中粗杆的临界压力下降

C. 细长杆的临界压力下降，中粗杆的临界压力下降

D. 细长杆的临界压力不变，中粗杆的临界压力不变

7. 如图 2-32 所示，两个杆件的材料、截面尺寸及形状完全相同，b 图中的临界压力比 a 图中的临界压力（　　）。

A. 大

B. 小

C. 相等

D. 不确定

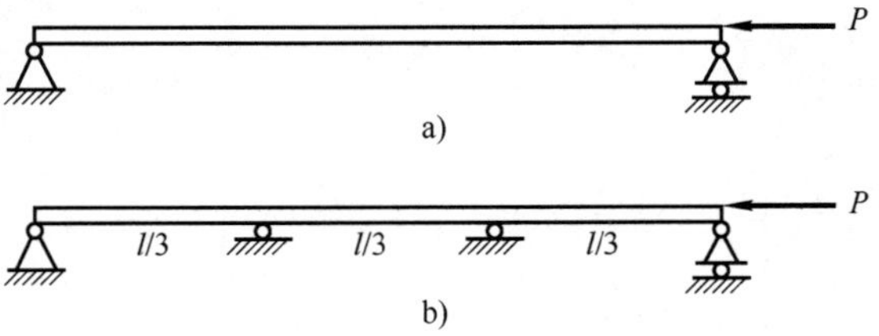


图　2-32

8. 压杆的失稳将在（　　）的纵向面内发生。

A. 长度系数大　　B. 惯性半径小　　C. 工作柔度大　　D. 工作柔度小

## 二、填空题

1. 细长压杆在一定轴向压力的作用下突然丧失其原有直线平衡状态的现象叫作____________。

2. 压杆的临界力越大，压杆就越不容易____________。

3. 大柔度压杆和中柔度压杆一般是因____________而失效，小柔度压杆是因____________而失效。

4. 若两根细长压杆的柔度相等，当____________相同时，它们的临界应力相等。

| 2.4　偏心拉压和压杆稳定 | | 2.4-2　技能提升 | | | | | |
|---|---|---|---|---|---|---|---|
| 班级 | | 姓名 | | 学号 | | 日期 | |

**三、判断题**

1. 细长压杆失稳时压杆发生弹性变形。(　　)
2. 杆端约束越牢固，压杆相应的临界压力越高。(　　)
3. 压杆的稳定性与受到的轴向压力的大小有关。(　　)
4. 采用高强度材料，可以提高压杆的稳定性。(　　)
5. 一端固定一端自由的受压细长杆，长为2m，则其稳定计算的长度为4m。(　　)
6. 受压杆件越细长，临界力越大。(　　)

**四、计算题**

1. 图2-33中两端球形铰支细长压杆，弹性模量 $E=200\text{GPa}$。试用欧拉公式计算下列两种截面形式下的临界荷载。

（1）圆形截面的尺寸：$d=25\text{mm}$，$l=1.0\text{m}$；

（2）矩形截面的尺寸：$h=2b=40\text{mm}$，$l=1.0\text{m}$。

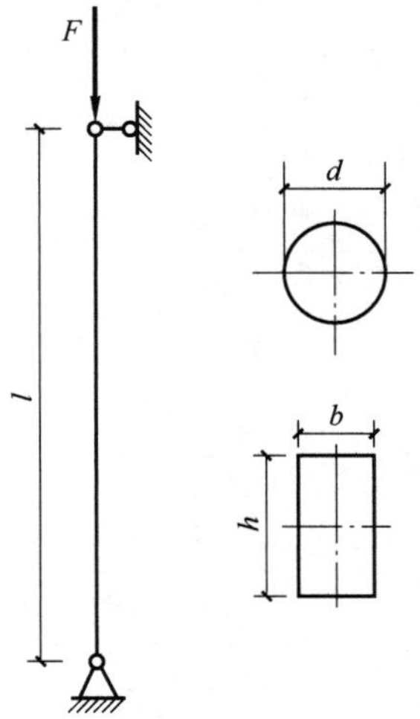


图　2-33

2. 如图2-34所示，试判定3根杆件中哪一根最容易失稳。

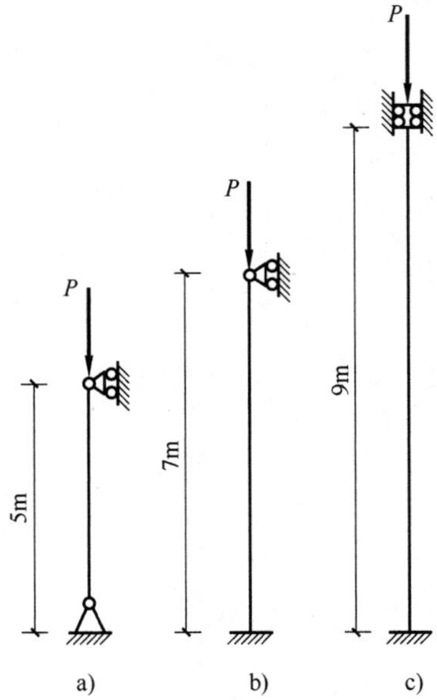


图　2-34

# 模块3
# 结构力学基础

| 3.1　平面杆系的几何组成分析 | | | | 3.1-1　学习导航 | | | |
|---|---|---|---|---|---|---|---|
| 班级 | | 姓名 | | 学号 | | 日期 | |

**学习目标**

1. 理解自由度的概念。
2. 理解几何不变体系与几何可变体系的概念、组成规律及受力特点。
3. 理解静定、超静定结构的概念。
4. 掌握分析几何不变体系、几何可变体系的方法。

**重点与难点**

1. 重点：掌握几何可变体系，几何不变体系及瞬变体系的概念。
2. 难点：平面杆系几何组成分析。

**解题指南**

几何组成分析：

（1）去掉二元体，将体系简单化，然后再分析。

（2）如上部体系的基础满足三个约束相连要求，可以去掉基础，只分析上部体系。

（3）当体系杆件数较多时，将刚片选得分散些，用链杆相连，而不用单铰相连。

（4）由一个基本刚片开始，逐步增加二元体，扩大刚片的范围，将体系归结为两个刚片或三个刚片相连，再用规则判定。

（5）由基础开始逐件组装。

（6）刚片的等效代换：在不改变刚片与周围的连结方式的前提下，可以改变它的大小、形状及内部组成。即用一个等效（与外部连结等效）刚片代替它。

| 3.1 平面杆系的几何组成分析 | | | 3.1-2 技能提升 | | | | |
|---|---|---|---|---|---|---|---|
| 班级 | | 姓名 | | 学号 | | 日期 | |

## 一、单项选择题

1. 三个刚片用三个铰两两相连构成的体系是（　　）。

A. 几何不变　　B. 几何常变

C. 几何瞬变　　D. 几何不变、几何常变或几何瞬变

2. 联结三个刚片的铰结点，与之相当的约束个数为（　　）。

A. 2 个　　B. 3 个　　C. 4 个　　D. 5 个

3. 两个刚片，用三根链杆联结构成的体系是（　　）。

A. 几何常变

B. 几何不变

C. 几何瞬变

D. 几何不变或几何常变或几何瞬变

4. 图 3-1 所示体系是（　　）。

A. 几何瞬变有多余约束

B. 几何不变

C. 几何常变

D. 几何瞬变无多余约束

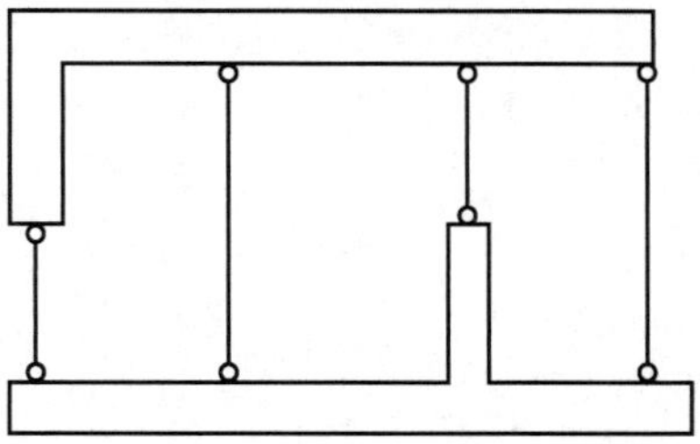

图　3-1

5. 试对图 3-2 所示体系进行几何组成分析（　　）。

A. 无多余约束的几何不变体系

B. 有多余约束的几何不变体系

C. 瞬变体系

D. 常变体系

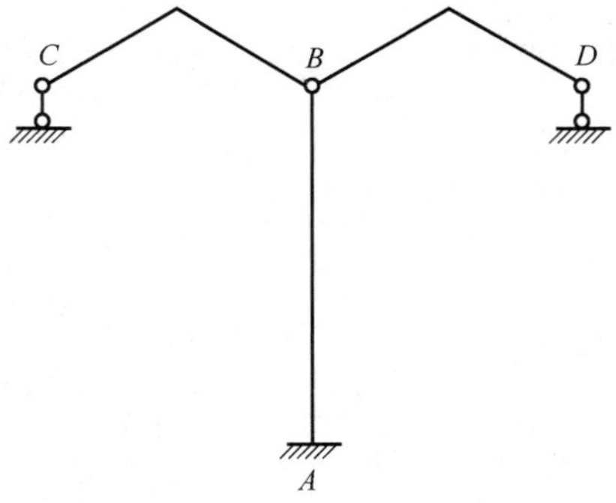


图　3-2

6. 如图 3-3 所示，多余约束的次数为（　　）。

A. 1　　B. 2

C. 3　　D. 4

7. 如图 3-4 所示有（　　）个多余约束。

A. 1　　B. 2

C. 3　　D. 4

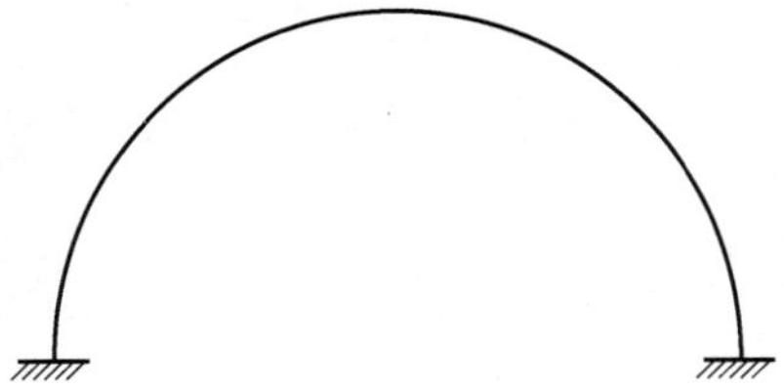

图　3-3

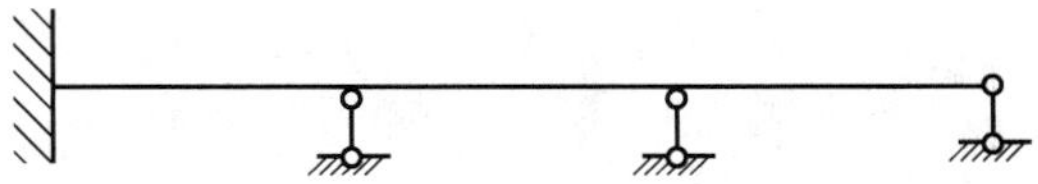

图　3-4

| 3.1　平面杆系的几何组成分析 | | 3.1-2　技能提升 | |
|---|---|---|---|
| 班级 | | 姓名 | |
| 学号 | | 日期 | |

## 二、填空题

1. 刚片是__________和__________都不变的平面刚体。
2. 一个单铰相当于__________个约束。
3. 平面内一根链杆自由运动时的自由度等于__________个。
4. 一个链杆相当于__________个约束。
5. 一个刚结点可以减少__________个自由度。

## 三、判断题

1. 有多余约束的体系一定是几何不变体系。(　　)
2. 几何可变体系在任何荷载作用下都不能平衡。(　　)
3. 瞬变体系中一定存在多余约束，即使在很小荷载作用下也会产生很大的内力。(　　)
4. 在两刚片或三刚片组成几何不变体系的规则中，必要约束的数目不仅要足够，而且必须布置得当。(　　)
5. 几何瞬变体系产生的运动非常微小且很快就能转变成几何不变体系，因此可以当作工程结构来使用。(　　)
6. 三刚片用三个铰两两相连必成为几何不变体系。(　　)
7. 如图 3-5 所示体系按三刚片规则分析，因铰 $A$、$B$、$C$ 共线，故为几何瞬变体系。(　　)
8. 如图 3-6 所示体系根据三刚片规则分析结果为静定结构。(　　)

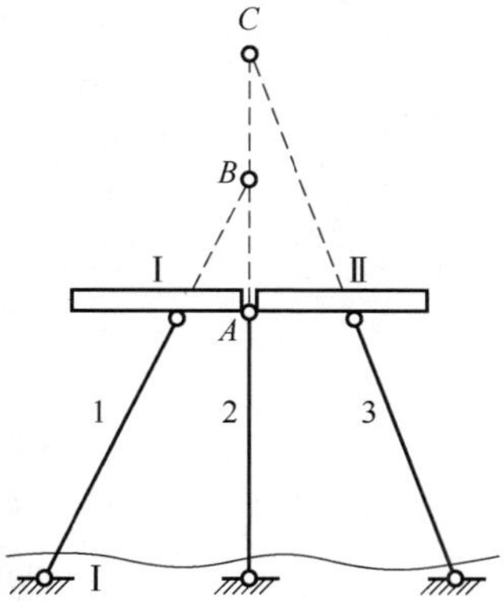

图　3-5

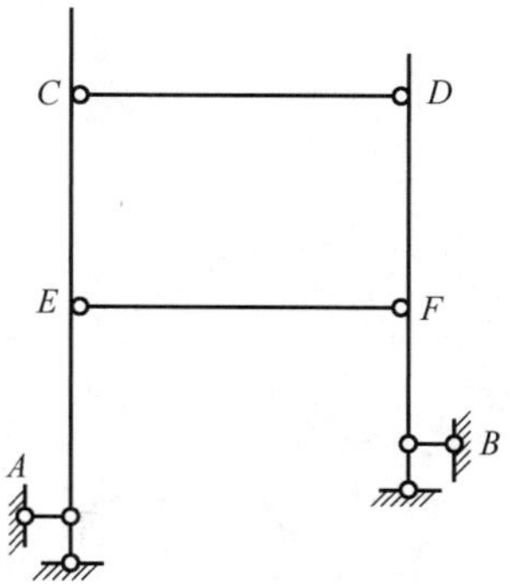

图　3-6

9. 二元体规则、两刚片规则和三刚片规则是相通的（　　）。
10. 在一个体系上增加二元体，不会改变原体系的计算自由度。(　　)

| 3.1 平面杆系的几何组成分析 | | | 3.1-2 技能提升 | | | | |
|---|---|---|---|---|---|---|---|
| 班级 | | 姓名 | | 学号 | | 日期 | |

11. 如图 3-7 所示体系是几何不变体系。(　　)

12. 如图 3-8 所示中链杆 1 和 2 的交点 $O$ 可视为虚铰。(　　)

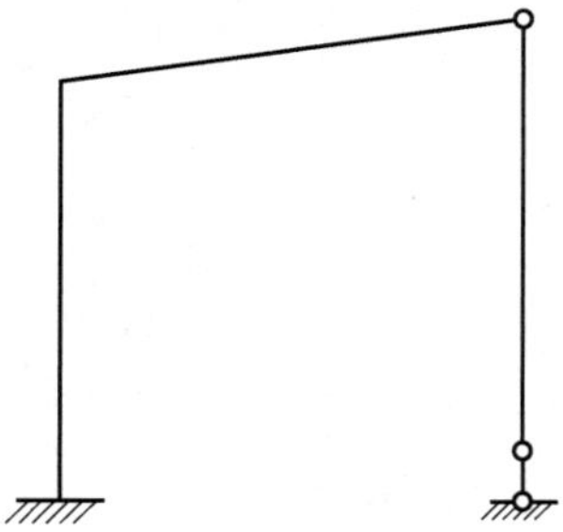

图 3-7

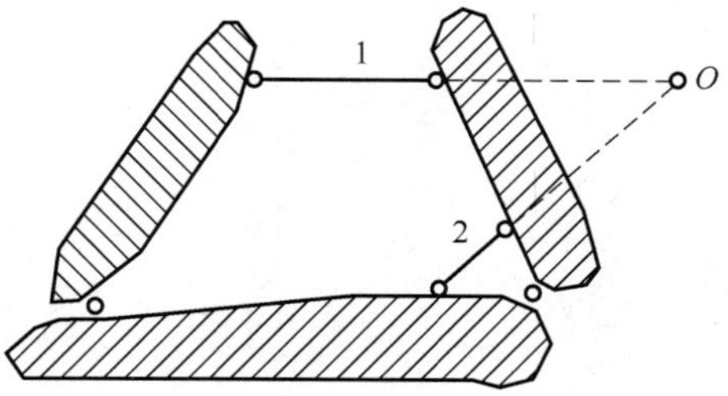


图 3-8

13. 超静定结构的静力特性是由平衡条件能求出结构的支反力和内力。(　　)

**四、分析题**

1. 对图 3-9 所示体系进行几何组成分析。

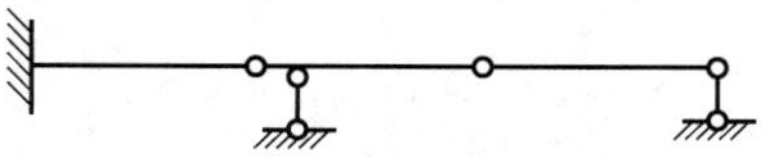

图 3-9

2. 对图 3-10 所示体系进行几何组成分析。

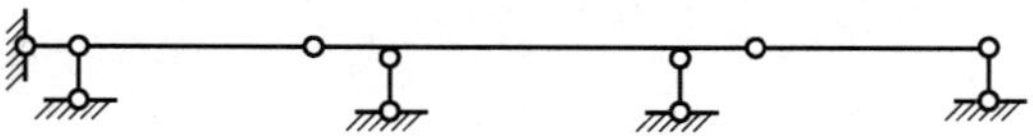

图 3-10

| 3.1　平面杆系的几何组成分析 | | | | 3.1-2　技能提升 | | | |
|---|---|---|---|---|---|---|---|
| 班级 | | 姓名 | | 学号 | | 日期 | |

3. 对图 3-11 所示体系进行几何组成分析。

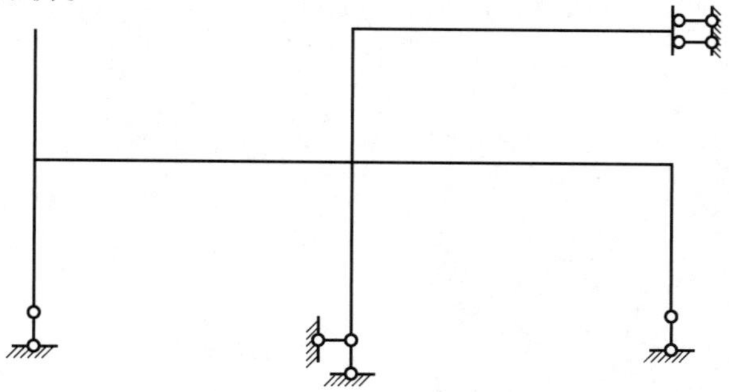

图　3-11

4. 对图 3-12 所示体系进行几何组成分析。

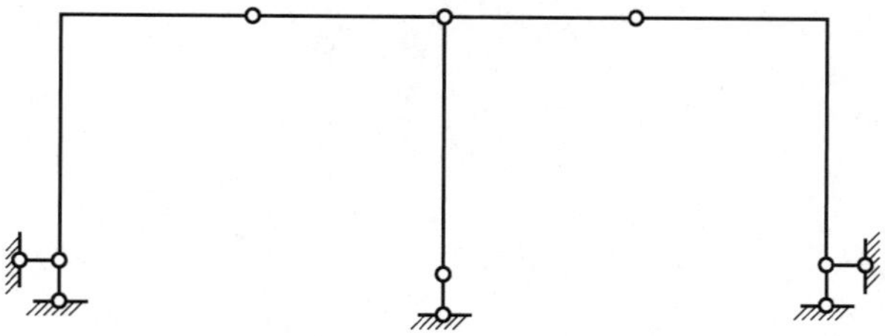

图　3-12

5. 对图 3-13 所示体系进行几何组成分析。

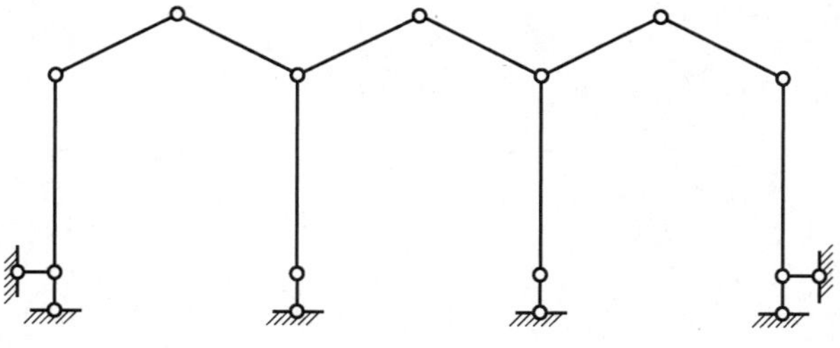

图　3-13

| 3.2 影响线 | | | | 3.2-1 学习导航 | | | |
|---|---|---|---|---|---|---|---|
| 班级 | | 姓名 | | 学号 | | 日期 | |

**学习目标**

1. 掌握影响线的概念。
2. 理解内力包络图的概念及应用。
3. 掌握最不利荷载位置的确定方法。

**重点与难点**

1. 重点：掌握影响线图形的绘制及应用。
2. 难点：最不利荷载位置的确定。

**解题指南**

影响线绘制：

（1）求某点某量值的影响线，先将相应的约束去掉，用正方向的力代替（称为真实的受力状态）。

（2）让去掉约束后的结构沿着力的方向发生单位虚位移（称为虚设的位移状态）。

（3）虚位移状态图就是所要求的影响线。

（4）横坐标以上图形取正号；横坐标以下图形取负号。

| 3.2　影响线 | | 3.2-2　技能提升 | | | | | |
|---|---|---|---|---|---|---|---|
| 班级 | | 姓名 | | 学号 | | 日期 | |

## 一、单项选择题

1. 机动法作静定结构内力影响线的依据是（　　）。
A. 刚体的虚位移原理　　B. 功的互等定理
C. 位移互等定理　　D. 变形体的虚功原理
2. 简支梁绝对最大弯矩值是（　　）。
A. 梁中某截面的最大弯矩值
B. 梁跨度中点附近某截面的弯矩值
C. 梁中各截面最大弯矩中的最大值
D. 梁中间截面的最大弯矩值
3. 简支梁 $C$ 截面弯矩影响线中 $K$ 点的竖标表示 $P=1$ 作用在（　　）。
A. $K$ 点时产生的 $K$ 截面的弯矩
B. $C$ 点时产生的 $K$ 截面的弯矩
C. $K$ 点时产生的 $C$ 截面的弯矩
D. $C$ 点时产生的 $C$ 截面的弯矩
4. 简支梁的支座反力影响线的形状是（　　）。
A. 一条直线　　B. 三角形　　C. 两条平行线　　D. 抛物线
5. 下列哪个量值的影响线是有量纲的？（　　）
A. 支座反力　　B. 剪力　　C. 弯矩　　D. 轴力

## 二、填空题

1. 作用位置在结构上移动的荷载称为____________。
2. 当一个指向不变的竖直向下单位集中荷载 $P=1$ 沿结构移动时，表示某一指定量值沿结构变化规律的图形，称为该量值的____________。
3. 反映简支梁各截面可能产生内力最大值范围的图形称为简支梁的____________。

## 三、判断题

1. 静定结构中任何量值的影响线都是由直线段组成。（　　）
2. 用静力法作影响线，影响线方程中的变量代表截面位置的横坐标。（　　）
3. 作影响线时，只需考虑单位集中荷载，不需要考虑结构上的实际荷载。（　　）
4. 弯矩包络图为恒载与活载共同作用下各截面最大弯矩的连线。（　　）
5. 简支梁跨中截面弯矩的影响线与跨中有集中力 $P=1$ 时的弯矩图相同。（　　）
6. 静定结构的内力和支座反力影响线是直线或折线组成。（　　）

| 3.2 影响线 | | | | 3.2-2 技能提升 | | | |
|---|---|---|---|---|---|---|---|
| 班级 | | 姓名 | | 学号 | | 日期 | |

**四、画图题**

1. 试用机动法作简支梁 $C$ 截面的弯矩和剪力的影响线（图 3-14）。

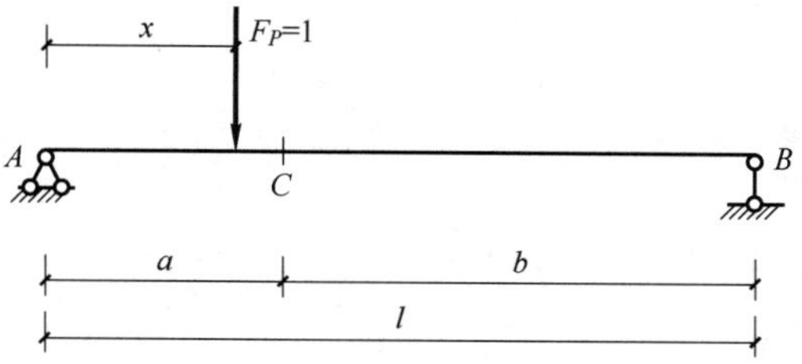


图 3-14

2. 试用机动法作多跨静定梁的 $M_K$、$Q_K$ 的影响线（图 3-15）。

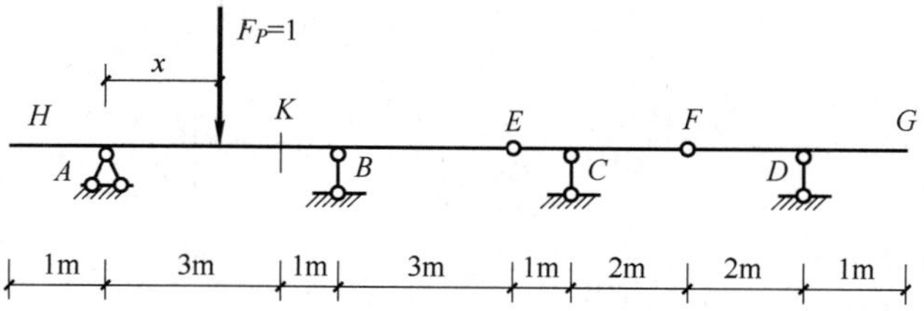


图 3-15

3. 试画出图 3-16 所示多跨静定梁 $A$、$C$ 处的支座反力 $F_A$、$F_C$ 及 $D$ 截面剪力和弯矩 $Q_D$、$M_D$ 的影响线。

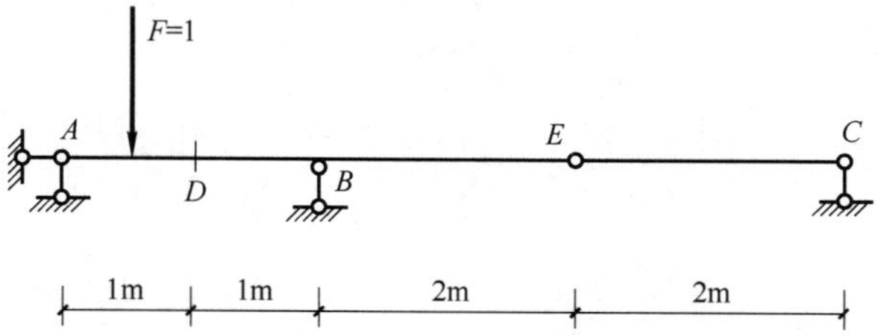


图 3-16